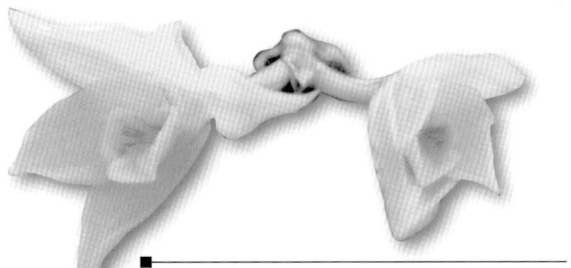

蒋智林　董竞成　主编

石斛 生物学基础及其多样性研究

图书在版编目（CIP）数据

石斛生物学基础及其多样性研究 / 蒋智林，董竞成
主编. -- 北京 : 中国农业科学技术出版社，2025.7.
ISBN 978-7-5116-7585-9

Ⅰ. S567.23

中国国家版本馆CIP数据核字第2025PN2048号

责任编辑　李　华
责任校对　李向荣
责任印制　姜义伟　王思文

出 版 者	中国农业科学技术出版社
	北京市中关村南大街12号　　邮编：100081
电　　话	（010）82109708（编辑室）　　（010）82106624（发行部）
	（010）82109709（读者服务部）
网　　址	https://castp.caas.cn
经 销 者	各地新华书店
印 刷 者	中煤（北京）印务有限公司
开　　本	185 mm × 260 mm　1/16
印　　张	14.5
字　　数	317千字
版　　次	2025年7月第1版　2025年7月第1次印刷
定　　价	85.00元

———— 版权所有·侵权必究 ————

编委会

《石斛生物学基础及其多样性研究》

主　编：蒋智林　董竞成
副主编：申　科　成文章　周星池　陶其芬
编　委（按姓氏拼音排序）：

陈宝雄　农业农村部农业生态与资源保护总站
成文章　丽江文化旅游学院
崔现亮　普洱学院
董竞成　复旦大学附属华山医院
段青红　农业农村部农业生态与资源保护总站
郭俊华　云南省人民政府发展研究中心
蒋智林　普洱学院
李沂韦　普洱学院
刘　慧　全国农业技术推广服务中心
刘　杰　普洱学院
刘龙卫　云南星迪农业科技发展有限责任公司
刘筱筠　普洱学院
罗　凯　云南省德宏热带农业科学研究所
申　科　普洱学院
苏明跃　普洱市中医医院
唐圣果　云南循环农业产业研究院
陶其芬　南草根农业科技（普洱）有限公司
魏　颖　复旦大学附属华山医院
吴　甜　云南师范大学
周星池　普洱市天昌生物科技有限公司

资助项目

《石斛生物学基础及其多样性研究》是如下资助项目所获得的成果，谨此对所有资助单位和参加该项工作的团队成员致以衷心感谢。

- 上海市中央引导地方科技发展资金项目：基于云南生物多样性和中药材品种多样性的呼吸领域重大疾病防治关键技术创新与应用及中药创新体系建设——云南特色相关药材和院内制剂一体化研究（YDZX20223100003008）
- 普洱市科技局科技计划项目：普洱市野生石斛、黄精属药材种质资源保护与成分分析研究（2014kjxm01）
- 普洱市院士专家工作站项目：普洱市傅伯杰院士工作站
- 普洱市院士专家工作站项目：普洱市宋卫国专家工作站
- 云南农业大学国土资源部"西南多样性区域土地优化配置与生态整治科技创新团队"开放基金项目：澜沧江流域茶叶景观格局变化及其生态环境效应研究

内容简介

本书分上、下两篇，上篇对石斛的历史考证和产业发展、石斛生物学基础理论以及产业化相关研究分章节进行了论述；下篇通过实地调研收集、分类鉴定和资料查阅，对80种重要的石斛品种资源的中文名、拉丁学名、别称、分布范围、形态特征和功效应用等生物学信息进行了简明扼要的介绍，并对每种石斛品种资源配附了相应的形态图片，可供鉴别参考。

本书将理论与实践融为一体，内容丰富、资料翔实、图文并茂、体例新颖，适合石斛研究工作者、植物学工作者、生物多样性保护工作者、生态环境保护工作者、植物保护工作者、科普工作者和相关科研院所研究人员以及企业技术人员等使用参考。

前 言

党的十八大以来，在习近平生态文明思想的指引下，我国积极推进生物多样性主流化，实施生物多样性保护重大工程，生物多样性保护和管理水平全面提升，生物多样性保护理念融入了国家生态文明建设全过程。党的二十届三中全会对健全生态环境治理体系做出了专门部署，提出"强化生物多样性保护工作协调机制"等重要举措。野生石斛是生物多样性保护的一个重要组成部分，被誉为"药用植物界的大熊猫"，是我国古文献中最早记载的兰科植物之一，对于维护生态平衡、促进生态资源可持续发展具有重要作用。2021年，野生石斛被列入《国家重点保护野生植物名录》，属于国家二级重点保护野生植物。由于野生石斛的自然繁殖率低，生长缓慢，我国野生石斛资源濒临枯竭。随着人工种植技术的快速发展和石斛市场的需求增加，石斛人工繁殖和规模化种植取得了突破，实现了石斛产业化和规模化发展。

云南是我国石斛资源最为丰富的省份，是药材石斛的主要产地和道地产区，在云南的广南、思茅、屏边、勐海等60个县均产石斛。在云南全省分布石斛属植物58种2变种，12个组均有代表种；西双版纳石斛种数居首位，有43种和1变种，其中药用石斛30种；普洱有41种，文山地区有21种。近年来，云南将石斛产业纳入中药材产业高质量发展三年行动，并于2023年将石斛作为"十大云药"区域公共品牌推向全国。在国家生态文明建设和云南打好"绿色食品牌"的背景下，大力普及石斛生物图鉴科普知识，不仅可以提高公众对石斛的认识和理解，也为石斛的保护和利用提供了科学依据。基于此，将《石斛生物学基础及其多样性研究》一书向广大人民群众推广意义重大。该书图文并茂地提供80种石斛品种资源的中文名、拉丁学名、别称、分布范围、形态特征、性味功效和临床应用等生物学信息，可供鉴别参考。这为改进和完善石斛在经济发展、生态发展等方面的政策制定提供依据，对保障石斛的药用价值、观赏价值、经济价值具有重要意义。

《石斛生物学基础及其多样性研究》一书的出版历时近10年，汇集了高校、科研院所、企业和政府管理部门从事石斛研究工作者多年积累的心血，从信息采集、图片拍摄和资料收集、信息鉴定、整理归纳到整体撰写，都饱含了编委会作者的无私奉献和辛勤付出。本书在信息追溯鉴定的过程中，借鉴和参考了"植物智"网络平台，以及引用了诸多文献。在此，一并表示衷心的感谢！

鉴于作者水平有限，书中不足之处在所难免，对于书中所列的80种石斛生物学基础及其多样性鉴别的认知也因作者认识的局限需不断完善，恳请广大读者批评指正。

编委会

2025年3月28日于云南普洱

目录

上 篇

第一章　石斛的历史考证与产业发展 ………………………………………… 3
　　第一节　石斛的历史考证 ………………………………………………… 3
　　第二节　石斛的鉴别方法研究进展 ……………………………………… 5
　　第三节　石斛产业发展现状与展望 ……………………………………… 11

第二章　石斛生物学特征特性 ………………………………………………… 21
　　第一节　石斛属相关概念与分类学特征 ………………………………… 21
　　第二节　石斛内生菌生物多样性 ………………………………………… 28
　　第三节　石斛繁育系统 …………………………………………………… 31
　　第四节　石斛属植物化学成分 …………………………………………… 32
　　第五节　石斛属植物药理活性 …………………………………………… 36
　　第六节　石斛观赏价值 …………………………………………………… 40

第三章　石斛产业化繁育与栽培技术 ………………………………………… 54
　　第一节　石斛产业化繁育技术 …………………………………………… 54
　　第二节　石斛产业化栽培技术 …………………………………………… 63

第四章　石斛病虫害防控技术 ………………………………………………… 78
　　第一节　石斛病虫害防控原则与总体思路 ……………………………… 78
　　第二节　石斛常见病害及防控技术 ……………………………………… 80
　　第三节　石斛常见虫害及防控技术 ……………………………………… 94

下 篇

第五章 石斛多样性及其图鉴 ······ 107

1. 矮石斛 ······ 107
2. 版纳石斛 ······ 108
3. 棒节石斛 ······ 109
4. 报春石斛 ······ 111
5. 杯鞘石斛 ······ 112
6. 本斯石斛 ······ 114
7. 杓唇石斛 ······ 115
8. 草石斛 ······ 117
9. 叉唇石斛 ······ 118
10. 长距石斛 ······ 120
11. 长苏石斛 ······ 121
12. 长爪石斛 ······ 123
13. 重唇石斛 ······ 124
14. 翅萼石斛 ······ 126
15. 翅梗石斛 ······ 127
16. 串珠石斛 ······ 128
17. 大苞鞘石斛 ······ 130
18. 大明石斛 ······ 131
19. 滇金石斛 ······ 133
20. 叠鞘石斛 ······ 134
21. 兜唇石斛 ······ 136
22. 独角石斛 ······ 138
23. 短棒石斛 ······ 139
24. 反瓣石斛 ······ 140
25. 高山石斛 ······ 141
26. 钩状石斛 ······ 143
27. 鼓槌石斛 ······ 145
28. 黑喉石斛 ······ 147
29. 黑毛石斛 ······ 148

30. 红灯笼石斛	150
31. 红花石斛	151
32. 红牙刷石斛	152
33. 喉红石斛	153
34. 狐尾石斛	154
35. 黄贝壳石斛	155
36. 黄喉石斛	156
37. 黄花石斛	157
38. 黄石斛	159
39. 霍山石斛	160
40. 夹江石斛	161
41. 尖刀唇石斛	163
42. 剑叶石斛	164
43. 金钗石斛	165
44. 晶帽石斛	167
45. 具槽石斛	169
46. 聚石斛	170
47. 喇叭唇石斛	171
48. 流苏石斛	173
49. 龙石斛	175
50. 玫瑰石斛	176
51. 美花石斛	178
52. 密花石斛	179
53. 木石斛	181
54. 扭瓣石斛	182
55. 蜻蜓石斛	183
56. 球花石斛	185
57. 曲茎石斛	186
58. 曲轴石斛	187
59. 绒毛石斛	189
60. 桑德石斛	190
61. 少花黄绿石斛	191
62. 石橄榄石斛	192

63. 束花石斛 194
64. 双花石斛 196
65. 水莲石斛 197
66. 苏瓣石斛 198
67. 檀香石斛 199
68. 天宫石斛 200
69. 铁皮石斛 201
70. 细茎石斛 204
71. 细叶石斛 205
72. 小黄花石斛 206
73. 血喉石斛 207
74. 樱石斛 209
75. 藏南石斛 210
76. 肿节石斛 211
77. 竹枝石斛 213
78. 紫瓣石斛 214
79. 紫皮石斛 215
80. 紫婉石斛 217

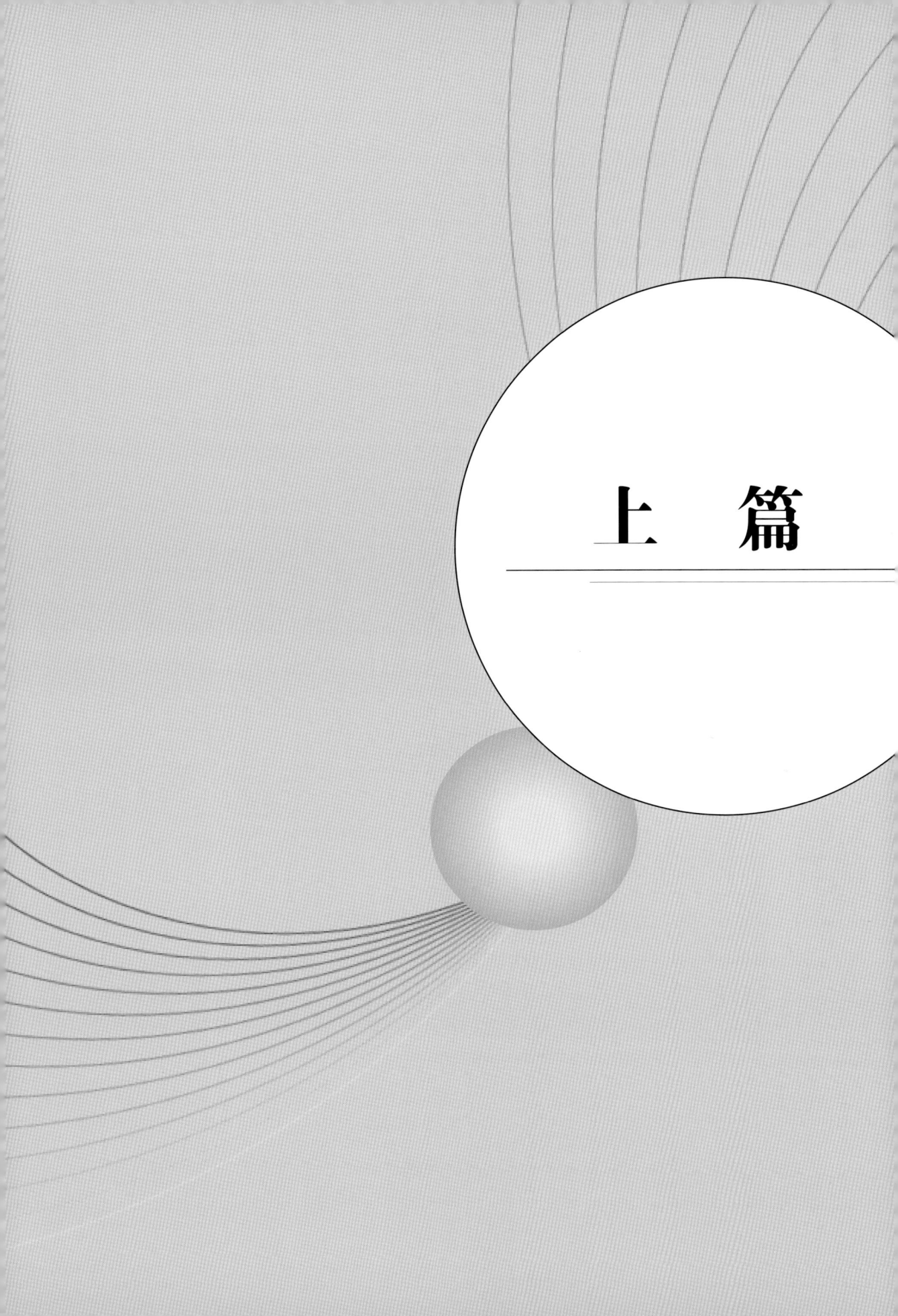

上 篇

第一章　石斛的历史考证与产业发展

第一节　石斛的历史考证

石斛至今已有2 300年以上的种植历史。最早见于东汉末年（约公元200年）的《神农本草经》，其中对石斛的描述为"石斛，味甘，平。主伤中，除痹，下气，补五脏虚劳羸瘦，强阴。久服厚肠胃，轻身延年。一名林兰。生山谷"。《神农本草经》是汉以前用药经验的总结，记载了石斛的性味、功效以及生长地点，但对石斛的形态和道地产地等未有说明（马继兴，1995）。而三国时《吴普本草》提到石斛的性味时，也提到"石斛，神农，甘、平。扁鹊，酸。李氏，寒"。其中扁鹊为春秋战国时期的名医，也间接说明石斛的药用历史非常悠久。

《范子计然》是一部记载了大量药物且被北宋初年《太平御览》等多次引用的书籍，作者和成书朝代已不可考，有专家认为是西汉时成书，托春秋末期范蠡和计然所作。它是一本以药材商品属性为主的商品学手册，其中提到"石斛出六安"，但对功效主治没有提及。可以说明石斛作为药材，当时以六安出产的比较出名，这主要是因为六安接近当时的经济文化中心——黄河流域，与中原核心区联系紧密。相比之下，六安以南的地区因交通不便，与中原交流受限。民间虽有使用石斛的传统，但难见文献记载。

《名医别录》收录了汉代至魏晋时期名医对《神农本草经》的增补内容，是这一时期临床用药经验的总结，是在《神农本草经》原著以外新增的文字基础上著成的。其中提到"石斛，无毒。主益精，补内绝不足，平胃气，长肌肉，逐皮肤邪热痱气，脚膝疼冷痹弱。久服定志，除惊"。"一名禁生，一名杜兰，一名石蓫"。"生六安水傍石上。""七月、八月采茎，阴干"。与《神农本草经》相比，《名医别录》增补收录了当时诸多医家发现的石斛的新功效，同时首次明确记载了石斛产地、生态环境、采集时间、药用部位和加工方式等。3个不同的名字可能是由于不同地方的叫法不一。其中，"石蓫"和"禁生"这两个名字可能与石斛的生长环境有关，分别表示在石头上生长和在几乎无法生存的地方生长。

陶弘景编著的《本草经集注》将《神农本草经》和《名医别录》中关于石斛的内容融合到一起，同时结合自己的认识加注不少新的知识。其中提到石斛的多个产地（始兴、宣城、六安等）、形态特征（生石上，细实、色如金、形似蚱蜢髀者为佳）、主要功效（最以补虚，治脚膝）、用法（石斛不入丸散，唯可为酒渍、煮汤用尔）等内容清晰明了，填补了之前医书的不足。

到了唐朝，《新修本草》基本延续了《本草经集注》中关于石斛的内容，对石斛的炮制方法有了改进。《千金翼方》记载各州之良药，即今天的道地药材，提到石斛主要产自淮南道的寿州、光州、黄州等；江南西道的江州、潭州；以及岭南道的广州、韶州、春州等地（杜佑，2007）。而石斛作为当时的贡品，也在《通典》等文献中有详细记载，说明在唐朝，石斛已经是名贵药材之一，在宫廷的使用也比较多。

北宋文献表明，大别山区和岭南地区，依然是石斛的主要道地产区。《本草衍义》中提到"石斛，细若小草。长三四寸。柔韧，折之如肉而实。今人多以木斛浑行。医工亦不能明辨。世又谓之金钗石斛。盖后人取象而言之。然甚不经。将木斛折之。中虚如禾草，长尺余。仅色深黄光泽而已。真石斛。治胃中虚热有功"。说明冒充石斛的乱象早在宋朝就已出现，而里面提到的区别石斛和木斛的方法也成为明清时期的基本法则，同时新增了石斛治疗胃热的功效。南宋时期，《本草图经》（1061年）载石斛"以南者为佳"。

明朝《本草纲目》中提到"石斛名义未详，蜀人栽之，呼为金钗花。今荆州、光州、寿州、庐州、江州、温州、台州亦有之，以广南者为佳"。清朝《本草纲目拾遗》中最早对霍山石斛做了介绍，从产地、植物学形态和产品形状、加工应用情况、真伪鉴定方法、功效作用等都有明确的记录。吴其濬的《植物名实图考》记载了3种石斛并绘图，经鉴定分别为细茎石斛、金钗石斛、叠鞘石斛。

20世纪30年代，木村康一首次对我国及日本等应用的石斛进行植物基源的调查与鉴定。对我国本草记载的石斛进行了考证，发表了新种铁皮石斛（*Dendrobium officinale*），同时收集了大量石斛类药材标本，进行了性状、显微结构等鉴定。美国石斛育种专家Kamemoto和Amore（1999）在*Breeding dendrobium orchids in Hawaii*中记载，全球石斛的种类超过1 000种。澳大利亚植物学家Lavarack等（2002）在*Dendrobium and its relatives*中记载，全球石斛总数约1 000种，该书序言中，英国皇家植物园邱园的Phillip Cribb博士认为石斛的种类在千种以上，且有40个以上的石斛组。2006年出版的*The dendrobiums*中记载了450种石斛，在书中，Howard（2006）认为石斛属有1 100种。近年来，部分著作或文献中，把石斛亚属内厚唇兰和金石斛种也归属于石斛，石斛种类可达1 400～1 500种（栗丹 等，2012；Xiang, et al., 2013）。1999年出版的《中国植物志》中记载中国石斛有74种2变种；2007年出版的《石斛兰：资源·生产·应用》记载石斛种类为81种（王雁 等，2007）；2013年出版 Flora of China 记载了石斛78种（Flora of China Editorial Committee，1999）。金效华等（2016）在《中国野生兰科植物原色图鉴》中记载了石斛属92种。《中国石斛品汇集要》中记载石斛种类为91种（张廷模和冯德强，2018）。中国石斛在76种（变种）基础上，又出现了16个种，截至目前，中国石斛种类已达92种。其中，有药用价值的品种多为《中华人民共和国药典》2000年版、2020年版中收录过的石斛种类，包括铁皮石斛、金钗石斛、流苏石斛（马鞭石斛）、鼓槌石斛、霍山石斛、黄草石斛（束花石斛）、环草石斛（美花石斛）（国家药典委员会，2020）。20世纪末至21世纪初，随着科技和产业的兴起，我国设施园艺和组培快繁技术快速发展，石斛人工繁殖和规模化种植皆有突破。进入21世纪以来，石斛产业加速发展，在中国中药协会石斛专业委员会的宣传推动和地方政府的持续投入下，浙江温州，安徽霍山，云南保山、德宏、普洱、红河、文山，贵州赤水、安龙、锦屏等地（赵菊润和张治国，2014；赵菊润和孙永玉，2016；李桂琳 等，2020；罗在柒 等，2021）将其打造成农业支柱产业，成为"三农"经济的典范，助力扶贫和乡村振兴效果显著（贾海彬，2020；何伯伟 等，2021）。目前，其产业整体发展重心由精细种植、设施种植向仿野生种植回归和精深加工转变。石斛已列入云南"十大云药""新浙八味""闽西八大珍""赣食十味"（万修福 等，2022）和江西省中医药强省战略的首选大品种，在我国云南、上海、浙江被纳入医保范畴，石斛产业被列入贵州"十二大重点发展产业"。随着我国石斛药食两用试点工作结束，石斛纳入食药物质目录后，石斛产业将打通三产链条，进一步促进乡村振兴、服务大众健康。

第二节 石斛的鉴别方法研究进展

由于不同种石斛在植物形态上较为相似，因此仅依靠性状鉴别石斛种类难度较大。而不同种石斛在显微结构、化学成分和基因序列等方面存在差异，许多研究者利用这些特点对石斛进行了鉴别研究，建立了不同的鉴别方法，取得了一系列良好进展。

一、传统鉴别方法

（一）性状鉴别

性状鉴别是传统的药用植物和中药材的鉴别方法，应用范围较广。诸多学者对市场上常见的石斛混淆品和伪品的性状进行了比较辨析和梳理（詹泉明和黄庆华，1999；喻新芳 等，2004；藤茜华，2001；傅颖 等，2020）。朱照祥（2003）对市售的石斛形态进行了详细的分类鉴别。李学农（2008）对包括金钗石斛、铁皮石斛在内的8种常见石斛进行了性状鉴别。另外，白音（2007）也通过石斛生长发育过程中的变化对药用石斛茎进行生长年限鉴别。赵玉姣（2017）发现霍山石斛的茎长和茎直径是其主要的性状鉴别特点，霍山石斛的茎较短小，且茎直径从基部至顶端逐渐变细，符合"形似累米"的描述。传统性状鉴别方法便捷、直观，可操作性强，易于推广，但受鉴别经验的限制，性状相似的品种鉴别难度较大，存在一定的主观性。

（二）显微鉴别

显微鉴别主要是对石斛茎横切面表皮细胞、角质层、维管束、韧皮部、木质部、粉末颜色、纤维束、薄壁细胞，以及内含的草酸钙结晶等进行观察，它能够深入了解植物的内部构造。李学农（2008）对金钗石斛、铁皮石斛等8种常见石斛进行了显微鉴别。卢海先（2004）利用显微鉴别方法对环草石斛、流苏石斛、黄草石斛、铁皮石斛和金钗石斛5种正品石斛茎横切面进行了鉴别。喻新芳等（2004）用该法比较了石斛及其混伪品戟叶金石斛、石仙桃的主要性状特征，发现石斛与其混伪品石仙桃在外观性状及横切面显微鉴别上有明显差别，易于区分，但其与戟叶金石斛在切制饮片后，就较难区分，只能通过检出茎分枝及假鳞茎碎段，再配合假鲜茎的显微鉴别予以判断。樊丽彤等（2013）发现新鲜铁皮石斛的维管束呈淡黄色，而齿瓣石斛却呈紫色，在干品枫斗中，除维管束颜色不同外，齿瓣石斛枫斗的表皮细胞外被黄色或紫色角质层，而铁皮枫斗仅呈黄色。白音（2007）以石斛表皮细胞类型和大小以及切向与径向直径比值为显微特征，比较了39种药用石斛及其混淆品的茎细胞形状特征和细胞壁的增厚程度，发现石斛种间差异较大，而种内差异较小；石斛及其混淆品茎表皮细胞的细胞壁有3种增厚现象，金钗石斛属于无增厚型，流苏石斛和铁皮石斛属于不均匀增厚型，但密花石豆兰和云南石仙桃属于均匀增厚型，这为《中华人民共和国药典》收载的3种药用石斛提供更加可靠的鉴别依据。严华（2015）发现将横切面用间苯三酚染色后，铁皮石斛的一列表皮细胞和维管束外围的一列细胞因木化程度较高均被染成红色，而薄壁组织细胞呈三角状且未被染色，此方法可将金钗石斛、玫瑰石斛、束花石斛、齿瓣石斛与铁皮石斛区分开。秦文等（2017）对铁皮石斛的根、茎、叶和粉末进行系统性显微研究。显微鉴别应用性较高，应用面较广，是常用的中药材真伪鉴别方法之一。

（三）理化鉴别

石斛含有石斛碱、石斛多糖，可作为理化鉴别的依据。关小彬（2004）的试验表明，环草石斛有明显的生物碱反应，而瓜石斛则不明显；陈美越（2003）亦利用了生物碱反应的方法来区分金钗石斛及其伪品云南石仙桃。

二、色谱及光谱鉴别方法

(一)薄层鉴别法

石斛化学成分的含量受采收时间、生长年限、种源等多种因素影响,且目前尚未发现各种石斛的专属性物质,因此在石斛的薄层色谱研究中,多以对照药材作对照,使用对照品进行鉴别的较少。徐蓓等(2010)考察了21种不同基源的石斛及11批商品石斛中专属性成分联苄类化合物毛兰素、石斛酚、杓唇石斛素和3,4′,5-三羟基-3′-甲氧基联苄的薄层色谱行为,建立了黄草类石斛的薄层色谱定性鉴别方法。戴亚峰等(2020)使用乙醇—丁酮—乙酰丙酮—水(20:20:5:85)为展开剂,根据斑点有无、大小、颜色深浅可将霍山石斛与铁皮石斛、细茎石斛、河南石斛进行区分。许莉等(2013)发现20种石斛中仅金钗石斛和密花石斛的薄层色谱在与对照品滨蒿内酯相同的位置上存在斑点,此外这两种石斛还在不同位置上存在蓝色荧光斑点,针叶石斛特有一绿色荧光斑点,推测可能为针叶石斛的特有成分。薄层色谱鉴别能够在复杂成分中准确地检测到某种单一成分,并且凭借其简单、便捷、专属性强等优点广泛应用于中药材鉴别,但是它的分离效能低、灵敏度低、难以检测出微量成分。

(二)红外光谱法

红外光谱是一种常用的确定化学结构的分析方法。由于不同物种间化学成分及含量存在差异,其红外光谱也必然存在差异,据此可对中药材的真伪进行鉴别,还可使用二阶导数红外光谱以及其他二维相关光谱,放大不同药材间的差异,提高图谱的鉴别能力。李兆奎等(2005)利用KBr压片法测定了铁皮石斛与常见几种混淆品(如齿瓣石斛、细茎石斛、马鞭石斛等)的红外光谱,发现其红外吸收频率、吸收峰的峰形和相对强度都存在较显著的差异,该方法也为控制铁皮石斛商品质量提供了可靠的依据。陈祝霞和时雅旻(2007)对12种石斛的水浸出物粉末的KBr压片进行了红外光谱测定,此法可以作为种间鉴别的辅助手段。徐元江等(2019)发现在二阶导数光谱中,不同石斛的红外光谱特征被放大,可用于不同石斛的鉴别。孙廷等(2022)对9种石斛进行红外光谱检测,发现霍山石斛在一阶导数光谱的785cm^{-1}处呈"V"形,铁皮石斛在二阶导数光谱的1 125cm^{-1}处呈"M"形,其余石斛在这两个位点均呈"W"形,可实现近缘种鉴别。同一种植物的化学成分和含量也存在差异。刘文杰(2014)根据红外光谱中特征峰的强度差异判断铁皮石斛的生长年限。红外光谱具有无须进行提取分离等预处理步骤,无须额外试剂、一次性得到所有成分的信息等优点,在中药材鉴别方面具有较大的研究空间。

(三)紫外光谱法

紫外—可见吸收光谱法(UV-Vis)是一种基于分子对紫外(190~400nm)和可见

光（400~800nm）选择性吸收的分析技术。当光照射样品时，分子中的电子（如π电子或孤对电子）吸收特定波长的光发生跃迁，形成特征吸收光谱。该方法依据朗伯—比尔定律，通过测量吸光度进行定量分析。滕建北等（2009）利用该方法对金钗石斛与易混品黑毛石斛进行鉴别，分别用水、70%乙醇、氯仿、石油醚4种极性溶剂提取。结果显示，金钗石斛与黑毛石斛的紫外吸收光谱波形相似，但黑毛石斛的吸收峰值均较金钗石斛高；水提液谱线中，黑毛石斛在272nm、330~383nm的吸收高度高于金钗石斛，有明显的谱线差异，一阶导数光谱中，黑毛石斛231nm处有明显的峰，可与金钗石斛区别；氯仿提取液中金钗石斛在202nm处有明显的峰可与黑毛石斛区别。通过综合比较样品零阶和一阶导数图谱中的峰形及峰位可对其进行鉴别。

（四）化学成分指纹图谱法

化学成分指纹图谱法是利用不同物种间化学成分的差异来定性或定量分析，能够较为全面地反映中药材化学成分的种类和含量。刘刚（2018）发现霍山石斛与铁皮石斛、细茎石斛、金钗石斛、流苏石斛、鼓槌石斛、滇桂石斛的指纹图谱相似度均小于0.74，说明霍山石斛与其他石斛的化学成分存在较大差异。谢鲁灵枫（2018）对同一产地的铁皮石斛、霍山石斛、河南石斛甲醇提取物的液相色谱指纹图谱进行聚类分析，发现5批铁皮石斛聚为一类，且这5批铁皮石斛的指纹图谱相似度较高。王少平等（2015）以柚皮素为参照峰，建立了铁皮石斛指纹图谱，发现伪品中柚皮素含量远低于正品铁皮石斛，便创新性地将两者相结合用于鉴别铁皮石斛及其伪品。化学成分指纹图谱是一种综合的、量化的鉴别方法，不仅能够鉴别中药材的真伪，还能够对中药材的质量进行评价。

三、分子生物学鉴别方法

随着分子生物学技术的发展，以DNA为物质基础的现代技术越来越多地应用于中药材及药用植物的真伪鉴别，同样在石斛的鉴别当中应用也越来越广泛。

（一）位点特异性PCR技术

位点特异性PCR技术是利用不同种属间基因的特异性，使用特异性引物进行PCR扩增的方法。Lau et al.（2001）依据内转录间隔区2（ITS2）的差异性，发现16种石斛属植物的种间差异为12%，与非兰科植物的差异为30%，与其常见的石山桃属混伪品差异为19%，而石斛属种内差异只有1%。Qian et al.（2008）依据ITS序列设计6对引物试图区别美花石斛与11种伪品；在合适的退火温度下，引物FJB-04和FJB03可扩增出合适的产物用于鉴别真伪。针对美花石斛采用的突变特异性扩增系统具有广泛的应用潜力。娄勇军等（2018）针对铁皮石斛ITS2序列的差异位点设计引物，结果铁皮石斛可以扩增出136bp的片段，而试验中的混伪品（金钗石斛、细茎石斛、矩唇石斛）无条带。赵群等

（2018）设计了霍山石斛特异性引物，成功区分了霍山石斛、铁皮石斛以及河南石斛。罗宇琴等（2017）发现霍山石斛、铁皮石斛、齿瓣石斛在ITS序列和trn L-trn F序列上存在多个特异性变异位点（SNP），根据这些多重位点为3种石斛分别设计特异性引物，可以鉴别出这3种石斛，并对体系的最佳退火温度、循环数等影响因素进行优化，最终确立了最优的多重位点特异性PCR鉴别方法。董晓曼等（2017）根据铁皮石斛ITS区的2个SNP位点设计一对双阻滞特异性引物，这对上下游引物的3′端均引入错配碱基，使得铁皮石斛可以扩增出319bp的片段而混伪品无条带。双盲试验结果与样品信息一致，说明该方法具有广泛适用性。位点特异性PCR技术操作简单，应用广泛，具有较高的灵敏性，目前许多种中药材均已建立起其特有的PCR鉴别方法。

（二）聚合酶链式反应—限制性内切酶长度多态性方法（PCR-RFLP）

PCR-RFLP鉴别方法是根据不同物种限制性酶切位点分布不同，酶切后产生长度不同的DNA片段来进行物种鉴别。胡冲等（2020）通过序列比对发现，霍山石斛的基因序列上存在一个特异性鉴别位点，且该位点恰好位于Alu I限制性内切酶的识别序列上，在此位点前后设计引物扩增，使混伪品的扩增片段可被Alu I限制性内切酶切，而霍山石斛不能被酶切，且片段大小差异较大，可通过凝胶电泳鉴别。2020年版《中华人民共和国药典》已收录了霍山石斛和川贝母的PCR-RFLP鉴别方法。相对于位点特异PCR鉴别方法，PCR-RFLP鉴别方法更为烦琐，PCR扩增后还需要进行限制性酶酶切消化，然后再通过琼脂糖凝胶电泳进行判断。

（三）随机扩增多态性DNA（RAPD）

RAPD是一种使用一系列单链随机引物，对DNA进行PCR扩增，以检测多态性的分子技术。肖鲲等（2008）利用8个随机引物，构建7种石斛及石仙桃的RAPD指纹图谱，通过聚类分析能有效区分石斛属植物。白音（2007）用5对随机引物在41个药用石斛及混伪品中扩增出222个多态性好的DNA片段，其中32种石斛均有其特异性条带。朱胜男等（2011）对石斛属下31种石斛进行RAPD分析，聚类分析结果与传统形态分类相似，证明RAPD技术可以应用于石斛属植物的鉴定。目前RAPD技术在药用植物的基原鉴定、中药材的品种鉴定以及道地药材的研究等方面应用甚广。

（四）扩增片段长度多态性（AFLP）

AFLP原理是不同物种的DNA存在差异，酶切后会产生大小不一的片段，然后进行PCR扩增，只有选择性碱基和酶切位点旁的核苷酸互补配对才能获得扩增片段，最终对扩增片段长度的多态性进行分析。张萌等（2022）对92种石斛进行AFLP分析，用10对引物扩增出2 307个多态位点，该方法能够区分中国石斛属的组和种。王慧中等（2007）对13种石斛进行AFLP分析，构建的亲缘关系图谱与传统分类学结果一致。但由于AFLP

技术受专利保护，此技术不能得到广泛应用。

（五）微卫星标记（SSR）

真核生物DNA中存在许多长度小于10个碱基的简单重复序列。根据微卫星两端保守的单拷贝序列设计引物，可以扩增出微卫星序列，通过电泳分析这些扩增片段的多态性。谢明璐等（2010）对铁皮石斛进行遗传多态性检测，成功地将9对SSR引物应用于20种石斛的SSR分析，并选取4个分辨率较高的引物用于铁皮石斛组培苗纯度鉴定。SSR技术具有更丰富的多态性，且微卫星序列较短，即使样品DNA有所降解仍可呈现较好的实验结果。

（六）简单序列重复区间标记（ISSR）

相比于SSR，ISSR技术不需要构建DNA文库、杂交等步骤，也无须知道SSR背景信息。沈颖等（2005）运用ISSR-PCR技术对9种石斛进行鉴别，其中有两条引物由于扩增条带多态性较好，单独使用也可完成9种石斛的鉴别。杨琴（2021）利用SSR和ISSR多态性引物分别扩增出438个、237个引物，多态性百分率均达到100%，且根据遗传相似系数均可将34个铁皮石斛分为一类，还在此基础上筛选出核心引物构建了38种石斛的DNA指纹图谱。ISSR技术现已广泛应用于药用植物物种鉴定、亲缘关系分析、遗传多样性等多方面的研究。

（七）DNA条形码技术

DNA条形码技术是一种利用较短的保守片段进行鉴定的手段。目前DNA条形码技术已广泛应用于许多中药材的鉴定。王晖等（2018）用通用引物扩增出霍山石斛的叶绿体基因*rbcL*、*matK*和核基因ITS2序列，测序并构建系统发育树，结果显示ITS2序列在种内、种间变异大且系统发育树的单系分枝率更高，因此认为ITS2序列可作为DNA条形码的候选序列。徐素素等（2021）利用DNA条形码技术成功鉴别了12种云南常见的药用石斛。2020年版《中华人民共和国药典》也已收录了DNA条形码技术并给出指导意见。陈士林等（2013）建立了以ITS序列为主，psbA-trnH序列为辅的植物药材DNA条形码数据库，和以COI为主、ITS2为辅的动物类药材DNA条形码数据库，在此数据库的基础上，鉴定人员可以一次性对大量样本进行鉴定，DNA条形码数据库的建立为中药材鉴定提供了大量可靠、稳定的数据基础和试验指导。

（八）TaqMan探针法

TaqMan荧光探针5′端具有荧光基团，3′端的淬灭基团可以吸收荧光基团发出的荧光信号，PCR扩增时，荧光探针被Taq酶的5′-3′外切酶切断，荧光基团远离淬灭基团，荧光信号不能被吸收而呈现荧光，因此荧光信号的累积与PCR同步，可以代表DNA的拷贝数。章竞子（2013）针对齿瓣石斛ITS区的特异性位点设计了2个TaqMan探针和4条配套的引物，利用TaqMan探针的实时荧光定量PCR技术成功鉴定出石斛药材中不同比例的齿瓣石斛掺杂情况。TaqMan探针法不受非特异性扩增的影响，定量准确，但试验成本较高，应用于中药材石斛等方面的鉴定还存在一定局限性。

总之，石斛的鉴定与众多药用植物及中药材的鉴定一样贯穿于种植、采收、生产、加工、销售、购买全过程。外观性状、化学成分的含量与植物的栽培方式、采收时间、产地等因素息息相关。现代分子生物学手段建立在DNA序列的基础上，对于亲缘关系和物种的鉴定更加准确可靠。但若经过干燥、加热等处理，或长时间的储存可能会导致DNA的降解，有碍鉴别试验的进行。目前分子生物学鉴别方法在鉴别方面的应用远不及传统鉴别方法和色谱、光谱鉴别方法，且分子生物学鉴别方法覆盖面较窄，实际的检验过程中也缺少独立的分子生物学实验室，分子生物学鉴别方法仍有较大的发展空间。单一的鉴别方法均各自存在一定的局限性，建议结合石斛的性状、显微结构、化学成分以及基因序列的特点，联合多种鉴别方式共同对石斛进行鉴定，建立综合、有效的鉴别体系和质量评价体系，以保障其真实性、品质可靠性和用药安全。

第三节　石斛产业发展现状与展望

石斛是一种药用价值极高的中药材，含有丰富的多糖、生物碱、菲类化合物、必需氨基酸、黄酮类化合物、联苄类化合物和各种人体必需微量元素，自古被称为"千金草""滋阴圣品"，位列九大仙草之首（陶泽鑫 等，2021；杨明志 等，2022）。石斛还因其独特的药理作用而驰名中外，被国际药用植物界称为"药界大熊猫"（李维转和王世国，2014）。石斛作为我国传统药用中草药，久负盛名，历代医药古籍对石斛的描述，其具有增强免疫、抗疲劳、抗氧化、治胃病、促进唾液分泌、降血压、醒酒（抗肝损伤）、促进生育、增强性功能、治疗口腔溃疡与牙痛、护嗓、补产后虚损，以及癌症辅助治疗等功效（Liu et al.，2011；罗在柒 等，2021）。现代科学研究表明，石斛具有抗炎、抗突变、抗肿瘤、抗衰老、抗血小板聚集、清除活性氧、润肺明目、降血糖、提高免疫功能等作用，对恶性肿瘤、胃肠道疾病、糖尿病、白内障、关节炎、促进肝脏排毒、血栓闭塞性脉管炎及慢性咽炎等疾病具有很好的疗效（刘敬 等，2017；龙启德，2019）。近年来，随着石斛种植面积的扩大，新产品不断涌现，已有石斛胶囊、石斛纯粉、石斛鲜条、石斛茶、石斛酒、石斛冲剂、石斛饮料、铁皮枫斗、铁皮石斛浸膏、石斛洋参胶囊等10多种产品，高科技产品也不断涌现。尤其是在新时代背景以及新冠疫情影响下，人们愈发关注保健和养生，对石斛深加工食品和药品的需求增加，很多厂家从需求端出发，在供给端创新，开发出系列石斛新产品。如光明食品集团云南石斛生物科技开发有限公司、红河群鑫石斛种植有限公司、云南高山生物农业股份有限公司等一批具有一定规模和较强辐射带动能力的龙头企业，开发出了一批石斛精深加工产品；中山市中智中药饮片有限公司开发出了石斛破壁饮片；浙江天一堂药业有限公司研发出了石斛夜光丸；北京同仁堂天然药物有限公司开发出了复方鲜石斛胶囊等产品。全国石斛产业呈现东西两极并辐射同纬度周边省份，以浙江的深加工和销售市场为一极，原材料种植以云南为主的另一极，全国石斛产业呈现欣欣向荣的发展态势，石斛产业的规模化、标准化、多元化、科技化、现代化和品牌化不断走向深入，市场前景广阔。

一、全国石斛产业发展状况与趋势分析

（一）石斛种植规模与分布状况

石斛种植是石斛产业的基础。有关数据显示，我国石斛种植面积从2013年的12.6万亩[①]增长至2022年的50万亩左右，主要集中于华南地区（柴昀菲，2023）。目前种植面积较大的有铁皮石斛、齿瓣石斛、霍山石斛、金钗石斛、鼓槌石斛、兜唇石斛、马鞭石斛、梳唇石斛等10余个品种，主要在云南、浙江、广东、广西、福建、安徽、贵州、江西、四川、湖南、山东等10余个省份种植。云南石斛种植以铁皮石斛、齿瓣石斛、叠鞘石斛、鼓槌石斛、金钗石斛、梳唇石斛最普遍，其他种类以种质资源保存和小面积试验为主，主要分布于南部、东南部、西南部3个片区的普洱、保山、西双版纳、德宏、文山、红河、临沧7个地区，其中思茅、勐海、龙陵、芒市、广南5个地区为核心产区。据2018年统计，云南石斛种植面积8 933.33hm^2，鲜条产量约9 970t，产值28.7亿元。贵州石斛种植区主要分布于9个市（州）38个县（区），以铁皮石斛为主，铁皮石斛规模较大的有安龙、兴义、锦屏、荔波等地，其金钗石斛种植主要分布在赤水，约占全国种植面积95%。据2019年统计，贵州石斛种植面积9 866.67hm^2，鲜条产量约6 400t，产值36亿元。广西石斛以铁皮石斛和金钗石斛种植为主，主要分布在中部、南部、北部、西北部地区。据2018年统计，广西石斛种植面积达7 533.33hm^2，其中铁皮石斛1 466.67hm^2，金钗石斛6 066.67hm^2。浙江石斛以铁皮石斛种植为主，种植面积约2 000hm^2，有医药企业、种植企业、专业合作社、种植大户基地近100家，其中规模在6.67hm^{2}以上的40多家，66.7hm^{2}以上的4家，主要分布在天台、乐清、义乌、武义、婺城、临安、建德、桐庐、富阳、余杭、淳安、嵊州、诸暨、德清等地。福建石斛集中在西部地区，多分布在邵武、宁化、泰宁、建宁、将乐等地，以铁皮石斛种植为主，据不完全统计，福建石斛种植面积在533.33hm^{2}左右。

---

① 1亩≈667m^2，1hm^2=15亩，全书同。

（二）石斛种植模式与品种状况

石斛的种植模式主要有人工设施栽培和林下仿野生栽培两类。人工设施栽培有多种不同模式，多数采用塑料遮阳网进行；林下仿野生栽培是根据药用植物生长发育习性及其对生态环境的要求，以林地资源为依托，利用林木枝叶适当的遮阴效果，形成有利于药用植物生长环境的一种栽培模式。相比之下，林下仿野生栽培不仅可以节约成本还对环境无污染，其收获得到的石斛品质优于大棚种植（柴昀菲，2023）。如云南石斛种植有大棚种植和附树种植两种模式，附树种植666.67hm^2；石斛种类以铁皮石斛和齿瓣石斛为主，铁皮石斛种植面积约2 866.67hm^2，齿瓣石斛种植面积约6 066.67hm^2。贵州石斛种植有附树和附石两种模式，其中金钗石斛附石种植约6 000hm^2，铁皮石斛附树种植面积约3 266.67hm^2，其他还少量种植有叠鞘石斛、美花石斛。浙江石斛种植模式主要采取大棚仿野生种植，种植品种为铁皮石斛，如浙江天皇药业有限公司推行GAP荫棚标准化种植，基地均以细石为栽植基质，不施肥、不打药，五年一收，原料全部供应自身药品生产线，其种植的品种为铁皮石斛品种。

（三）石斛产品与市场销售状况

石斛加工是石斛产业的重要环节，石斛加工主要包括干制、炮制、提取、粉碎等过程。干制是将新鲜的石斛直接进行烘干、晒干；炮制是将新鲜的铁皮石斛进行处理，去除杂质，保留有效成分；提取是将铁皮石斛中的有效成分提取出来，制成药材或保健品；粉碎是将铁皮石斛研磨成粉末，方便制药或保健品加工使用（李聪 等，2013）。目前我国市场上以石斛为主要原料的产品可分为3类，第一类是鲜条、鲜石斛花；第二类是初加工产品，即由石斛茎制成的枫斗和干石斛花；第三类是精深加工产品，主要类型有口服液、胶囊、浸膏以及通过添加维生素、人参、灵芝、糖等组成的复合保健品。其中，以铁皮石斛为原料制成的枫斗、脉络宁、石斛夜光丸、石斛精、口香液、石斛含片等数10种药品销全国各地，远销东南亚各国，在日本、韩国、美国等也有相当大的市场，是我国著名的传统道地药材及出口商品（郑秀妹和陈张勇，2009）。

关于石斛的销售产品，国内市场以中药材、保健品为主，销售渠道包括中药材市场保健品零售店等（陈曦，2017）。我国石斛的主要消费市场是浙江，其次为北京、上海、广州等几个大城市，包括主产区云南在内的其他大部分地区还未形成真正的消费市场。在我国生产石斛产品的几个主要省份呈现不同的产品和市场特征，一是云南石斛产品主要有石斛鲜条、枫斗、胶囊、口服液和浸膏，其中石斛粉为纯品，但更多的是添加人参、糖、维生素、灵芝等加工成的复合保健品。云南品斛堂生物科技有限公司（简称"品斛堂"）、云南红河州巨丰生物科技股份有限公司是云南石斛产业的领军企业，品斛堂现已推出石斛西洋参含片、石斛西洋参灵芝酒、石斛西洋参颗粒等系列保健食品，以及石斛切片、石斛超细粉、枫斗、鲜石斛等。二是贵州石斛种植及加工企业80多家，石斛产品主要有鲜条、枫斗、切片、干花、石斛粉、口服液、石斛酒等，但贵州尚未建立稳固的公共销售平台及有效的销售团队，石斛产量较小，产业受全国市场影响较大。三是浙江创办了一批铁皮石斛加工企业，部分企业积极与国内科研院所、大专院校合作，研制开发出了铁皮石斛鲜条、铁皮石斛枫斗、铁皮石斛精粉等，产品丰富，产业链不断延长；"天目山铁皮石斛"获国家地理标志保护产品，"武义铁皮石斛"获农产品地理标志产品。天皇药业、寿仙谷药业、森宇药业、天目山药业、胡庆余堂等品牌化产品销售额占全国铁皮石斛系列产品70%以上，获省级以上名牌或著名商标6个。建立了以骨干企业为主体的产业集群，铁皮石斛原料的种植和生产实现规模化、规范化、标准化，产品创新、质量控制、品牌效应明显，热销国内药品和保健食品高端市场，在更大范围参与国际合作与竞争。通过制订产业发展规划、组织制订质量标准、设立科技专项等措施，共同打造"浙江铁皮石斛"产业品牌。通过铁皮石斛产业协会、产业联盟、品牌企业、农民专业合作社及营销大户积极拓展销售市场。目前，浙江初步形成了天台、乐清、金华、杭州等产业集聚区，除传统铁皮枫斗和鲜品外，近年来还开发了铁皮石斛颗粒剂、胶囊、片剂、浸膏、丸剂、口服液、饮料等附加值较高的精深加工产品。经国家批准的铁皮石斛保健食品48个，占全国铁皮石斛类保健食品总数的70%。铁皮石斛深加工已向日用品、保健食品、药品等多个领域延伸，在北京、上海、广州、深圳、重庆、成都等20多个城市建立销售网点。近几年，浙江铁皮石斛类药品和保健食品的年销售规模近40亿元，拉动相关产业产值10余亿元。可见，石斛相关产业具有广阔的市场前景。

二、石斛产业发展面临的主要问题和挑战

（一）质量缺乏统一标准，标准化生产程度低

石斛产业发展尚未形成产地、种苗、生产、加工技术等一套完整的技术标准，同时，生产经营监管工作制度缺乏严谨性，因没有相关标准的颁布实施，质检手段与标准达不到科学要求，诸多地方更是尚未建立优良品种认证标准和成立检测认证机构，致使市场上出售的石斛产品品种、质量不一。

（二）产业发展规模较小，龙头企业带动不足

从全国石斛产业的发展历程和规模效益来看，石斛产业领域的企业发展起步相对较晚、规模较小，整体实力较弱，难以支撑系统产业链的发展，缺乏具有强有力带动能力的龙头企业。诸多地方性石斛企业多属于小作坊形式，专业人才缺乏，自主产品研发能力不强，科研工作滞后，精深加工产品的研发和功效产品的挖掘投入不足，市场抵御风险能力不强，与产业可持续发展相适应的大企业、大品牌、大流通和大市场格局尚未真正形成。

（三）产品科技含量低，核心竞争力弱

石斛产业的工业化程度总体较低，导致产业链联系度不强。另外，加工业在承接上游产业和带动下游产业发展的能力比较薄弱等，导致石斛产业低水平、低层次发展的现状比较突出。石斛产业研发体系不健全，研发平台层次较低，缺乏大型企业的进入，使研发难成气候，石斛产业领域的基础和应用研究以及新产品的开发与加快产业化发展的需要不相适应，加之滞后的科研成果转化能力，致使石斛产业核心竞争力弱。此外，石斛企业缺乏高层次技术人才支撑，特别是种植管理、物流策划、产品开发、市场营销、电子商务等方面的人才，严重影响了产业发展。

（四）产业链延伸乏力，多产融合尚未形成

石斛产业企业产品单一，产业链短，很多企业仍以种植和初加工为主，深加工产品研发滞后，产品附加值不高，一二三产融合和多产深度渗透的产业链局面尚未呈现。在国家乡村振兴相关政策的支持下，第一产业的种植业与第三产业的旅游业融合是大势所趋，第二产业深加工和功效产品的深度挖掘与第三产业服务业的紧密连接和相互促进是未来振兴乡村必须要走的一种重要创新经济模式。石斛作为重要的药食同源中药材，其蕴藏的文化价值、历史价值、健康价值、市场价值实际上远未被充分挖掘和利用，石斛产业链延伸发展乏力，多产业结合不足，多产业融合和产业跨界互动的局面尚未形成。

三、石斛产业未来发展的方向与对策建议

（一）加强标准化建设，完善石斛产业的相关标准

石斛种类繁多，其成分含量、功效等方面尚无统一的检测标准，即使是同一种石斛，因组培技术和品种来源不同，其品质也存在差异。为了确保石斛及其产品质量和食用安全，对消费者负责并取得消费者信任，必须抓紧制定和完善石斛种苗标准、种植规范和产品标准，必须重视标准化研究，从品种选育、栽培、采收、成分含量、质量检测等方面建立整套标准，构建具有品种标识、产地标识、加工厂家标识以及明确的效用标识的产品信息体系，并确保该体系可查、可验、可追溯。只有建立了质量标准，才能规范市场，规范行业标准和市场行为。

（二）加强培育龙头企业，提升石斛产业品牌效应

龙头企业的技术创新对整个行业将发挥引领作用，政府应重点扶持若干个骨干企业，将种植、销售和加工企业紧密联系起来，延长产业链，提高经济效益，带动周边企业和农户发展石斛种植产业。同时，可发挥行业协会和专业经济合作组织的作用，将分散种植的农户组织起来，实行生产、加工、销售一条龙服务。加快石斛有机农产品的认证工作，助推龙头企业形成著名商标、名牌产品等系列品牌，提升龙头企业核心竞争

力，充分发挥石斛产业品牌效应，推动当地经济社会的蓬勃发展。

（三）加强科技人才支撑，提高石斛产业创新水平

加大科技扶持力度，建立完善石斛种植、产品开发和功效挖掘全产业链科技服务体系，构建校企联合开发技术支撑体系，不断引进和培养石斛产业化科研和专业技术人员，定期开展技术培训，以提高石斛产品产业化开发和高品质产品的质量保障能力。石斛企业要强化与药企、科研院所的合作，建立产销一体化企业联盟，加大产品的研发力度，如完善种植技术，将超临界萃取、冷冻干燥等先进技术应用到石斛提取与精制生产中，深入开展石斛功能性、功效性验证和作用机理研究，同时解决工业转化不畅、附加值低的问题，集中精力开发石斛饮片、冲剂等消费者需求的健康产品，建立达到GMP要求的石斛产品生产线，并加强跨界合作，提高产品加工规范化水平，从而实现石斛产业的创新发展和产业化综合能力的快速提升。

（四）加强政策扶持力度，推动石斛产业集群化发展

充分发挥市场配置资源的基础性作用，营造良好的市场环境，加快形成新的石斛产业发展优势。发挥政府的规划引导、政策激励和组织协调作用，稳步推进石斛产业的快速健康发展。以科技企业为主体，重点扶持石斛产业的龙头企业，促进优质资源向优势企业集中，促进石斛产业集约集聚发展，培育一批核心竞争力强、规模较大的企业集群。鼓励发展各类石斛行业协会，充分发挥其连接龙头企业、市场和农户的纽带作用，及时为农户提供石斛产品中药材市场信息，预测市场行情，开展组织内部的技术、信息、资金、生产、加工、销售等多方面的合作。把一家一户的小生产与千变万化的大市场有效地联结起来，提高广大农户参与市场竞争的能力和抵抗市场风险的能力。探索完善"企业+专业经济合作组织+农户"的多种产业化经营模式，发展"订单"生产。通过"公司+协会（合作社）+农户"或"市场+合作社+农户"等形式，把石斛种植农户与石斛销售、加工企业联系起来，以体制机制创新，提高石斛产业化发展水平，形成风险共担、利益共享的有机体，整合地方石斛资源、生态资源、文化资源，打造石斛产业群，集中优势力量创新产品、创新模式、开拓市场，为乡村振兴添砖加瓦。

参考文献

白音，2007.药用石斛鉴定方法的系统研究[D].北京：北京中医药大学.
柴昀菲，2023.普洱市石斛产业发展现状调查及对策研究[D].昆明：云南农业大学.
陈美越，2003.石斛及其伪品云南石仙桃的鉴别[J].海峡药学，15（3）：47-48.
陈士林，姚辉，韩建萍，等，2013.中药材DNA条形码分子鉴定指导原则[J].中国中药杂志，38（2）：141-148.

陈曦，2017. 几种云南道地中药类保健食品市场现状分析与营销定位[D]. 重庆：西南大学.

陈祝霞，时雅旻，2007. 石斛类药材的红外光谱鉴别研究及其抗氧化活性比较[J]. 中国现代中药，9（8）：22-24.

戴亚峰，李诚，王诗文，等，2018. 霍山石斛产业发展现状[J]. 安徽农业科学，46（27）：202-204.

戴亚峰，王诗文，王渊，等，2020. 霍山石斛薄层鉴别研究[J]. 安徽农业科学，48（14）：168-172.

董晓曼，蒋超，袁媛，等，2017. 双阻滞位点特异性PCR鉴别铁皮石斛及其近缘物种[J]. 中国中药杂志，42（5）：896-901.

樊丽彤，杨洁，周倩，等，2013. 紫皮石斛与铁皮石斛的鉴别研究[J]. 中华中医药杂志，28（3）：843-845.

傅颖，刘波，叶愈青，2020. 铁皮石斛及其加工品的常见混淆品和伪品鉴别[J]. 绿色科技（3）：94-95+97.

关小彬，2004. 有关瓜石斛的性状与显微鉴别[J]. 中药材，27（9）：637.

国家药典委员会，2020. 中华人民共和国药典：2020年版一部[S]. 北京：中国医药科技出版社.

何伯伟，杨兵勋，王松琳，等，2021. 浙江发展铁皮石斛等食药物质产业的对策建议[J]. 浙江农业科学，62（10）：1903-1905+1909.

胡冲，张亚中，袁媛，等，2020. 霍山石斛的 PCR-RFLP鉴别研究[J]. 药物分析杂志，40（12）：2109-2115.

贾海彬，2020. 2019 年中药材市场盘点及2020年市场趋势展望[J]. 中国现代中药，22（3）：332-341.

金效华，李剑武，叶德平，2016. 中国野生兰科植物原色图鉴[M]. 郑州：河南科学技术出版社.

李聪，宁丽丹，斯金平，等，2013. 铁皮石斛采后加工及提取方法对多糖的影响[J]. 中国中药杂志，38（4）：524-527.

李桂琳，李泽生，高燕，等，2020. 云南德宏石斛产业及可持续发展[J]. 热带农业科技，43（2）：24-28+33.

李维转，王世国，2014. 浅析龙陵县石斛产业[J]. 云南农业（10）：53.

李学农，2008. 常用中药石斛显微鉴别[J]. 海峡药学，20（3）：84-85.

李兆奎，孙彩华，李美琴，2005. 铁皮石斛与几种常用混淆品的红外光谱鉴别[J]. 海峡药学，17（3）：91-93.

栗丹，李振坚，毛萍，等，2012. 基于ITS 序列石斛材料的鉴定及系统进化分析[J]. 园艺学报，39（8）：1539-1550.

刘刚，2018. 霍山石斛生药学鉴别研究[D]. 合肥：安徽中医药大学.

刘敬，邓仙梅，赵斌，等，2017. 铁皮石斛药理作用研究进展[J]. 亚太传统医药，13（15）：27-30.

刘文杰，2014. 铁皮石斛的红外光谱定性定量研究[D]. 北京：北京中医药大学.

龙启德，2019. 贵州石斛产业发展现状探讨[J]. 贵州林业科技，47（4）：61-64.

娄勇军，肖小春，陈伟鸿，等，2018. 基于ITS2序列和特定引物区分铁皮石斛和伪品的PCR鉴别方法[J]. 中医药导报，24（15）：49-52.

卢海先，2004. 5种正品石斛的鉴别[J]. 海峡药学，16（5）：96-97.

罗宇琴，蒋超，袁媛，等，2017. 多重位点特异性PCR鉴定霍山石斛、铁皮石斛与齿瓣石斛药材[J]. 药学学报，52（6）：998-1006.

罗在柒，龙启德，姜运力，等，2021. 全国石斛产业现状及贵州发展石斛产业的思考[J]. 贵州林业科技，49（1）：42-47.

马继兴，1995. 神农本草经辑注[M]. 北京：人民卫生出版社.

秦文，李旭梅，卫子皎，等，2017. 铁皮石斛的性状和显微鉴别研究[J]. 时珍国医国药，28（8）：1913-1915.

沈颖，徐程，万小凤，等，2005. ISSR-PCR在石斛种间鉴别中的应用[J]. 中草药，36（3）：423-427.

孙廷，杨玉珍，胡述晓，等，2022. 曲茎石斛及其近缘种的鉴别与质量评价[J]. 中国实验方剂学杂志，28（20）：128-134.

陶泽鑫，陆宁姝，吴晓倩，等，2021. 石斛的化学成分及药理作用研究进展[J]. 药学研究，40（1）：44-51+70.

滕建北，万德光，朱意麟，等，2009. 紫外光谱法鉴别金钗石斛和黑毛石斛[J]. 华西药学杂志，24（6）：680-681.

藤茜华，2001. 石斛及其习用品的性状鉴别[J]. 四川中医，19（11）：15.

万修福，王升，康传志，等，2022. "十四五"期间中药材产业趋势与发展建议[J]. 中国中药杂志，47（5）：1144-1152.

王晖，时玲玲，周珏，等，2018. 基于DNA条形码分析的霍山石斛及其常见混伪品的初步研究[J]. 中国中药杂志，43（20）：4055-4061.

王慧中，卢江杰，施农农，等，2007. 13种石斛属植物遗传多样性的AFLP分析[J]. 分子细胞生物学报，40（3）：205-210.

王少平，孙乙铭，姜艳，等，2015. 基于指纹图谱及柚皮素含量对铁皮石斛及伪品的鉴定[J]. 浙江农业学报，27（12）：2199-2205.

王雁，李振坚，彭红明，等，2007. 石斛兰资源生产应用[M]. 北京：中国林业出版社.

肖鲲，葛晓军，李小琼，等，2008. 石斛属植物的RAPD指纹图谱聚类分析[J]. 遵义医学院学报，31（5）：454-456.

谢鲁灵枫，2018. 石斛类药材指纹图谱及化学成分初步研究[D]. 镇江：江苏大学.

谢明璐，侯北伟，韩丽，等，2010. 珍稀铁皮石斛SSR标记的开发及种质纯度鉴定[J]. 药学学报，45（5）：667-672.

徐蓓，杨莉，陈崇崇，等，2010. 黄草类石斛的薄层色谱鉴别研究[J]. 中国药品标准，11（2）：99-102.

徐素素，高静，陈军文，等，2021. 药用石斛及其混伪品的DNA条形码分子鉴定[J]. 云南农业大学学报（自然科学），36（5）：862-871.

徐元江，刘江，彭诗原，等，2019. 西藏六种野生石斛的红外光谱鉴别研究[J]. 高原农业，3（6）：664-669.

许莉，郭力，陈佳江，等，2013. 20种石斛的薄层色谱鉴别[J]. 成都中医药大学学报，36（2）：6-7.

严华，2015. 铁皮石斛质量控制体系研究[D]. 北京：北京中医药大学.

杨明志，单玉莹，陈晓梅，等，2022. 中国石斛产业发展现状分析与考量[J]. 中国现代中药，24（8）：1395-1402.

杨琴，2021. 贵州栽培石斛遗传多样性分析和DNA指纹图谱构建[D]. 贵阳：贵州大学.

喻新芳，贾卫，赵淑敏，2004. 石斛及其伪品的比较鉴别[J]. 时珍国医国药，15（3）：159.

詹泉明，黄庆华，1999. 石斛及其混伪品的性状鉴别[J]. 福建中医药，30（5）：47.

张萌，单玉莹，杨业波，等，2022. 中国石斛属植物遗传资源的AFLP分析[J]. 园艺学报，49（6）：1339-1350.

张廷模，冯德强，2018. 中国石斛品汇集要[M]. 北京：中国医药科技出版社.

章竞子，2013. Real-time PCR及SSR技术在齿瓣石斛药材鉴别中的应用[D]. 南京：南京师范大学.

赵菊润，孙永玉，2016. 紫皮石斛产业的现状与发展对策[J]. 中国农业信息，28（28）：153-155.

赵菊润，张治国，2014. 铁皮石斛产业发展现状与对策[J]. 中国现代中药，16（4）：277-279+286.

赵群，刘枫，韩邦兴，等，2018. 霍山石斛的分子特异性鉴别[J]. 中国药学杂志，53（9）：682-689.

赵玉姣，2017. 霍山石斛及其近缘种的比较鉴别与组织化学定位研究[D]. 合肥：安徽中医药大学.

郑秀妹，陈张勇，2009. 石斛的药用价值及真伪鉴别[J]. 中国医学创新，6（22）：160-162.

朱胜男，周振华，冯尚国，等，2011. 31种石斛属植物的RAPD遗传多样性分析[J]. 杭州师范大学学报（自然科学版），10（4）：333-339.

朱照祥，2003. 目前市售集中石斛属的形态分类鉴别[J]. 中国中医药信息杂志，10（9）：37-38.

FLORA of China Editorial Committee，1999. Flora of China：Vol. 16[M]. Beijing：Science Press；St. Louis：Missouri Botanical Garden Press.

HOWARD P W，2006. The Dendrobiums[M]. New York：Workman Pub Co.

KAMEMOTO H，AMORE T D，1999. Breeding dendrobium orchids in Hawaii [M]. Hawaii：University of Hawaii Press.

LAU D T，SHAW P C，WANG J，et al.，2001. Authentication of medicinal Dendrobium species by the internal transcribed spacer of ribosomal DNA [J]. Planta Medica，67（5）：456-460.

LAVARACK B，HARRIS W，STOCKE G，2002. Dendrobium and its relative [M]. Oregon：Timber Press.

LIU X，ZHUU J，GE S，et al.，2011. Orally administered Dendrobium officinaleand its polysaccharides enhance immunefunctions in BALB/c mice [J]. Natural product communications，6（6）：867.

QIAN L，DING G，ZHOU Q，et al.，2008. Molecular authentication of *Dendrobium loddigesii* Rolfe by Amplification Refractory Mutation System（ARMS）[J]. Planta Medica，74（4）：470-473.

XIANG X G，SCHUITEMAN A，LI D Z，et al.，2013. Molecular systematics of Dendrobium（Orchidaceae，Dendrobieae）from mainland Asia based on plastid and nuclear sequences[J]. Mol Phylogenetics Evol，69（3）：950-960.

第二章　石斛生物学特征特性

第一节　石斛属相关概念与分类学特征

石斛隶属于兰科（Orchidaceae）石斛属（*Dendrobium*），全属植物约1 500种（Pridgeon et al.，2014），属于附生兰类，是著名的"四大观赏洋兰"之一，属名是希腊文字dendro（树）和bium（生活）的组合，有"附生于树"之意（王雁 等，2015）。石斛分布地区广泛，主要分布区为亚洲的巴布亚新几内亚、泰国、马来西亚、菲律宾、印度尼西亚、中国、印度、老挝、越南、柬埔寨和大洋洲的澳大利亚等地。巴布亚新几内亚分布有野生石斛属植物450余种，泰国有150种，菲律宾和马来西亚各有100种，印度有80种，印度尼西亚有220种，澳大利亚有60种（武荣花，2007），海拔100～3 000m都有分布。这些国家的石斛属植物资源丰富，但其森林面积的大量减少导致了石斛属植物资源的锐减。澳大利亚、印度及印度尼西亚等国家为扩大居住区、农田、草场、风景区面积而肆意毁林开荒，巴布亚新几内亚、菲律宾及印度的伐木业、采矿业持续发展，澳大利亚北部猪、牛、羊等动物啃噬以及森林火灾等导致了森林及石斛属植物资源的迅速减少。此外，在1882—1914年，欧洲早期的植物采集者对东南亚地区野生热带兰花的掠夺性采集也造成了该地区野生石斛属植物资源的锐减。

《中国植物志》记载了76种石斛，包括2变种，可分为12个组，即禾叶组4种、顶叶组6种、石斛组38种、心叶组1种、瘦轴组2种、叉唇组1种、距囊组3种、黑毛组7种、草叶组5种、基肿组4种、剑叶组3种、圆柱叶组2种，其中顶叶组、石斛组、黑毛组观赏价值极高（吴征镒 等，2004）。石斛主要分布于我国秦岭以南，随着纬度的增加石斛物种数量逐渐减少。除植物志记载的76种石斛外，分布于我国的石斛物种不断被发现，详见表2-1（罗凯 等，2021），最近，*D. jizhuyeense*新物种被报道（Liang et al.，2024）。

表2-1 近年我国发现的石斛物种

序号	种名	学名	时间	原生地	文献资料
1	喉红石斛	*D. christyanum*	2005	云南	云南植物研究
2	勐腊石斛	*D. menglaensis*	2006	云南	Annales Botanici Fennici
3	吕宋石斛	*D. luzonense*	2007	台湾	Taiwania
4	夹江石斛	*D. jiajiangense*	2008	四川	植物研究
5	王氏石斛	*D. wangliangii*	2008	云南	Botanical journal of the Linnean Society
6	麻栗坡石斛	*D. moniliforme*	2008	云南	武汉植物学研究
7	紫婉石斛	*D. transparens*	2010	云南	热带亚热带植物学报
8	始兴石斛	*D. shixingense*	2010	广东	Nordic Journal of Botany
9	河口石斛	*D. hekouense*	2011	云南	Annales Botanici Fennici
10	广坝石斛	*D. lagarum*	2011	海南	Journal of Tropical and Subtropical Botany
11	镇沅石斛	*D. zhenyuanense*	2014	云南	Phytotaxa
12	文山石斛	*D. wenshanense*	2014	云南	Phytotaxa
13	龙陵石斛	*D. longlingense*	2014	云南	Phytotaxa
14	罗氏石斛	*D. luoi*	2016	湖南	植物科学学报
15	马关石斛	*D. maguanense*	2016	云南	Phytotaxa
16	政和石斛	*D. zhenghuoense*	2016	福建	Phytotaxa
17	秉滔石斛	*D. libingtaoi*	2018	云南	Phytotaxa
18	版纳石斛	*D. bannaense*	2018	云南	Phytotaxa
19	景华石斛	*D. jinghuanum*	2020	云南	Phytotaxa
20	永嘉石斛	*D. yongjiaense*	2020	浙江	Phytotaxa

一、石斛属分类学特征

石斛属最早是Loureiro于1790年以*Ceraia simplicissima*作为模式植物而创立的，并在同一时间又发表了*Calliata amabilis*为本属的后出异名；Swartz采用本属的名字是在1799年以*Dendrobium crumenatum*作模式植物发表的，并于1959年通过国际植物命名法规，将此作为本属的合法属名。植物学家Kranzlin（1936）曾发表的文章中共收录约600种，分别隶属于10个亚属，27个组。而在属下的系统研究方面，兰科专家都认为Smith（1905）和Schlechter（1914）的属下划分较自然，Hohtum（1953）也采用Smith

和Schlechter的属下划分标准。关于石斛属在分类系统上的位置，兰科分类学家的看法不一。早期Bentham和Hooker（1883）主要依据石斛花粉块4个或2个排成一列，无花粉块柄，认为其亲近于石豆兰属（*Bulbophyllum*），并一起归入石斛亚属（*Dendrobieae*）放在树兰族之下；而毛兰属（*Eria*）作为另一毛兰亚族（*Erieae*）被放在石斛亚族后面；Smith及Kranzlin却认为本属亲近于毛兰属。Dressler和Dodson（1960）结合Swamy（1949）对兰科植物胚胎学的研究资料，对本属的位置提出一个兰科分类新系统，与Bentham等的意见相同。

二、石斛属植物形态学特征

石斛属植物为附生草本，少数岩生，极少地生，落叶或常绿。通常有肉质的假鳞茎，少数具分支，光滑或有毛。石斛多为总状花序，花序分为侧生和顶生两种，某些石斛组假顶生，具一至几十朵花不等。花朵色彩丰富，通常比较艳丽，偶有一些花有香气，不同种类的单花花期可保持几天至几个月（Lavarack et al.，2002）。花径多为6~8cm，也有直径10cm以上的大花。石斛花具萼片3枚，合蕊柱1枚，花瓣3枚，包括2枚侧瓣，1枚唇瓣。萼片近相似，离生；侧萼片着生在蕊柱足上，蕊柱粗短，顶端两侧各具1枚蕊柱齿；唇瓣3裂或完整，着生于蕊柱足末端，基部收拢变狭窄，呈短爪或无爪状，或具距。子房圆柱状，或有翅，有时具毛或突起。石斛的肉质根有储存水分、养分吸收、固着的作用，有的根系变绿在阳光下能够进行光合作用。

石斛果实为蒴果，椭圆形或近球形，或有翅，单室，内无果皮弹丝（Seidenfaden，1985）。果面纵肋，含有丰富的小种子，种子无胚乳。在自然条件下，果荚成熟后能沿3条总裂缝开裂，有时顶端开裂。种子可以随风传播，但成活率很低，需要与真菌共生才可萌发（陈心启和吉占和，2003）。王仕玉和萧凤回（2010）等对17种滇产石斛种子进行比较，发现其在色泽和形状上比较相似，均为黄色和不规则的纺锤体，石斛种子由种皮和胚两部分组成，种皮细胞的细胞壁上有絮状物，絮状物的疏密和长短在组间有差异。边子星（2017）利用显微技术观察种子形态，得出华石斛蒴果内含种子12万~24万粒，在石斛属植物中华石斛种子属于中等大小正常型种子，硅胶和无水氯化锂适合保存华石斛种子，4%含水量种子的保存最佳温度为-20℃。

三、石斛属植物物候学特性

石斛植物独特的生境条件，不同的生长地域、不同的温度和湿度都会导致每种石斛植物各自的物候规律不尽相同。石斛植物从新茎萌动到果实采收可大致分为13个时期，即新茎萌动期→茎生长期→新根萌动期→展叶期→落叶期→出花芽期→现蕾期→始花期→盛花期→果实膨大期→果实伸长期→果实成熟期→果实采收期。石斛植物假鳞茎可存活6~7年，每年茎可分蘖新茎以此来进行植株更新替代活动（熊文哲，2022）。

蔡永萍等（2003）研究得出霍山铁皮石斛与霍山铜皮石斛新生茎条会出现生长双峰现象，生长期为4—9月，而霍山米斛生长期在3—8月，且只有一个生长高峰期。谷海燕（2016）研究对比得出鼓槌石斛在引种地都江堰新芽始膨期延迟，展叶期、花期、果实生长成熟期也相应延迟。因此，石斛植物受生境条件影响较大，在栽培管理时应加强各种条件的调控，以及可通过开展人工授粉技术研究，开发应用石斛种质资源培养新品种。

石斛植物物候观察期以花期与果期为重点观测时期，石斛开花物候应以石斛植物花芽生长期为始，依次为伸长期、见蕾期、显色期、始花期、盛花期，谢花期为末。影响石斛植物开花的原因有温度、海拔等。陈慧玲等（2022）以引种至湖北英山的13种石斛为材料，研究得出花芽始期为3月下旬至5月下旬，花谢期集中于6月上旬至7月下旬，引种地与产地气候相似，石斛会更加适应，更早开花。李桂琳等（2014）对云南德宏40种石斛做出观赏评价，在1—3月、4—6月、7—9月都有石斛植物开花，花期短至7d，长至15d。马良等（2019）对35种石斛进行观赏特性研究，发现从云南文山引种至福建的翅梗石斛花期高达48d，流苏石斛约12d，杓唇石斛最短为5d。

四、石斛属植物生态学特性

石斛属植物对小气候环境要求极为严格，主要生长于温凉高湿的阴坡、半阴坡微酸性岩层峭壁地丛林树上或林下岩石上（吉占和，1980），要求相对湿度85%~95%的环境条件（赵天榜 等，1994），生长地有经过林冠过滤的散射光以及间或从间隙透入的短暂的直射光斑，林间透光度在60%左右（赖泳红 等，2006），常群居分布，上有林木遮阴，下有溪沟水源，冬春季节稍耐干旱，但严重缺水时常叶片落尽，裸茎度过不良环境，到温暖季节重新萌发枝叶。常与地衣、苔藓植物以及其他一些生境要求相似的植物混生（彭锐 等，2001）。虽然石斛对生境要求苛刻，但是石斛一旦存活到成株，对干旱具有较强的抵抗力，故石斛在贵州兴义还有"死去还魂草"的美誉（唐金刚，2005）。

石斛喜光而怕灼晒，喜暖而怕炎热，喜通风而怕飓风。石斛生长发育的好坏主要决定于生态环境是否适宜石斛生长的条件，其生长发育受环境因素特别是森林植被的影响很大。石斛属植物的根常与真菌共生，此种真菌称为兰菌，兰菌能固定空气中的氮素供其生长利用。大多数石斛属植物都具有肥大的假鳞茎贮存水分和养分，因此，石斛属植物具有一定的耐旱和耐瘠薄能力，可以抵御干旱和贫瘠等不良环境，但冬季严重缺水时叶片会凋落以此来响应环境胁迫，到温暖季节枝叶会重新萌发。

（一）光照

石斛喜光，生长期充足的光照有利于假鳞茎生长健壮。但是，夏季高温期间应注意适当遮光，入秋后，假鳞茎开始膨大成熟，有充足的光照，假鳞茎增粗才能较快。若在夏、秋季的时候充分接受了光照，将有助于增加花蕾的数量。栽培期使用含有较多红光的日光灯照射春石斛植株可促进花芽的发育，用高光强的荧光灯照射则会推迟花芽的发育时间。除光照强度外，光周期对春石斛的生长发育也有很大的影响（徐雨和王四清，2005）。适合霍山石斛试管苗生长及有效成分积累的最佳光照组合是红光，光照强度为30mol/（$m^2·s$），光照时间为12h。黄光促进霍山石斛试管苗茎的伸长生长，红光和蓝光抑制霍山石斛试管苗茎的伸长生长。红光下霍山石斛试管苗chla/b较低，有阴生化趋势；蓝光下霍山石斛试管苗chla/b较高，有阳生化趋势。红光和蓝光下，霍山石斛试管苗的多糖含量较高，这说明红光和蓝光有利于石斛多糖的积累（贾书华，2007）。

光合速率日变化与光强有显著的相关关系，光合速率在12：00最低，说明其有光合午休现象，在光照较强时光合速率为负值，超过一定的光照强度石斛叶片会受到光抑制，研究表明当光照强度高于800μmol/（$m^2·s$）时，霍山石斛的生长受到抑制（蔡永萍 等，2004）。金钗石斛的植株高度和可溶性蛋白质的含量在较低的光照强度下反而增加，以320μmol/（$m^2·s$）的光照强度最适宜，叶绿素在640μmol/（$m^2·s$）的强光下不能形成，光照较强的条件下表现出光抑制现象（丑敏霞 等，2000）。当光强达到500μmol/（$m^2·s$）以上时，霍山石斛叶片光合电子传递速率（ETR）有较快的上升，光合电子传递速率和非光化学猝灭（NPQ）也相应增加，石斛不仅能及时利用有效光能，还能耗散多余的光能，从而使其光合能力增强（蔡永萍 等，2004）。吕献康等（2004）研究发现，铁皮石斛、广东石斛和重唇石斛的净光合速率（Pn）、光补偿点（LCP）和光饱和点（LSP）均较低，Pn在10：00达到高峰值，之后随着光照强度的增加而下降。石斛属植物的光饱和点大都较低，一般在300μmol/（$m^2·s$）以下，研究表明美花石斛的净光合速率相对较高但是其光饱和点较低，这导致其易出现光抑制（沈宗根 等，2010）。徐云鹏等（1991）研究发现，霍山石斛在250μmol/（$m^2·s$）左右的光量子通量密度的漫射光下生长较好。石斛在冬季可利用较高的光照强度，其光饱和点在冬季可达到1 000μmol/（$m^2·s$）（任建武 等，2009）。然而，在较低光强下石斛也可能出现光抑制现象，这种现象不是因为受到了光破坏而是为了免于受到强光的损伤而选择的自我保护机制，是一种自我调节方式（蔡永平，2005）。

CO_2是光合作用的原料，所以CO_2浓度极大地影响光合作用。光照强度和CO_2浓度对光合作用的影响在一定程度上也相互作用，若CO_2浓度增加，光饱和点就会提高，反之，若光照强度增加，则CO_2饱和点也会升高。铁皮石斛和金钗石斛的叶片对CO_2的吸收随着光照强度的增加而出现抑制效应，CO_2的交换方式同CAM植物类似，在外界环境条件变化的情况下，光合作用也可在C_3途径和CAM途径间转变（苏文华和张光飞，2003）。高浓度CO_2使鼓槌石斛的净光合速率（Pn）、胞间CO_2浓度（Ci）和水分利用率（WUE）上升，但是气孔导度（Cond）和蒸腾效率（Tr）则下降（刘汉锋 等，2012）。CO_2倍增处理使鼓槌石斛和金钗石斛的Pn和WUE有所升高，但是对低浓度的

CO_2利用能力降低，而CO_2饱和点和饱和点处最大净光合速率变化不显著，也没有出现明显的光合适应现象；而报春石斛净光合速率在CO_2倍增处理后有所降低，CO_2饱和点及饱和点处最大净光合速率也有所下降，光呼吸作用提高表现出了光合适应现象（刘汉峰，2012）。美花石斛的Pn随着CO_2浓度的增加而逐渐升高，其CO_2饱和点为500μmol/（$m^2 \cdot s$）（沈宗根 等，2010）。

呼吸作用和光合作用都与温度密切相关，其中光合作用对温度更加敏感，温度与光合作用的暗反应有关，低温下暗反应的酶促反应会受到抑制，植物将不能进行光合作用，而温度过高会使气孔关闭，光合作用的酶遭到破坏，叶绿体的结构也会被破坏等，从而导致光合作用下降。石斛的生长与代谢随温度的变化而呈现出相应的变化；金钗石斛在平均25℃的温度条件下生物产量较高，此时其繁殖能力和生理活性也较强。光照强度与温度对光合作用的影响有一定的相互作用，其中在80μmol/（$m^2 \cdot s$）光强下，金钗石斛最适宜的生长温度为25~30℃，而160μmol/（$m^2 \cdot s$）光强下，则以20~25℃为宜，光照稍强的条件下，25℃下金钗石斛的生长最优（丑敏霞 等，2001）。

（二）温度

温度影响花芽分化和开花率。休止叶出现后，与低温（25℃/15℃）比较，在较高温（30℃/20℃）下假鳞茎生长充实，容易成熟，只有成熟的假鳞茎上部茎节的隐芽才能发育形成花芽，并具有较高的开花率（Sinoda et al.，1985）。而未成熟的假鳞茎，虽然能出现膨大的隐芽，但仍然保持休眠状态，不能形成花芽。春石斛的开花需要一定的日夜温差或需要较低的夜温进行春化。低夜温能使呼吸作用减弱，因而用于呼吸的夜间养分消耗会降低，容易促进花芽分化，提高开花率。然而，不同石斛花芽诱导的温度是不相同的。白天的温度过低会降低生长率，过高则推迟花芽的发育。研究发现，一些石斛的开花需要经历20~25℃或15~20℃的低温，而有些石斛开花诱导的最佳温度是25℃/10℃或25℃/15℃，昼温过高和夜温过低都对花芽分化不利。昼温高于25℃会抑制绝大多数石斛品种的花芽分化，也有个别石斛品种的开花则需要昼温更低，为20℃以下，并且夜温维持在7.5~10℃（Sinoda et al.，1985）。

低温诱导花芽对后期花芽的发育会有影响。诱导花芽时期的7~15℃的夜间温度对花芽的发育有促进作用，而25~30℃的白昼温度则对花芽的发育有明显的抑制作用（Sinoda et al.，1985）。诱导花芽分化所需要的时间与品种、栽培设施的环境温度、植株生长的年龄等有关。一般认为，花芽长至3mm标志着诱导作用的结束。如果缺少一定时间低温的处理会引起高位芽，不会有分枝形成。春石斛自然花期在2—4月，必须通过人工催花的手段促进花期提前，我国主要是在9—10月将春石斛的成苗移到海拔800m左右的高山，利用高山的低温促进花芽分化的提前（王雁 等，2007）。

在石斛栽培过程中，温度是石斛生长发育的重要因素。铁皮石斛设施栽培，首先进行炼苗，炼苗时间通常为1~2周，以增强环境适应能力，提高移栽成活率。炼苗时，温度较低时种苗发育正常，一定温度范围内温度对种苗发育影响不明显，但当温度达到一定程度时，种苗生长发育减缓，并出现烂根现象。最佳炼苗温度为（24±2）℃。从野生铁皮石斛的生长环境可以了解到，铁皮石斛对其生长环境温度要求比较严格。蒙平等（2007）认为铁皮石斛生长的适宜温度为20~30℃，冬季气温低时，只要将温度控制在10℃左右就可以了。但李桂锋（2008）的研究结果表明，当温度为15~20℃时，铁皮石斛生长缓慢，抗病性降低；温度超过30℃，生长速度虽然较快，但会出现烧苗现象。因此，张宇斌等（2013）认为在铁皮石斛的实际生产操作过程中温度控制在20~25℃为宜。霍山石斛和铜皮石斛生长的最适温度为16~20℃，铁皮石斛生长的最适温度为19~22℃（蔡永萍，2005）。

（三）水分

石斛属大多生长在多石、排水良好的地方，附生于树干上或悬崖峭壁上，因而水分供应是难以正常保证的，而抗耐机制对于石斛的生存极其重要。它们绝大多数都具有十分发达的肉质茎或假鳞茎，用于储存水分和养分；其叶结构也具有明显的抗旱特征，比如在叶的表皮细胞层之外有一层较厚的角质层，包裹整个叶片以防止水分丢失；气孔生于叶片的下表面，而且气孔盖不突出叶片表面。此外叶片和气根都能在空气中吸收水分和游离养分（张继谢，2006）。这些结构保证了石斛属植物能够在水分难以滞留的环境中生存与繁衍。

石斛生长需要充足的水分，但是水分过多会引起根系腐烂，所以可以通过喷水来提高空气湿度，保证其旺盛生长。石斛不同生长期对水分的需求量也有差别，空气湿度在70%以上的条件比较适宜其生长（高江云，1996）。有研究表明，生境的降水量为影响华石斛长势的最主要环境因素，两者呈现正相关（戚山江，2017）。

栽培过程中，石斛所需基质的含水量不宜过高，且要求排水性好。春石斛低温春化期间，要严格控水，减少或停止浇水，保持基质的干燥可促进开花，但是若过于干燥，则假鳞茎会出现皱缩甚至严重脱水的现象，严重会致使刚形成的花芽干燥、枯萎，影响观赏（王雁 等，2007）。李桂锋（2008）的研究结果显示，铁皮石斛采用设施无土栽培时，基质的含水量不宜超过50%，含水量为45%~50%时，就已经出现烂根现象。孔德栋等（2015）认为70%的基质含水量适合铁皮石斛植株生长，40%的基质含水量适合可溶性糖形成。在实际生产操作中含水量可控制在30%~45%。金钗石斛基质相对含水65%的超氧化物歧化酶（SOD）、过氧化氢酶（CAT）和叶绿素总量均高于相同光照下的其他处理，水分影响金钗石斛的生长与生理代谢，基质相对含水量50%~65%适宜金钗石斛生长（李金玲 等，2017）。李桂锋（2008）的研究结果表明，空气湿度在60%~80%时，铁皮石斛苗生长状态较好；空气湿度低于60%或超过80%时，抗病能力较差。移栽定植后,一周内空气湿度最好维持在90%左右,一周后空气湿度控制在70%~80%(魏凤娟,2010)。

第二节 石斛内生菌生物多样性

早在1926年,Perotti等在许多健康植物根组织内发现了细菌,被确定为植物体内存在细菌的起始点。直到20世纪30年代,人们发现给畜牧业带来严重损失的牲畜中毒事件是由于牲畜食用了感染内生真菌的牧草所致,植物内生菌作为一种新的微生物资源才受到了广泛的关注。1992年克洛珀(Kloepper)第一次提出了"植物内生菌"的概念。植物内生菌是指其生活史中某一阶段或整个阶段生活在生长健康的植物组织或细胞内,并对宿主植物没有引起明显病害症状的一类微生物群(Kloepper and Beauchamp,1992;Hyde Soytong,2008)。按照生活方式,植物内生菌分为专性内生菌和兼性内生菌。专性内生菌只能存活于植物体内,可存在于植物的整个生活史中,并通过种子传播到下一代。如甜菜的专性内生细菌腐烂棒杆菌(*Corynebacterium sepedonicum*)、玉米、甘蔗、高粱等的专性内生细菌织片草螺菌(*Herbaspirillum seropedicae*)、红苍白假单胞菌(*Pseudomonas rubrisubalbicans*)。兼性内生菌不仅能在植物体内存活,也能从植物根际和土壤中分离到。多数内生菌都属于兼性内生菌。依其物种的不同,石斛内生菌又可分为石斛内生细菌和石斛内生真菌。

一、石斛内生细菌

对药用石斛内生菌的研究开始于内生真菌,近年来对内生细菌也开始了陆续的研究,但多采用传统的分离培养基筛选法。将已分离鉴定得到的可培养内生细菌整理汇总,发现石斛内生细菌包括放线菌门、变形菌门、厚壁菌门和拟杆菌门4门,芽孢杆菌科、伯克氏菌科以及假单胞菌科等约27个科,芽孢杆菌属、假单胞杆菌属以及赖氨酸芽孢杆菌属等约40多个菌属(章华伟和钟超群,2013;王明月 等,2014;童文君 等,2014;杨绍周 等,2014;李鹜和宋希强,2015;王珊珊 等,2020)。

二、石斛内生真菌

内生真菌是指在生活史中的某一个阶段存在于健康植物组织内部,不会引起宿主明显病症或者对宿主造成明显伤害的真菌,包括一些在生活史的某一阶段表面生存的腐生菌、潜伏性病原菌和菌根菌(Petrini,1991)。植物内生真菌和宿主有着互利互生的关系，即所谓的"内共生理论"，这是其与宿主植物协同进化的结果，即不同植物内生真菌的种类、数量和基因型是不同的；此外它们之间相互作用也受到环境的影响，以致同种植物在不同环境下内生真菌种类和数量亦不同。同时，内生真菌种类在宿主植物组织上也有一定的专一性，这可能是不同的内生真菌对不同基质利用能力不同，导致内生真菌的生活方式不同（杜永吉 等，2009）。

根据目前的资料报道，石斛属植物根部共生真菌共69种，其中分类地位明确的58种隶属于子囊菌门和担子菌门的5纲17目28科49属，其中子囊菌门以粪壳菌纲和座囊菌纲为主，担子菌门以伞菌纲的鸡油菌目和伞菌目为主。亲和及非亲和真菌对兰科植物的侵染模式不同。亲和真菌能持续侵染铁皮石斛和齿瓣石斛的种子、原球茎和幼苗，并在原球茎和幼苗的基部细胞内形成大量的菌丝团；而非亲和真菌的菌丝聚集在种子胚柄端口，无法持续大量地侵染种子或原球茎内部。原球茎阶段接种亲和真菌共生培养使得幼苗形成时间推迟。有趣的是，未有种皮的情况下，非亲和真菌FDd1的菌丝大量聚集在铁皮石斛原球茎外，无法在原球茎内定殖，并且仍然不能促进原球茎进一步形成幼苗。无论是种子预处理或者移去种皮（真菌与原球茎共生培养）都不能促进非亲和真菌在铁皮石斛种子或原球茎内定殖形成菌丝团，也无法改变真菌对兰科植物的亲和性。因此，研究表明种皮未参与到共生萌发过程中（陈香归，2022）。

事实上有很多不能形成菌根的非菌根真菌存在于根和叶片等组织结构中（Rasmussen，2002；Dearnaley，2007），所以分离到的真菌可能含有非菌根真菌。因此，通过回接到石斛上，检验其对植株的作用并做菌根化检测才能确定其是否为菌根真菌。

三、内生菌对石斛属植物的作用

（一）促进石斛属植物种子萌发

种子可以随风传播，但成活率很低，需要与真菌共生才可萌发。郭顺星和徐锦堂（1991）利用叶片伴菌播种方法使得铁皮石斛和罗河石斛的种子萌发率分别提高了64%和20%。吴慧凤等（2012）在室内燕麦培养基上对铁皮石斛原球茎接种菌株C20和L12后，相比无菌原球茎生长达到显著差异。Zi et al.（2014）将从原地萌发获得的兜唇石斛原球茎中分离得到内生真菌*Tulasnella* sp. FDaI7、*Trichoderma* sp. FDaI2和从迁地萌发获得的硬叶兰原球茎中分离得到内生真菌*Epulorhiza* sp. FCb4，3株真菌分别与兜唇石斛共生培养仅FDaI7处理有幼苗形成，幼苗形成率为11.2%。而另外两株菌处理虽然也促进兜唇石斛萌发形成原球茎，但未能达到幼苗阶段。Huang et al.（2025）将分离自原地萌发齿瓣石斛原球茎的内生真菌*Epulorhiza* sp. FDd1及FCb4、FDaI7分别与齿瓣石斛种子共生萌发，虽然3株菌都是同属但分离来自不同的兰科植物（齿瓣石斛、硬叶兰、兜唇石斛）共生培养50d后3个处理都能促进种子萌发，而FDd1处理的幼苗形成率显著高于

FDaI7处理和FCb4处理，其中FCb4真菌处理无幼苗生成。

（二）促进石斛属植物生长

内生菌株具有解磷、解钾、解纤维素能力，从而促进石斛生长。童文君（2014）研究结果显示，在67株内生细菌中，有30株细菌具有解无机磷和解有机磷的双重能力、22株具有解钾能力、24株具有产生长素能力，其中仅8株菌株兼具3种促生特性。陈宝玲（2010）通过与植株共生培养发现，对美花石斛组培苗显著促生的2个菌株均具有较强的解磷和解纤维素能力，3个菌株对原球茎小苗效果表现较好。接种兰科菌根真菌（Orchid mycorrhizal fungi，OMF）提高石斛苗的高温半致死温度，对铁皮石斛营养生长都有显著的促进作用，促进了石斛苗鲜重和干重的累积，提高了植株的保水能力，促进了石斛苗茎的增粗。

内生菌对石斛组培苗和幼苗的成活及生长具有促进效果。周玉杰等（2009）证明菌根真菌对华石斛组培苗的成活率、根系生长和生物量积累及光合性能均有不同程度的促进效果。金辉等（2009）对铁皮石斛组培苗人工接种GDB181菌株（*Epulorhiza* sp.）共培养60d后，接种苗平均鲜重增长率比对照苗高出84.8%，B、Si、Fe、Cu和Mn营养元素含量的净增长率均在100%以上。陈尧易（2019）研究表明，内生菌H31对金钗石斛组培苗具有促生作用。黄晖等（2016）研究发现，FDdS-5菌株对幼苗株高、干重、鲜重、根数和茎粗都表现出显著的促进效果，FDdS-9菌株只对无菌苗的株高具有显著的促进作用。Zhang et al.（2012）从铁皮石斛根中分离到小菇属（*Mycena* sp.），将其与铁皮石斛组培苗移栽共生培养4个月后，观察到组培苗的根系显著增大，DL26能显著促进干重和苗高增长率，DL351能够显著提高新芽增长。共生真菌有利于促进石斛移栽后干重、苗高的增长及新芽的形成（Chen et al.，2010）。铁皮石斛内生细菌ZJSH1对铁皮石斛组培苗具有显著的促生作用，且培养液稀释102倍后促生效果最佳（俞婕 等，2010）。

内生菌促进石斛植株生长。从野生环草石斛中筛选的17.64%的内生菌菌株对环草石斛起促生作用（罗在柒 等，2010）。从铁皮石斛根部分离到的真菌Tj2对铁皮石斛的地上植株和地下根系生长、株数增多、株高增加、新芽和新根萌发均具有较强的促进作用（黎勇 等，2011）。从铁皮石斛根部分离得到一株促宿主生长作用的柱霉属真菌TPSH4，其可明显促进铁皮石斛生长，使植株成活率提高30.43%，高度增加了31.21%，鲜质量增加了40.61%，发酵液可开发作为菌肥（赵昕梅 等，2012）。

（三）影响成年石斛的开花指数和代谢产物的积累

内生菌影响成年石斛的开花指数和代谢产物的积累。崔虹（2011）研究证明，成年春石斛用一定浓度的菌根菌剂处理后，平均花朵数高出对照49.91%，始花期提早，春节期间开花率平缓，便于节前销售和观赏。陈晓梅和郭顺星（2005）研究了4株菌根真菌对离体培养的金钗石斛代谢产物的影响，结果显示相比对照，接种不同菌根真菌的金钗石斛多糖含量提高了18.6%~153.4%。

第三节 石斛繁育系统

一、石斛传粉生物学

传粉是石斛种子形成的前提条件，石斛大多属于虫媒植物，仅王氏石斛为自花传粉（杨社峰，2018），传粉者往往是专一性的昆虫。美花石斛的传粉昆虫是栉距蜂属的栉距蜂（*Ctenoplecta florisomnis*）（何平荣，2008）；夹江石斛由昆虫小地蜂传粉，其唇瓣表现出兰科植物假花粉的特征，小地蜂有啃食"假花粉"的现象，其花形态与小地蜂存在高度的机械适应，无论在雨天还是在晴天的夜晚，小地蜂都有花内避难的现象（Shen et al., 2014）；高山石斛的花朵通过拟态杜鹃花吸引精选熊蜂为其传粉（Kjellsson et al., 1985）；华石斛的花朵能够拟态蜜蜂的报警信息素来吸引胡蜂为其传粉（Brodmann et al., 2009）；鼓槌石斛的传粉昆虫是无角栉距蜂（*Ctenoplectra davidi*）（Luo et al., 2023）。这些研究结果表明，石斛属植物传粉者均为专一性的传粉昆虫，特化的传粉系统更容易崩溃，因为失去了特定的传粉者将导致其有性繁殖失败。石斛以无性繁殖为主，有性繁殖为辅，无性繁殖有效弥补了有性繁殖的缺陷。石斛（*D. nobile*）通过假鳞茎合轴生长的营养繁殖方式来增强并延续株丛寿命，高位腋芽的频发是株丛假鳞茎对拥挤等逆境的响应，高位株丛的定植依赖于母茎（明兴加 等，2017）。无性繁殖通过分蘖和高位芽的方式进行扩繁，高温、干旱等不利的生长条件能够促进其高位芽的萌发，无性繁殖的区域比较狭窄，难以远距离繁衍，繁殖率低（刘强 等，2007；2012）。繁殖过程中要面临传粉困难，特化的传粉系统容易崩溃，种子萌发困难，分蘖和高位芽繁殖率低，限制了石斛自然繁衍数量和更新速度。

二、石斛繁育系统

与其他兰科种类相比，石斛属植物具有较高的自交不亲和性，Johansen（1990）对61个石斛原种进行自花授粉试验，发现72%的原种自花授粉后不育。杨社峰（2018）进行人工控制试验，证实了选取的23种石斛中14种为自交、异交均亲和的兼性繁育系统，9种石斛的繁育系统自交不亲和。李振坚等（2009）在开花期间对6个石斛野生种进行自交，结果多数株间自交结实率高于株内自交。梵净山石斛自花授粉、同株异花授粉结实率均为0，异花授粉结实率为43.24%，表明其异交亲和，自交不亲和（刘芳 等，2023）。不同自交方式下海南石斛结实率存在差异，自交结实率与亲本开花时间有关，和自交时间无关（符洁 等，2024）。束花石斛单花花期不长，开花初期花粉活力最高，柱头发育要滞后于花粉的发育，不存在无融合生殖，人工同株自花授粉不育，自交不亲和（杨建伟 等，2023）。石斛自交不亲和种的数量几乎占到兰科植物自交不亲和物种的一半，近年在石斛自交不亲和的形态学、生理学和分子机制研究领域取得一些突破。束花石斛的交配系统属于自交不亲和型（SI），Niu et al.（2018）调查26种石斛人工自花和异花授粉结实率，并观察其授粉后花粉管生长表现，发现有4类自交不亲和花粉管生长形态类型，束花石斛自交后花粉管在花柱顶端就停止了生长。

与自交相比，异交的方式能得到较多、较优良的果实。不同授粉方式的方差分析表明异交率远远大于自交率。试验结果展示了石斛属异交授粉是几乎完全亲和的，而自交则部分显示了不亲和状况。50种石斛中有48种异交是结实的，而自交不亲和的有20种。长距石斛在室内试验中，人工授粉自交和异交都不结果，而在云南麻栗坡的野外试验则显示出异交结实而自交不亲和（黄捷，2016）。细茎石斛花开的当日柱头即具有可授性，花粉活力在花刚绽放时最高，细茎石斛的结实必须异花授粉（林爱英，2015）。钩唇石斛盛花期花粉活力和柱头可授性最强，不存在无融合生殖和自动自花授粉，具有高度被动异交的能力，繁育系统是异交型，需要传粉者（王苗苗 等，2025）。

野外石斛自然有性繁殖的结实率极低，分蘖无性繁殖是主要的繁殖方式。野生铁皮石斛自然有性繁殖的结实率（0.31%）极低，无性克隆繁殖1丛仅1年生1茎，丹霞地貌生境下群体自然更新主要是通过分蘖繁殖实现的（何平荣 等，2009）。华石斛的开花结实率随着环境的变化而存在时空变化且种群的开花结实率很低。结实率和开花率呈现出负相关关系，华石斛种群有性繁殖在霸王岭东5地区受到传粉者的限制（戚山江，2017）。

第四节　石斛属植物化学成分

一、生物碱类化合物

石斛碱类生物碱是石斛属植物中主要存在的一类生物碱，其基本骨架是含有15个C的picrotoxane型倍半萜。主要包括石斛碱、石斛星碱、石斛酮碱、石斛氨碱，而其他石斛碱类生物碱均由其衍生而成。1932年铃木秀干从金钗石斛中分离纯化得到一生物碱化合物，命名为石斛碱，其为第一个从石斛属中分离得到的生物碱类化合物。金蓉鸾等（1981）采用酸性染料比色法对11种石斛进行总生物碱含量比较，发现具有苦味的石斛中生物碱含量较高，其中金钗石斛中总生物碱含量达0.41%～0.64%，远高于其他品种，这一点与《本草纲目》中记载其"形如钗股，颇具苦味"一致。此外，还发现茎粗壮、色鲜黄的石斛中生物碱含量较高；茎较细而色暗黄或灰黄的则含量低，也与《本草纲目》记载中"以色黄如金，茎壮如钗者为贵"相符合。后国内外学者对石斛属植物中生物碱类化学成分进行了大量的研究，从石斛属植物中共分离得到32种生物碱，其中石斛碱类生物碱（即倍半萜类生物碱）19种、吲哚联啶类生物碱5种、苯酞四氢吡咯类生物碱3种、四氢吡咯类生物碱3种、咪唑类生物碱2种（邓银华 等，2002）。目前已从石斛属植物中获得超过50余种生物碱（肖群瑶，2020；Liu et al.，2020）。

生长期、生长年限、采收期、炮制方法影响石斛生物碱含量。丁亚平等（1994）对安徽霍山产3种石斛不同生长期不同部位总生物碱含量进行了测定，结果表明，总生物碱含量上霍山石斛>铜皮石斛>铁皮石斛，霍山石斛和铜皮石斛在前3年生物碱含量逐年增加，到第4年时霍山石斛含量开始降低，而铜皮石斛变化不明显，因此霍山石斛和铜皮石斛均以第3年采收为宜；而铁皮石斛总生物碱含量则一直保持逐年增加的势头，所以铁皮石斛最好在3年以后（第4年左右）采收为宜。从3种石斛不同部位总生物碱含量来看，均为叶>茎≈根，但大量利用石斛根的话无异于杀鸡取卵，因此应重点考察石斛叶的药用价值，药理试验及临床应用均证明石斛叶具有活性，可考虑石斛叶的综合利用与开发。王令仪（2009）研究结果表明，赤水产一年生金钗石斛中总生物碱及石斛碱含量均最高，故金钗石斛以一年采收最佳。刘宁等（2010）研究结果表明，在3月、9—12月采收的金钗石斛中总生物碱质量分数较高，与传统认为金钗石斛采收期为11月相吻合。陈照荣等（2002）利用不同炮制方法对金钗石斛中总生物碱溶出率的影响进行分析研究，结果显示酒炙金钗石斛中总生物碱的溶出率明显高于其他方法。

二、联苄类化合物

联苄类化合物为石斛属植物中所含的一类活性成分，具有抗肿瘤和抗血小板聚集的活性，一般在苯环上有羟基或甲氧基等不同程度的取代基存在，亦有一些在7位、8位上有取代的联苄。马国祥等（1994）测定了18种石斛中鼓槌石斛素、鼓槌菲及毛兰素的含量，结果表明大部分石斛中都含有1～2种上述成分。报春石斛中鼓槌菲含量最高；鼓槌石斛中毛兰素含量最高；而所测定的18种石斛几乎不含或含极微量的鼓槌石斛素。目前，已从石斛属植物中分离得到44个联苄类化合物（张朝凤 等，2008；李燕，2009；赵昕 等，2011）。

不同采收期石斛中石斛酚含量不同。Yang et al.（2007）对野生叠鞘石斛中4,4′-二羟基-3,3′,5-三甲氧基二苄及2,5-二甲基-4-甲氧基菲含量进行分析，结果显示二者平均含量分别为0.09mg/g和2.18mg/g。同年对不同采收期叠鞘石斛中石斛酚含量进行了测定，结果表明不同采收期叠鞘石斛中石斛酚含量存在较大差异，在4月、5月、10月、11月含量较高（杨莉 等，2007）。

三、菲类化合物

菲类化合物是石斛属植物中抗肿瘤的重要活性成分，菲类化合物主要具菲核或9,10-二氢菲母核，大部分的菲类化合物其母核上都有不同程度的羟基和甲氧基等取代基的存在。到目前为止共从石斛属植物中分离得到了36个菲类化合物（陈晓梅和郭顺星，2001；李榕生 等，2009；李燕，2009；王洪云，2010；李成博和李长田，2011）。

四、芴酮类化合物

芴酮类化合物较为简单，一般在两侧苯环上有羟基或甲氧基不同程度的取代基。1984年首次从密花石斛中分离得到石斛属第一个芴酮类成分dendroflorin，Fan et al.（2001）于2001年对该化合物的结构进行校正。到目前为止共从石斛属植物中分离得到了10个芴酮类化合物（Fan et al.，2001；张光浓 等，2003；胡江苗，2007）。

五、多糖类化合物

石斛含有较多的多糖类成分，黏稠高，总多糖含量最高在30%~45%。按照石斛药材传统的质量标准"质重，嚼之粘牙，味甘，无渣者为优"，常以多糖含量的高低来判断石斛质量的优劣。自1976年Dahjnren从聚石斛中分离出多糖之后，研究者们对石斛中的多糖分离纯化、结构鉴定、含量分析等方面进行研究，并取得了一定的进展。王世林等（1988）从铁皮石斛中分离纯化得到3种多糖，为一类O-乙酰葡萄甘露聚糖，并将3种多糖命名为黑节草多糖Ⅰ、Ⅱ、Ⅲ，其主链由几个β-(1→3)-甘露型吡喃糖基和一个β-(1→4)-D-吡喃糖基重复构成。黄民权等（1994）对铁皮石斛多糖进行了分析，结果表明其单糖组分为D-葡萄糖、L-阿拉伯糖和D-木糖。赵永灵等（1994）从兜唇石斛中分离得到3个多糖，其结构类型为β-(1→4)连接的含O-乙酰基的吡喃型直链D-葡萄甘露聚糖。黄民权和阮金月（1997）研究结果表明，6种石斛水溶性多糖的组成中均含有D-木糖和D-葡萄糖，铁皮石斛多糖的D-葡萄糖组分含量高达64.7%，居于首位。杨虹等（2004）首次从铁皮石斛中分离出DT2、DT3，主要含葡萄糖、半乳糖、木糖及少量阿拉伯糖和甘露糖。何铁光等（2008）从铁皮石斛原球茎分离得到DCPP3c-1，结果显示DCPP3c-1为均一组分，由甘露糖、鼠李糖、半乳糖醛酸、葡萄糖、半乳糖和阿拉伯糖组成。

石斛不同部位以及不同的生长状态其多糖含量有所不同。从不同器官多糖含量比较来看，张又元等（2017）比较铁皮石斛茎部和叶部中的各种物质的质量分数和分布，发现茎部与叶部物质组成相同，但茎部中多糖是叶部的2.71倍。金钗石斛茎中总多糖随着生长年限增加含量降低，一年生茎总多糖含量高于其他部位。短棒石斛二年生茎总多糖含量高于其他部位。有研究结果表明，多糖含量越高，石斛药效越显著，药用石斛典型代表铁皮石斛总多糖质量分数达23%~38%（秦子芳 等，2018）。不同石斛的多糖含量均在3月时较高，但不同年份具有一定的差异，在3月采收时，铁皮石斛的多糖含量最高。以多糖含量为主的石斛类药材在广州种植时3月进行采收较佳；以多糖含量来评价石斛品质时，铁皮石斛最佳（王换 等，2012）。

不同加工方法的多糖含量有较大差异，刘骅等（2010）研究发现，酶法与水煮法相比，多糖含量明显提高，酶法比水煮法提高了2倍。陈立钻等（2005）研究结果发现，铁皮石斛传统加工品与机械加工品的有效成分多糖的含量无明显差异，用机械加工法不影响药材质量，机械加工法可以代替传统手工加工法。

六、香豆素类化合物

从石斛属中共分离得到7种香豆素类化合物，其中从密花石斛、球花石斛中分别分离到5个，从叠鞘石斛中分离到2个，亦有文献报道流苏石斛中含两个香豆素类化合物（Zheng et al.，2000；郑卫平 等，2000；Fan et al.，2001；张光浓 等，2005；王洪云，2010）。

七、倍半萜类化合物

1978年以前从金钗石斛及钩状石斛等植物中分离到4个倍半萜类化合物，Morita et al.（2000）在2000年从金钗石斛中分离到2个倍半萜型生物碱化合物flakinins A、flakinins B。Zhao et al.（2001）从金钗石斛中分离到具有增强免疫活性的3个倍半萜烯苷类化合物，即dendroside A、dendronobiloside A和dendronobiloside B（Morita et al.，2000；Zhao et al.，2001）。

八、其他类化合物

Yang et al.（2007）从流苏石斛中分离得到5个蒽醌类化合物，即emodin、aloee-modin、rhein、chrysophanol、physcion；3个对羟基肉桂酸酯类化合物，即defuscin、n-triacostyl、*cis*-p-coumarate；从叠鞘石斛中分离得到3个黄酮苷类化合物，即*cis*-melilotoside、*trans*-melilotoside、dihydromelilotoside，2个三萜类化合物，即oleamic acid、friedelin。此外，还从其他石斛属植物中分离得到11个甾体类化合物、2个吡喃酮类化合物及5个苯环衍生物等。

第五节 石斛属植物药理活性

一、免疫调节

石斛多糖具有免疫调节作用。黄民权等（1996）试验表明，铁皮石斛多糖能够强有力地抵消试验条件下免疫抑制剂环磷酰胺的加入所引起的外周白细胞数量的剧烈下降，消除其破坏性的副作用；同时能够促进移动抑制因子在免疫系统淋巴细胞中的产生，有效抵消免疫抑制剂环磷酰胺的加入所引起的提升移动抑制指数的副作用。李小琼等（2009）研究结果表明，金钗石斛多糖可改善脂多糖（LPS）对小鼠腹腔巨噬细胞的作用，使TNF-α mRNA、iNOS mRNA的表达降低，肿瘤坏死因子-α（TNF-α）、一氧化氮（NO）合成减少，从而起到抗炎的作用。张红玉等（2009）研究结果显示，铁皮石斛多糖能明显增强荷瘤小鼠的T淋巴细胞的转化功能，提高NK细胞活性，提升鼠巨噬细胞吞噬百分率及吞噬指数，且对荷瘤小鼠溶血素值有明显的提高作用。范益军等（2010）研究结果显示，不同浓度的多糖表现出不同的免疫活性，其中多糖低浓度组（1.25mg/mL）有较高的肿瘤抑制率和免疫指数（$P<0.01$），并促进和调节IL-2、IFN-γ、TNF-α在机体内分泌（$P<0.01$），协调改善机体免疫系统功能，达到治疗肿瘤的目的。Li et al.（2015）发现霍山石斛多糖可以促进巨噬细胞RAW264.7分泌白细胞介素-10和肿瘤坏死因子-α（TNF-α）发挥免疫调节作用，其原因为p38激酶、JNK、细胞外调节蛋白激酶以及NF-κB信号通路的上调。此外，铁皮石斛多糖可以通过TNF-α信号通路促进TNF-α和白细胞介素-1β的分泌（He et al.，2016）。连续补充25d 0.25%铁皮石斛多糖，可增加体内丁酸盐、免疫球蛋白M、白细胞介素-10和TNF-α的水平，从而产生免疫调节作用（Tian et al.，2019）。

二、抗高血糖

石斛多糖、多酚和生物碱具有降糖作用。李菲等（2008）观察结果表明，金钗石斛多糖与生物碱对肾上腺素引起的小鼠高血糖现象有明显的抑制，其高、中剂量组作用明显，且对正常小鼠的血糖无影响。黄琦等（2009）观察结果显示，金钗石斛总生物碱（DNLA）可以明显降低四氧嘧啶诱导的高血糖症状，DNLA各剂量组大鼠的胰岛数量较多，体积较大，岛内细胞数较多，表明金钗总碱对胰岛细胞有一定的保护作用是其降血糖机制。Pan et al.（2014）测定结果显示，霍山石斛多糖降糖作用最强，金钗石斛多糖次之，铁皮石斛多糖最弱，鼓槌石斛多糖不具有降糖作用。此外铁皮石斛多糖、霍山石斛多糖、金钗石斛多糖均对胰腺组织损伤有干预作用，对肝脏和肾脏的氧化损伤具有保护作用。4种石斛多糖在降糖活性方面的差异，可能与它们的理化性质有关。汤志远等（2016）研究发现，4种铁皮石斛多糖皆能显著促进胰岛素分泌，提高模型动物血清胰岛素水平，降低模型动物空腹血糖值。石斛通过上调胰岛素分泌、促进肝糖原合成、降低胰高血糖素分泌来对抗糖尿病（朱杰 等，2018）。石斛多酚广泛存在于石斛中，其具有显著的抗糖尿病活性。石斛多酚提取液治疗糖尿病小鼠发现，小鼠胰岛素水平显著升高而血糖和体重均显著降低（Li et al.，2018）。石斛生物碱与石斛多糖也有类似效果，金钗石斛碱能调节肝脏细胞内胰岛素相关因子的表达，进而降低糖尿病大鼠的胰岛素抵抗现象（黄琦 等，2014）。黄琦等（2019）初步试验结果表明，金钗石斛中的总碱类成分能够显著地抑制四氧嘧啶所致大鼠的高血糖，并对其所致大鼠的高血糖损伤表现出显著的改善效应。

三、抗氧化

相比其他外源性抗氧化的药物，天然抗氧化药物的使用不断增多。石斛多糖由于具有疗效好、不良反应少、安全性较高、易获得和抗氧化效果好等优点，在现代临床上应用更为广泛（王治丹 等，2022）。

鲍素华等（2009）研究不同分子量的铁皮石斛总多糖（DSP）结果显示，DSP_1对DPPH·的清除作用、总抗氧化能力、抑制H_2O_2诱导红细胞氧化溶血和抑制Fe^{2+}-VC诱导的小鼠肝匀浆脂质过氧化作用效果最佳；DSP清除羟基自由基的能力最强；且不同分子量的铁皮石斛多糖均可明显抑制羟基自由基介导的DNA氧化断裂。表明不同相对分子质量铁皮石斛多糖均有抗氧化作用，且抗氧化能力与其相对分子质量大小有关。宾捷等（2010）通过观察金钗石斛对老龄小鼠抗氧化作用的研究表明，金钗石斛能有效抑制体内过多的自由基及提高体内抗氧化酶的活力，对老龄小鼠具有抗氧化作用。铁皮石斛多糖可通过增强血清中抗氧化酶活性以及降低丙二醛（MDA）浓度来减少氧化损伤，从而延缓小鼠卵巢功能衰退（Wu et al.，2018）。大苞鞘石斛的多糖得率高，且分子量较小，其单糖组成与铁皮石斛多糖相似；降血糖效果强于铁皮石斛和金钗石斛多糖（叶广英 等，2020）。杨俊杰等（2020）发现新鲜铁皮石斛水提物的抗氧化活性高于干制后的铁皮石斛。据报道，霍山石斛多糖可以抑制细胞中的氧化应激途径，增强身体的抗氧化能力，同时还可以消除自由基，抑制脂质过氧化，而且还可以起到一定的抗氧化作用（刘峻麟，2021）。此外，从蝴蝶石斛中分离出的植物花青素也显示出较强的抗氧化力，并且与维生素C相比，其抗氧化力更强（吕晓帆 等，2021）。体内和体外试验均验证了，霍山石斛多糖的抗衰老作用机制可能与抗氧化酶活性的提高以及阻断肿瘤抑制蛋白53/细胞周期蛋白依赖性激酶抑制剂1A通路的相关蛋白表达有关（Ye et al.，2022）。在石斛碱的研究中，金钗石斛碱可通过激活Kelch样环氧氯丙烷相关蛋白1（Kelch-like

ECH-associated protein 1，Keap1）/NRF2通路表达以及增强抗氧化酶活性，降低氧化应激和细胞凋亡水平，来抵抗过氧化氢诱导的人源性角质形成细胞毒性（岳齐香，2022）。Xia et al.（2024）的研究中，石斛碱可以通过调节信号转导及转录激活因子3/叉头框蛋白信号通路，来减轻线粒体功能障碍和细胞衰老。

四、抗肿瘤

肿瘤是目前死亡率较高的疾病，在多种因素的作用下，局部组织细胞在基因水平上失去正常的生长调节，从而导致细胞增殖异常，从而形成肿瘤（Feng et al.，2016）。目前药物治疗仍是肿瘤治疗的主要手段，在抗癌药物的研发中，目前使用的抗癌药物有超过50%直接或间接来源于天然产物及其衍生物（Newman and Gragg，2016）。

石斛属中药生物碱类成分结构新颖，药理作用丰富多样，特别是在抗肿瘤方面的表现尤为突出，多种石斛属中药生物碱已被证实对肺癌、胃癌、肝癌、乳腺癌、结肠癌、宫颈癌等有显著的抗肿瘤活性，显示出新药开发潜力（杨奕 等，2024）。王天山等（1997）对鼓槌石斛化学成分对体外培养肿瘤细胞株K562的影响进行研究，结果发现鼓槌石斛中联苄类化合物毛兰素、鼓槌石斛素、鼓槌菲及毛兰菲对体外培养肿瘤细胞株K562的生长均具有不同程度的抑制作用，其细胞增殖抑制率50%的药物浓度（IC50）分别为0.006 5μg/mL、5.34μg/mL、0.32μg/mL、46.15μg/mL。此外，王天山等（1997）还有研究发现，金钗石斛醇溶部位对肿瘤细胞株人体肺癌细胞、人体卵巢腺癌细胞和人体早幼粒细胞白血病也具有显著的细胞毒性作用。鲍丽娟等（2008）发现霍山、铁皮、金钗和马鞭石斛4种石斛的水提物对HelaS3细胞和HepG2细胞均呈现出不同程度的抑制作用，且在所选定浓度范围内对剂量和时间有一定依赖性。金乐红等（2010）观察石斛水溶性多糖（SPD）对在体肿瘤和离体培养肿瘤细胞的抑制作用，结果显示SPD对小鼠肉瘤（S180）瘤体生长和离体肝肿瘤细胞生长具有抑制作用，还能促进神经母瘤细胞凋亡，石斛SPD具有显著的抗肿瘤效果。马鞭石斛水提物和金钗石斛水提物抑瘤效果较好，脂溶性生物碱能降低HT-29结肠癌细胞的存活率，能诱导其死亡，对结肠癌细胞的增殖有一定的影响作用（和磊 等，2017）。肺癌细胞对金钗石斛中的联苄类物质敏感，联苄类化合物在肺癌细胞转化的过程中起一定的阻碍作用，能通过联苄类化合物来影响肺癌细胞的转移（Chaotham et al.，2014）。有学者先后证明铁皮石斛多糖能够诱导巨噬细胞分泌肿瘤坏死因子-α（TNF-α），显著提高巨噬细胞的吞噬作用，从而增强先天免疫防御作用（Xia et al.，2012；Cai et al.，2015）。Jing et al.（2016）试验分析表明，石斛毛兰素对多种肿瘤细胞的生长有明显的抑制作用。Onsurang et al.（2018）密花石斛非尼酮（CYP）是一种重要的抗癌物质，抑制肺癌的发展，在骨肉瘤细胞株（OS）中，可抑制OS细胞存活，并可能与其活化JNK信号通路，降低活性氧分子N-乙酰半胱氨酸（NAC），增强氧化应激，引起OS细胞G2M周期阻滞、凋亡和自噬有关。

此外，Wang et al.（2016）在动物水平上的研究显示，毛兰素对骨肉瘤的抑制作用较小。周威等（2018）发现其中一些化合物表现出了较好的抗肿瘤作用。齿瓣石斛中分离出的多糖DvP-1在体外可直接刺激巨噬细胞的活化，通过诱导巨噬细胞的形态学改变，提高细胞的吞噬活性，显示出DvP-1治疗TLR4功能障碍引起的癌症和传染病的药用价值（Zhao et al.，2019）。金钗石斛多糖对髓系白血病细胞WT1也具有一定杀伤作用（葛晓军 等，2015）。霍山石斛多糖能够调控小鼠机体免疫细胞与细胞因子的平衡状态，诱导小鼠肿瘤细胞发生凋亡，从而达到抑制肿瘤生长的作用（张金萍 等，2023）。

五、治疗白内障

石斛生物碱具有较好的抗糖性白内障作用。杨涛等（1991）通过研究发现，金钗石斛水煎液对半乳糖性白内障大鼠晶状体中脂类过氧化程度，某些吡啶核苷酸成分、糖类、非蛋白质巯基的含量变化，以及醛糖还原酶、多元醇脱氢酶、己糖激酶、6-磷酸葡萄糖脱氢酶及过氧化氢酶的活性变化等异常现象均具有明显的抑制或纠正作用。魏小勇和龙艳（2008）研究金钗石斛生物碱对糖性白内障作用的影响，结果发现金钗石斛生物碱高剂量组能明显减轻晶状体浑浊度，显著升高晶状体水溶性蛋白、GSH含量及T-SOD活性，降低MDA的活性，表明金钗石斛生物碱具有较好的抗糖性白内障作用。

六、其他作用

石斛具有扩张血管和收缩血管作用。方泰惠（1991）通过大鼠试验表明，石斛具有较为明显的拮抗苯肾上腺素收缩肠系膜血管的作用，其与异丙肾上腺素一样具有扩张肠系膜血管的作用，能显著降低高浓度苯肾上腺素及5-HT的收缩血管作用。金红峰等（2003）通过试验研究表明，石斛具有非内皮依赖性血管舒张作用，其舒张血管机制可能与其减少Ca^{2+}经电压依赖性钙通道和受体操纵性钙通道流入血管平滑肌细胞，以及抑制内质网内Ca^{2+}的释放有关；四乙胺（TEA）敏感性K^+通道的激活部分参与了石斛的舒血管作用。

石斛改善甲亢型阴虚虚弱症状。徐建华等（1995）对铁皮石斛改善甲亢型阴虚模型小鼠虚弱症状进行研究，结果表明，铁皮石斛对甲亢型阴虚小鼠在体重减轻、进食进水量减少及死亡率方面有明显改善，与西洋参合用有协同作用。石斛多糖能有效调节血脂代谢异常，减轻高脂血症肝脏组织的脂肪变性，李向阳等（2010）观察金钗石斛多糖对Wistar大鼠高脂血症和肝脏脂肪变性的影响，研究发现金钗石斛多糖不但能降低高脂血症大鼠血清中总胆固醇、甘油三酯、低密度脂蛋白含量，还可明显升高高密度脂蛋白水平，改善高脂血症Wistar大鼠肝脏脂肪变性。表明金钗石斛多糖能有效调节高脂血症大鼠血脂代谢异常，能够有效减轻高脂血症大鼠肝脏组织的脂肪变性。石斛能对抗阿托品对唾液分泌的抑制作用，且将其与西洋参合用后还具有促进唾液分泌的作用，屠国昌（2010）通过实验研究发现，铁皮石斛能对抗阿托品对唾液分泌的抑制作用，且将其与西洋参合用后还具有促进正常家兔唾液分泌的作用。石斛多糖具有保护乙醇诱导的胃黏膜病变，铁皮石斛多糖可通过AMP依赖的蛋白激酶/雷帕霉素机械靶蛋白信号通路保护乙醇诱导的胃黏膜病变（Ke et al., 2020）。

第六节　石斛观赏价值

我国石斛资源丰富，多数种类可作为重要的观赏花卉。石斛属植物花色丰富，色彩艳丽，多数种类具有香气，可开10~20朵花，大多数花期长达30d，茎具有独特的观赏特性，观赏效果极佳，可作切花、盆花，在室内外应用形式多样，对于美化环境、营造氛围、丰富室内外环境均具有重要作用。石斛属植物花型、花色各不相同，花朵繁多，花色艳丽，茎、叶也十分美观，是重要的花卉植物。在1 500多种石斛属植物中，约有25%的品种可供观赏（陈心启和吉占和，2003）。石斛刚强、祥和的气质，使得许多国家把石斛定为"父亲节之花"，用以代表父亲的爱（陈娜，2008）。大部分石斛还具花香，赵瑞晶等（2024）对近年来报道的石斛属26种植物中的17种主要赋香成分和植物花香的生物合成途径、相关酶与基因调节机制进行了研究。很早以前人们就通过杂交培养的方式培育新的石斛品种，以获得更具有观赏价值和应用价值的石斛。品种优良的杂交石斛花多而美丽，姿态美丽，色彩丰富，并且具有花期长，植株粗壮，易于繁殖，抗逆性强等特点。熊文皙（2022）对引种栽培的13种石斛进行研究，结果表明石斛花期物候期中萌动期多集中于2—3月，见蕾期多集中于4—5月，始花期多集中于5月，盛花期多集中于6月，谢花期多集中于6—7月，花期为5~30d，大多数石斛花为总状花序，花朵数为1~31朵。石斛不同种间单朵花期长短差异较大，为8~34d不等，其中有4个种的单朵花期超过21d，石斛的显蕾期较长（李振坚 等，2009）。根据用途，通常又分为盆花、切花和园林配置。

盆花：石斛属植物高度为20~40cm，假鳞茎形状各异，包括圆柱形、纺锤形、扁卵形、算珠形、串珠形等；花色丰富，包括红色、黄色、绿色、紫色、白色以及白紫混色；花茎大，多数种类4~8cm，适宜作为盆花栽培，包括肿节石斛、密花石斛、球花石斛、鼓槌石斛、短棒石斛、棒节石斛、翅萼石斛、矩唇石斛等，特别是尖刀唇石斛、金钗石斛、杯鞘石斛，花期在春节前后，可通过人工调控，使花朵在春节期间开放，培育年宵花。

切花：石斛属植物多数种类为总状花序，花朵数多，花枝长，花期长，适于切花栽培，如鼓槌石斛、聚石斛、短棒石斛等。

园林配置：石斛属植物为附生兰，某些种类下垂或匍匐生长，在园林植物配置中，可将其捆绑在大树树干上；或以吊盆的方式种植于藤本植物繁密的凉亭、廊道、棚架下；或附生于造型独特的岩石、假山、木桩上，营造风格独特、形式多样的附生兰花景观。可选择的石斛种类有兜唇石斛、喇叭唇石斛、大苞鞘石斛、美花石斛、束花石斛等（龚建英 等，2015）。

由于石斛属植物的生物学特征及生态特性不同，在栽培品种上石斛有落叶和常绿两种，其中落叶型多数分布于温带地区又被称为春石斛，常绿型更多地分布于热带地区又被称为秋石斛。春石斛的花一般着生于茎的节间，在2—4月开花，通常有2～5个花序着生在茎的中上部，已经开过花的茎节第二年将不再萌芽，花期20d左右，在国内多作为药用来源植物栽培或盆栽观赏；秋石斛又名蝴蝶石斛、杜兰或石兰等，通常在茎的顶部开花，花序只着生于茎的顶部及附近的节点，有时可连年开花，花期可持续一个月，主要用来做切花栽培。

春石斛为石斛属附生类植物，株高30～100cm，多为落叶类，常在花芽形成后叶片会逐渐脱落，根系发达、肉质，原始生境中能利用根固定于树干或树枝上生长。根际周围生长着根菌（徐雨和王四清，2005）。春石斛的茎属于假鳞茎，其伸长在出现休止叶后停止，停止伸长后假鳞茎会持续增粗，至花芽分化停止（王雁 等，2007）。春石斛属于复茎性兰，即鳞芽从假鳞茎的基部萌发，形成新的植株，生长期间上一年的成熟假鳞会将茎营养回流至新生植株，以支持新的假鳞茎生长，如此循环交替（王华，2008）。一段成熟的假鳞茎自基部起第4～5节开始变粗，中上部最为粗壮肥大。春石斛的叶片为长披针形或椭圆形，肥厚革质，全缘，有光泽，叶脉明显（王琳，2004）。春石斛的叶片不以中脉对称，叶片尖端的两侧一长一短，生产上常常将短的一边朝南，长的一边朝北，如果颠倒则会引起春石斛叶片翻卷，可能与植物生长的趋光性有关。春石斛的花色艳丽具有较高的观赏价值，其观赏期较长（黄少玲，2007）。

成品的春石斛假鳞茎粗壮肥大，花朵繁多，色彩丰富，清香宜人，多用于盆栽观赏，在室内装饰中也十分受人们的欢迎（徐雨和王四清，2005）。目前我国有些企业开发出春石斛与其他植物搭配的新潮组合盆栽，能充分体现主人高雅的艺术修养。在我国广东、海南、云南等气温较高的地区，吊栽非常常见，多见于休闲公园、专类园、观光温室和其他休闲游览区，通过模拟春石斛原生地的生态环境，制造出具有热带特色的附生植物景观（韩磊 等，2007）。春石斛外形体现的雍容华贵的气质，也使得它被誉为"成功之花"，适宜送给长辈、领导或者自己尊敬仰慕的人。大部分春石斛的自然花期在3—4月，在元旦、春节的年宵花销售旺季之后。因此对春石斛的花期调控显得十分重要，春石斛的花期调控主要是促进其提前开花，使其提前至元旦或者春节开花。在假鳞茎的生长期，要给予较多氮肥以促进假鳞茎的生长，在假鳞茎逐渐长高后，改用磷、钾肥。含磷高的肥料能增强茎部肥大，钾含量高的化肥比较适宜促进开花。高浓度的肥料比低浓度的更有助于茎部加长。施肥时间早有利于开花，施肥晚或在叶片停止生长后用肥，则较不利于开花（曾宋君，2005）。9月，叶片生长速度逐渐减缓直至假鳞茎顶端出现休止叶，此时为假鳞茎的充实期，每周可施三元复合肥（$N-P_2O_5-K_2O=15-30-15$），连续3~5次，以促进假鳞茎增粗，可显著增加花蕾数量，提高观赏效果，并延长花期（乔佳伟，2005）。进行催花的前两个月，适当提高磷、钾肥的含量，低温春化处理30~40d可形成可见花芽。

参考文献

鲍丽娟，王军辉，罗建平，2008. 4种石斛水提物对人宫颈癌HelaS3细胞和肝癌HepG2细胞的抑制作用[J]. 安徽农业科学，36（36）：15968-15970.

鲍素华，查学强，郝杰，等，2009. 不同分子量铁皮石斛多糖体外抗氧化活性研究[J]. 食品科学，30（21）：123-127.

边子星，2017. 濒危附生兰华石斛种子生物学研究[D]. 海口：海南大学.

宾捷，胡余明，尹进，等，2010. 金钗石斛对老龄小鼠抗氧化作用的实验研究[J]. 实用预防医学，17（6）：1063-1064.

蔡永萍，2005. 药用石斛对光强适应性及其种质改良的研究[D]. 武汉：华中农业大学.

蔡永萍，李合生，骆炳山，等，2003. 霍山3种石斛的生长节律及其与生态因子关系的研究[J]. 武汉植物学研究（4）：351-355.

蔡永萍，李玲，李合生，等，2004. 霍山石斛叶片光合速率和叶绿素荧光参数的日变化[J]. 园艺学报（6）：778-783.

蔡永萍，李玲，李合生，等，2005. 霍山县3种石斛叶片光合特性及其对光强的响应[J]. 中草药（4）：586-590.

陈宝玲，2010. 濒危植物美花石斛基于菌根真菌的再引入技术初步研究[D]. 海口：海南大学.

陈慧玲，张新叶，彭婵，等，2022. 13个药用石斛种质生物学特性比较研究[J]. 中国农学通报，38（3）：94-101.

陈立钻，倪云霞，孙继军，等，2005. 铁皮石斛传统加工品与机械加工品的多糖含量对比研究[J]. 中药新药与临床药理（4）：284-286.

陈娜，2008. 两种石斛植株再生体系构建及形态发生的研究[D]. 南京：南京林业大学.

陈香归，2022. 不同菌根真菌对石斛属植物种子共生萌发的效应[D]. 昆明：云南大学.

陈晓梅，郭顺星，2001. 石斛属植物化学成分和药理作用的研究进展[J]. 天然产物研究与开发（1）：70-75.

陈晓梅，郭顺星，2005. 4种内生真菌对金钗石斛无菌苗生长及其多糖和总生物碱含量的影响[J]. 中国中药杂志（4）：14-18.

陈心启，吉占和，2003. 中国兰花全书 [M]. 第2版. 北京：中国林业出版社.

陈尧易，2019. 内生菌H31共生培养下金钗石斛生长及抗逆性的研究[D]. 成都：四川农业大学.

陈照荣，来平凡，林巧，2002. 不同炮制方法对石斛中石斛碱和多糖溶出率的影响[J]. 浙江中医学院学报（4）：79-81.

丑敏霞，朱利泉，张玉进，等，2000. 光照强度对石斛生长与代谢的影响[J]. 园艺学报（5）：380-382.

丑敏霞，朱利泉，张玉进，等，2001. 不同光照强度和温度对金钗石斛生长的影响[J]. 植物生态学报（3）：325-330.

崔虹，2011. 兰菌和植物生长调节剂对春石斛生长与开花的影响[D]. 海口：海南大学.

邓银华，徐康平，谭桂山，2002. 石斛属植物化学成分与药理活性研究进展[J]. 中药材（9）：677-680.

丁亚平，杨道麒，吴庆生，等，1994. 安徽霍山三种石斛总生物碱的测定及其分布规律研究[J]. 安徽农业大学学报（4）：503-506.

杜永吉，王祺，韩烈保，2009. 内生真菌 *Neotyphodium typhinum* 感染对高羊茅光合特性的影响[J]. 生态环境学报，18（2）：590-594.

范益军，淳泽，罗傲雪，等，2010. 迭鞘石斛中性多糖DDP1-1的体内免疫活性[J]. 应用与环境生物学报，16（3）：376-379.

方泰惠，1991. 石斛对大鼠肠系膜的动脉血管的作用[J]. 南京中医学院学报（2）：100-101+128.

符洁，季玉池，冯加钦，等，2024. 海南石斛自交结实率及无菌播种的研究[J]. 热带林业，52（4）：29-31+37.

高江云，1996. 西双版纳石斛资源的保护利用[J]. 园艺学报（2）：160-164.

葛晓军，郑丽梅，王永伦，等，2015. 金钗石斛多糖对髓系白血病细胞*WT1*基因表达的影响[J]. 重庆医学，44（10）：1305-1307+1310.

龚建英，王华新，龙定建，等，2015. 我国石斛属植物资源及其主要种类观赏特性[J]. 江苏农业科学，43（10）：233-235+261.

谷海燕，谢孔平，王岚，等，2016. 4种观赏石斛在四川成都及峨眉山地区的引种适应性研究[J]. 四川林业科技，37（2）：72-75.

郭顺星，徐锦堂，1991. 真菌在罗河石斛和铁皮石斛种子萌发中的作用[J]. 中国医学科学院学报（1）：46-49+81-84.

韩磊，张洪平，艾应伟，2007. 不同激素对春石斛的组织培养影响研究初报[J]. 北方园艺（3）：177-178.

何平荣，2008. 琼北火山岩地区兰科植物多样性及美花石斛传粉生物学研究[D]. 桂林：广西师范大学.

何平荣，宋希强，罗毅波，等，2009. 丹霞地貌生境中铁皮石斛的繁殖生物学研究[J]. 中国中药杂志，34（2）：124-127.

何铁光，杨丽涛，李杨瑞，等，2008. 铁皮石斛原球茎多糖DCPP3c-1的分离纯化及结构初步分析[J]. 分析测试学报（2）：143-147.

和磊，罗婧，王亚芸，等，2017. 金钗石斛脂溶性生物碱提取物诱导人结肠癌 HT-29 细胞凋亡[J]. 食品工业科技，38（3）：170-174+191.

胡江苗，2007. 五种石斛及一种淡水海绵的化学成分研究[D]. 昆明：中国科学院昆明植物研究所.

黄晖，邵士成，高江云，2016. 不同内生真菌对齿瓣石斛幼苗生长的效应[J]. 中国中药杂志，41（11）：2019-2024.

黄捷，2016. 石斛属植物交配亲和性研究[D]. 广州：华南农业大学.

黄民权，蔡体育，刘庆伦，1996. 铁皮石斛多糖对小白鼠白细胞数和淋巴细胞移动抑制因子的影响[J]. 天然产物研究与开发（3）：39-41.

黄民权，黄步汉，蔡体育，等，1994. 铁皮石斛多糖的提取、分离和分析[J]. 中草药（3）：128-129.

黄民权，阮金月，1997. 6种石斛属植物水溶性多糖的单糖组分分析[J]. 中国中药杂志（2）：10+51.

黄琦，李菲，吴芹，等，2009. 金钗石斛总生物碱对四氧嘧啶所致糖尿病大鼠的保护作用[J]. 遵义医学院学报，32（5）：451-453.

黄琦，廖鑫，吴芹，等，2014. 金钗石斛生物总碱对糖尿病大鼠血糖及肝脏组织IRS-2 mRNA，IGF-1 mRNA表达的影响[J]. 中国实验方剂学杂志，20（19）：155-158.

黄琦，廖鑫，吴芹，等，2019. 金钗石斛总生物碱对糖尿病合并非酒精性脂肪肝大鼠胰岛素抵抗的影响[J]. 中国比较医学杂志，29（8）：75-78+98.

黄少玲，2007. 春石斛兰品种的倍性鉴定及RAPD分子遗传图谱的构建[D]. 武汉：华中农业大学.

吉占和，1980. 中国有斛的初步研究[J]. 植物分类学报，18（4）：427-449.

贾书华，2007. 光照对霍山石斛试管苗生长特性及有效成分积累的影响[D]. 合肥：安徽农业大学.

金红峰，周云连，陈云龙，等，2003. 石斛对大鼠胸主动脉环的舒张作用[J]. 中国中药杂志（11）：67-69.

金辉，许忠祥，陈金花，等，2009. 铁皮石斛组培苗与菌根真菌共培养过程中的相互作用[J]. 植物生态学报，33（3）：433-441.

金乐红，刘传飞，唐婷，2010. 石斛水溶性多糖的抗肿瘤作用及其机制的研究[J]. 健康研究，30（3）：167-170+241.

金蓉鸾，孙继军，张远名，1981. 11种石斛的总生物碱的测定[J]. 南京药学院学报（1）：9-13.

孔德栋，钟远香，沈宏亮，2015. 水分与光照互作对铁皮石斛生长、光合特性及可溶性糖含量的影响[J]. 华中农业大学学报，34（5）：19-24.

赖泳红，王仕玉，萧凤回，2006. 中国石斛属植物资源分布的主要生态因子[J]. 中国农学通报（6）：397-400.

黎勇，王小丹，罗培凤，等，2011. 铁皮石斛菌根真菌对铁皮石斛组培苗的接种效应[J]. 安徽农业科学，39（36）：22212-22214+22225.

李鹜，宋希强，2015. 海南岛华石斛根部可培养的共生细菌的多样性[J]. 热带生物学报，6（3）：279-284.

李成博，李长田，2011. 石斛属植物中芪类成分的研究进展[J]. 吉林农业（4）：322-324.

李菲，黄琦，李向阳，等，2008. 金钗石斛提取物对肾上腺素所致血糖升高的影响[J]. 遵义医学院学报（1）：11-12.

李桂锋，2008. 铁皮石斛组培快繁工艺及规范化生产体系研究[D]. 广州：广州中医药大学.

李桂琳，白燕冰，周候光，等，2014. 云南德宏石斛观赏性评价[J]. 热带农业科技，37（4）：36-40.

李金玲，赵致，罗春丽，等，2017. 不同光照强度和水分对金钗石斛生长与生理影响的综合评价[J]. 中药材，40（10）：2262-2265.

李榕生，杨欣，何平，等，2009. 铁皮石斛根茎中菲类化学成分分析[J]. 中药材，32（2）：220-223.

李向阳，龚其海，吴芹，等，2010. 金钗石斛多糖对大鼠高脂血症和肝脏脂肪变性的影响[J]. 中国药学杂志，45（15）：1142-1144.

李小琼，金徽，葛晓军，等，2009. 金钗石斛多糖对脂多糖诱导的小鼠腹腔巨噬细胞分泌TNF-α、NO的影响[J]. 安徽农业科学，37（28）：3634-3635+3672.

李燕，2009. 铁皮石斛化学成分的研究[D]. 北京：中国协和医科大学.

李振坚，王雁，于耀，等，2009. 濒危石斛兰开花与授粉生物学特性研究[J]. 广东农业科学（6）：43-45+49.

林爱英，2015. 福建3种野生兰科植物繁殖生物学的初步研究[D]. 福州：福建师范大学.

刘芳，任启飞，胡世俊，等，2023. 梵净山石斛开花特性及繁育系统研究[J]. 农业与技术，43（23）：111-114.

刘汉峰，2012. CO_2倍增对三种石斛光合特性的影响[D]. 北京：北京林业大学.

刘汉峰，王雁，沈应柏，2012. CO_2倍增对鼓槌石斛光合作用特性的影响[J]. 广东农业科学，39（7）：6-9.

刘骅，吴月国，张萍，2010. 酶法在石斛多糖提取中的应用[J]. 中药标准与质量控制（3）：392-395.

刘峻麟，2021. 八种石斛初生代谢产物比较研究及霍山石斛多糖抗衰老作用机制初探[D]. 合肥：安徽中医药大学.

刘宁，孙志蓉，廖晓康，等，2010. 不同采收期金钗石斛总生物碱及多糖质量分数的变化[J]. 吉林大学学报（理学版），48（3）：511-515.

刘强，殷寿华，黄文，殷建涛，2007. 流苏石斛濒危原因及资源保护[J]. 亚热带植物科学（4）：45-47.

刘强，殷寿华，兰芹英，2012. 濒危兰科植物流苏石斛的种群数量动态[J]. 应用与环境生物学报，18（4）：565-570.

卢敏，2018. 石斛种子内生真菌及对石斛苗生长和耐高温的影响[D]. 重庆：西南大学.

罗凯，李泽生，白燕冰，等，2021. 石斛兰多样性利用及保护现状[J]. 黑龙江农业科学（8）：85-89.

罗在柒，乙引，张习敏，等，2010. 环草石斛内生真菌的筛选及其生理效应[J]. 安徽农业科学，38（1）：170-171.

吕献康，徐春华，舒小英，2004. 3种石斛的光合特性研究[J]. 中草药（11）：100-102.

吕晓帆，周新红，王莹，等，2021. 秋石斛花青素提取液成分分析及其体外抗氧化活性和刺激性研究[J]. 热带亚热带植物学报，29（4）：374-381.

马国祥，徐国钧，徐珞珊，等，1994. 反相高效液相色谱法测定18种石斛类生药中chrysotoxene，erianin及chrysotoxine的含量[J]. 中国药科大学学报（2）：103-105.

马良，陈松泉，庄莉彬，2019. 35种石斛兰观赏价值评价[J]. 亚热带植物科学，48（3）：269-273.

蒙平，张向军，何新民，2007. 铁皮石斛组培苗移栽新技术[J]. 中国热带农业（4）：52-53.

明兴加，刘翔，李博然，等，2017. 附生植物石斛的株丛生长及营养繁殖特征[J]. 西北植物学报，37（4）：797-804.

彭锐，范俊安，张艳，2001. 石斛属药用植物种质资源研究进展[J]. 时珍国医国药（3）：273-274.

戚山江，2017. 海南特有种华石斛繁殖策略研究[D]. 海口：海南大学.

乔佳伟，2005. 春石斛栽培要点[J]. 中国花卉园艺（8）：18-20.

秦子芳，谭晓妍，宁慧娟，等，2018. 不同生长年限铁皮石斛多糖含量与特性分析[J]. 食品科学，39（6）：189-193.

任建武，王雁，彭镇华，2009. 3种温室栽培石斛冬季光合特性研究[J]. 西北林学院学报，24（1）：39-43.

沈宗根，陈翠琴，王岚岚，等，2010. 3种石斛光合作用和叶绿素荧光特性的比较研究[J].

西北植物学报，30（10）：2067-2073.

苏文华，张光飞，2003. 铁皮石斛叶片光合作用的碳代谢途径[J]. 植物生态学报（5）：631-637.

汤志远，周晓宇，冯健，等，2016. 铁皮石斛多糖降血糖作用研究[J]. 南京中医药大学学报，32（6）：566-570.

唐金刚，2005. 金钗石斛快速繁殖及其生物碱累积的研究[D]. 贵阳：贵州师范大学.

童文君，2014. 美花石斛内生菌多样性分析及促生潜力研究[D]. 南京：南京师范大学.

童文君，张礼，薛庆云，等，2014. 不同产地美花石斛内生细菌分离及促生潜力比较[J]. 植物资源与环境学报，23（1）：16-23.

屠国昌，2010. 铁皮石斛的化学成分、药理作用和临床应用[J]. 海峡药学，22（2）：70-71.

王洪云，2010. 流苏石斛研究进展[J]. 云南中医中药杂志，31（6）：64-65.

王华，2008. 春石斛组培快繁技术的研究[D]. 合肥：安徽农业大学.

王换，张建霞，吴坤林，等，2012. 不同石斛的生物学特性及主要成分比较研究[J]. 广东农业科学，39（12）：44-46+59.

王琳，2004. 金钗石斛试管开花研究[D]. 广州：华南师范大学.

王令仪，2009. 石斛多糖和生物碱测定及多糖抗衰老实验研究[D]. 遵义：遵义医学院.

王苗苗，秦嘉泽，郭佳琪，等，2025. 杓唇石斛开花特性与繁育系统研究[J]. 浙江农业学报37（1）：103-114.

王明月，陶茜，李克艳，等，2014. 铁皮石斛内生细菌群落结构分析[J]. 西部林业科学，43（5）：106-111.

王珊珊，刘佳萌，孙晶，等，2020. 药用石斛内生菌的研究进展[J]. 中国食物与营养，26（7）：35-40+25.

王世林，郑光植，何静波，等，1988. 黑节草多糖的研究[J]. 云南植物研究（4）：389-395.

王仕玉，萧凤回，2010. 滇产17种石斛的种子形态[J]. 中国中药杂志，35（4）：423-426.

王天山，陆跃鸣，马国祥，等，1997. 鼓槌石斛中化学成分对K562肿瘤细胞株生长抑制作用体外试验[J]. 天然产物研究与开发（2）：1-3.

王雁，李振坚，彭红明，2007. 石斛兰——资源·生产·应用[M]. 北京：中国林业出版社.

王雁，周进昌，郑宝强，等，2015. 石斛[M]. 北京：中国林业出版社.

王治丹，代云飞，罗尚娟，等，2022. 铁皮石斛化学成分及药理作用的研究进展[J]. 华西药学杂志，37（4）：472-476.

魏凤娟，2010. 铁皮石斛组织培养与栽培技术研究进展[J]. 广东农业科学，37（4）：81-85.

魏小勇，龙艳，2008. 金钗石斛生物碱抗糖性白内障作用及蛋白质组学效应的实验研究[J]. 天然产物研究与开发（4）：617-621.

吴慧凤，宋希强，刘红霞，2012. 铁皮石斛种子的室内共生萌发[J]. 生态学报，32（8）：

2491-2497.

吴征镒, 彭华, 李德铢, 2004. 中国植物志: 第十九卷[M]. 北京: 科学出版社.

武荣花, 2007. 我国石斛属植物种质资源及其亲缘关系研究[D]. 北京: 中国林业科学研究院.

肖群瑶, 2020. 金钗石斛和短棒石斛中生物碱与多糖活性成分及生长积累规律研究[D]. 北京: 中国林业科学研究院.

熊文晢, 2022. 基于多糖含量的石斛种质资源评价与高效繁殖技术研究[D]. 上海: 上海应用技术大学.

徐建华, 李莉, 陈立钻, 1995. 铁皮石斛与西洋参的养阴生津作用研究[J]. 中草药 (2): 79-80+111.

徐雨, 王四清, 2005. 异军突起之石斛兰的研究进展[J]. 华北农学报 (S1): 152-157.

徐云鹃, 于力文, 杨道麟, 等, 1991. 霍山石斛野生苗和试管移栽苗光合特性研究[J]. 安徽农学院学报 (1): 45-48+87.

杨虹, 王顺春, 王峥涛, 等, 2004. 铁皮石斛多糖的研究[J]. 中国药学杂志 (4): 18-20.

杨建伟, 李宗艳, 冯尧, 等, 2023. 束花石斛的繁育生物学特性[J]. 植物研究, 43 (1): 150-160.

杨俊杰, 干子健, 代欢欢, 等, 2020. 鲜干石斛水提物抗氧化活性差异比较[J]. 农产品加工 (10): 12-15.

杨莉, 谷丽华, 栾洁, 等, 2007. 叠鞘石斛中联苄类成分的定性定量分析[J]. 中国药学杂志 (21): 1620-1623.

杨绍周, 吴毅歆, 邵德林, 等, 2014. 鼓槌石斛内生细菌分离、鉴定及功能分析[J]. 中国农学通报, 30 (25): 171-176.

杨社峰, 2018. 金沙江石斛传粉生物学及种子共生萌发研究[D]. 昆明: 云南大学.

杨涛, 梁康, 侯纬敏, 等, 1991. 四种中草药对大鼠半乳糖性白内障相关酶活性的影响[J]. 生物化学杂志 (6): 731-736.

杨奕, 周琳, 柳航, 等, 2024. 石斛属中药生物碱抗肿瘤药理作用及机制研究进展[J]. 药物评价研究, 47 (6): 1386-1392.

叶广英, 章金辉, 李杰, 等, 2020. 3种石斛多糖及其降血糖活性的比较研究[J]. 天然产物研究与开发, 32 (5): 727-733.

俞婕, 赵凯鹏, 董飞, 等, 2010. 野生铁皮石斛内生菌的分离及促生作用研究[J]. 现代农业科技 (9): 96-97.

岳齐香, 2022. 石斛碱激活Nrf2/Keap1通路抗过氧化氢诱导的人角质形成细胞氧化损伤的研究[D]. 遵义: 遵义医科大学.

张朝凤, 邵莉, 黄卫华, 等, 2008. 兜唇石斛酚类化学成分研究[J]. 中国中药杂志, 33 (24): 2922-2925.

张光浓, 毕志明, 王峥涛, 等, 2003. 石斛属植物化学成分研究进展[J]. 中草药（6）: 102-105.

张光浓, 张朝凤, 罗英, 等, 2005. 球花石斛的化学成分（Ⅱ）[J]. 中国天然药物（5）: 287-290.

张红玉, 戴关海, 马翠, 等, 2009. 铁皮石斛多糖对S180肉瘤小鼠免疫功能的影响[J]. 浙江中医杂志, 44（5）: 380-381.

张继谢, 2006. 植物生理学[M]. 北京: 高等教育出版社.

张金萍, 葛基春, 李强明, 等, 2023. 霍山石斛多糖对Lewis肺癌荷瘤小鼠肿瘤生长的抑制作用[J]. 现代食品科技, 39（7）: 7-15.

张又元, 陈乃伟, 丁重阳, 等, 2017. 铁皮石斛茎部和叶部多糖的性质和活性[J]. 食品与生物技术学报, 36（9）: 959-965.

张宇斌, 郭菊, 罗天霞, 等, 2013. 不同温度和湿度条件下光照强度对铁皮石斛光合速率的影响[J]. 北方园艺（8）: 119-122.

章华伟, 钟超群, 2013. 铁皮石斛内生细菌的分离和初步鉴定[J]. 湖北农业科学, 52（8）: 1811-1813.

赵瑞晶, 曹桦, 廖勤昌, 等, 2024. 石斛属花香物质的合成及相关基因调控研究进展[J]. 中国农业科技导报, 26（11）: 32-42.

赵天榜, 陈志秀, 陈占宽, 等, 1994. 石斛组织培养与栽培技术的研究[J]. 河南农业大学学报（2）: 128-133.

赵昕, 张朝凤, 张勉, 等, 2011. 玫瑰石斛中的非生物碱类成分研究[J]. 药学与临床研究, 19（2）: 136-138.

赵昕梅, 远凌威, 张苏锋, 等, 2012. 铁皮石斛内生真菌的分离鉴定及其促宿主生长作用[J]. 河南农业科学, 41（6）: 101-105.

赵永灵, 王世林, 李晓玉, 1994. 兜唇石斛多糖的研究[J]. 云南植物研究（4）: 392-396.

曾宋君, 2005. 石斛兰栽培全攻略[J]. 花木盆景（花卉园艺）（8）: 12-14.

郑卫平, 唐于平, 楼凤昌, 等, 2000. 迭鞘石斛的化学成分研究[J]. 中国药科大学学报（1）: 7-9.

周威, 曾庆芳, 夏杰, 等, 2018. 金钗石斛的菲类抗肿瘤活性成分研究[J]. 中国药学杂志, 53（20）: 1722-1725.

周玉杰, 杨福孙, 宋希强, 等, 2009. 菌根真菌对华石斛幼苗生长及光合性能的影响[J]. 北方园艺（12）: 11-15.

朱杰, 张钊, 陈乃宏, 2018. 石斛的生物活性及研究进展[J]. 神经药理学报, 8（6）: 46-47.

BENTHAM G, HOOKER J D, 1883. Genera plantarum. vol. 3[M]. London: Spottiswoods and Co.

BRODMANN J, TWELE R, FRANCKE W, et al., 2009. Orchid mimics honey bee alarm pheromone in order to attract hornets for pollination[J]. Current Biology, 19（16）: 1368-1372.

CAI H L, HUANG X J, NIE S P, et al., 2015. Study on *Dendrobium officinale*, *O*-acetyl-glucomannan（Dendr onan®）: Part Ⅲ-Immunomodulatory activity *in vitro*[J]. Bioactive Carbohydrates & Dietary Fibre, 5（2）: 99-105.

CHAOTHAM C, PONGRAKHANANON V, SRITULARAK B, et al., 2014. A Bibenzyl from *Dendrobium ellipsophyllum* inhibits epithelial-to-mesenchymal transition and sensitizes lung cancer cells to anoikis[J]. Anticancer Research, 34（4）: 1931-1938.

CHEN X M, DONG H L, HU K X, et al., 2010. Diversity and antimicrobial and plant-growth-promoting activities of endophytic fungi in *Dendrobium loddigesii* Rolfe[J]. Journal of Plant Growth Regulation, 29: 328-337.

DEARNALEY J D W, 2007. Further advances in orchid mycorrhizal research[J]. Mycorrhiza, 17（6）: 475-486.

DRESSLER R, Dodson C H, 1960. Classifacation and phylogeny in the orchidaceae[J]. Annals of the Missouri Botanical Garden, 47: 25-68.

FAN C, WANG W, WANG Y, et al., 2001. Chemical constituents from *Dendrobium densiflorum*[J]. Phytochemistry, 57（8）: 1255-1258.

FENG S, CHEN X M, WANG J F, et al., 2016. Th17 cells associated cytokines and cancer[J]. European Review for Medical & Pharmacological Sciences, 20（19）: 4032-4040.

HE T B, HUANG Y P, YANG L, et al., 2016. Structural characterization and immunomodulating activity of polysaccharide from *dendrobium officinale*[J]. International Journal of Biological Macromolecules, 83: 34-41.

HOLTTUM R E, 1953. Flora of Malaya. Orchids of Malaya. Vol. 1[M]. Singapore: Government Printing Office.

HUANG H, ZI X M, LIN H, et al., 2025. Host-specificity of symbiotic mycorrhizal fungi for enhancing seed germination, protocorm formation and seedling development of over-collected medicinal orchid, *Dendrobium devonianum*[J]. PubMed, 12（3）: e0254101.

HYDE K D, SOYTONG K, 2008. The fungal endophyte dilemma[J]. Fungal divers, 33（163）: e173.

JING S, XUEQI F, YONGSEN W, et al., 2016. Erianin inhibits the proliferation of T47D cells by inhibiting cell cycles, inducing apoptosis and suppressing migration. [J]. American Journal of Translational Research, 8（7）: 3077-3086.

JOHANSEN B O, 1990. Incompatibility in *Dendrobium*(orchidaceae)[J]. Botanical Journal of the Linnean Society, 103(2): 165-196.

KE Y, ZHAN L, LU T, et al., 2020. Polysaccharides of *dendrobium officinale* kimura & migo leaves protect against ethanol-induced gastric mucosal injury via the ampk/mtor signaling pathway in vitro and vivo[J]. Frontiers in Pharmacology, 11: 526349.

KJELLSSON G, RASMUSSEN F N, DUPUY D, 1985. Pollination of *Dendrobium infundibulum*, *Cymbidium insigne*(Orchidaceae) and Rhododendron lyi(Ericaceae) by Bombus eximius(Apidae) in Thailand: a possible case of floral mimicry[J]. Journal of Tropical Ecology, 1(4): 289-302.

KLOEPPER J W, BEAUCHAMP C J, 1992. A review of issues related to measuring colonization of plant roots by bacteria[J]. Canadian journal of microbiology, 38(12): 1219-1232.

LAVARACK B, HARRIS W, STOCKER G, 2000. *Dendrobium* and its relatives[M]. Portland, Oregon: Timber Press.

LI F, CUI S H, ZHA X Q, et al., 2015. Structure and bioactivity of a polysaccharide extracted from protocorm-like bodies of *dendrobium huoshanense*[J]. International Journal of Biological Macromolecules, 72: 664-672.

LI X, CHEN H, HE Y, et al., 2018. Effects of rich-polyphenols extract of *Dendrobium loddigesii* on anti-diabetic, anti-inflammatory, anti-oxidant, and gut microbiota modulation in db/db mice[J]. Molecules, 23(12): 3245.

LIANG M, CHANG L L, WANG J I A X I N, et al., 2024. *Dendrobium jizhuyeense*(Orchidaceae; Epidendroideae) a new species from China: evidence from morphology and DNA[J]. Phytotaxa, 645(1): 77-84.

LIU G Y, TAN L, CHENG L, et al., 2020. *Dendrobine*-type alkaloidsand bibenzyl derivatives from *Dendrobium findlayanum*[J]. Fitoterapia, 142: 104497.

LUO K, BAI Y, JIANG Y, et al., 2023. Pollination Biology of the Endangered Herbal Medicines *Dendrobium chrysotoxum*(Orchidaceae)[J]. Phyton-International Journal of Experimental Botany, 92(7): 1975-1986.

MORITA H, FUJIWARA M, YOSHIDA N, et al., 2000. New picrotoxinin-type and dendrobine-type sesquiterpenoids from *Dendrobium snowflake* 'Red Star'[J]. Tetrahedron, 56(32): 5801-5805.

NEWMAN D J, CRAGG G M, 2016. Natural products as sources of new drugs from 1981 to 2014[J]. Journal of Natural Products, 79(3): 629-661.

NIU S C, HUANG J, XU Q, et al., 2018. Morphological type identification of self-incompatibility in *Dendrobium* and its phylogenetic evolution pattern[J]. International Journal of Molecular Sciences, 19（9）：2595.

ONSURANG W, SURASSAWADEE T, BOONCHOO S, et al., 2018. Cypripedin, a phenanthrenequinone from *Dendrobium densiflorum*, sensitizes non-small cell lung cancer H460 cells to cisplatin-mediated apoptosis [J]. Journal of natural medicines, 72（2）：503-513.

PAN L, LI X, WANG M, et al., 2014. Comparison of hypoglycemic and antioxidative effects of polysaccharides from four different *dendrobium* species[J]. International Journal of Biological Macromolecules, 64：420-427.

PETRINI O, 1991. Fungal endophytes of tree leaves// ANDREWS J H, HIRANO S S, eds. Microbial ecology of leaves [M]. New York：Spring-Verlag.

PRIDGEON A M, CRIBB P, CHASE M W, et al., 2014. Genera Orchidacearum Volume 6：Epideudroideae[M]. Oxford：Oxford University Press.

RASMUSSEN H N, 2002. Recent developments in the study of orchid mycorrhiza[J]. Plant and Soil, 244：149-163.

SCHLECHTER R, 1914. Die Orchidaceae von Deutsch-Neu-Guinea[J]. Feddes Repertorium Specierum Novarum Regni Vegetabilis, Beihefte 1：569-642.

SEIDENFADEN G, 1985. Orchid genera in Thailand XII, *Dendrobium* Sw. [J]. Opera Botanica, 83：5-295.

SHEN X Y, LIU C G, PAN K W, 2014. Reproductive Biological Characteristics of *Dendrobium* Species[J]. Reproductive Biology of Plants, 1：195-217.

SINODA K, HARA M, AOKI M, 1985. Growth and flowering control in *Dendrobium*. The effects of day and night temperature during cold treatment on development of lateral buds[C]. Abstracts of the Japanese Society for Horticultural Science Autumn Meeting：396-397.

SMITH J J, 1905. Die Orchideen Von Java. [s. l.：s. n.]：306-374.

SWAMY B G, 1949. Embryological studies in the Orchidaceae. II. Embryogeny[J]. American Midland Naturalist, 41：202-232.

TIAN W, DAI L, LU S, et al., 2019. Effect of bacillus sp. Du-106 fermentation on *dendrobium officinale* polysaccharide：structure and immunoregulatory activities[J]. International Journal of Biological Macromolecules, 135：1034-1042.

WANG H, ZHANG T, SUN W, et al., 2016. Erianin induces G2/M-phase arrest, apoptosis, and autophagy via the ROS/JNK signaling pathway in human osteosarcoma cells in vitro and in vivo[J]. Cell Death & Disease, 7（6）：e2247.

WU Y, LIANG C, LIU T, et al., 2018. Protective roles and mechanisms of polysaccharides from *dendrobium officinal* on natural aging-induced premature ovarian failure[J]. Biomedicine & Pharmacotherapy, 101: 953-960.

XIA J, CHEN J, XING X, et al., 2024. Dendrobine regulates stat3 to attenuate mitochondrial dysfunction and senescence in vascular endothelial cells triggered by oxidized low-density lipoprotein[J]. Drug Development Research, 85(1): e22152.

XIA L J, LIU X F, GUO H Y, et al., 2012. Partial characterization and immunomodulatory activity of polysaccharides from the stem of *Dendrobium officinale* (Tiepishihu) *in vitro*[J]. Journal of Functional Foods, 4(1): 294-301.

YANG L, HAN H, NAKAMURA N, et al., 2007. Bio-guided isolation of antioxidants from the stems of *Dendrobium aurantiacum* var. *denneanum*[J]. Phytotherapy Research: an International Journal Devoted to Pharmacological and Toxicological Evaluation of Natural Product Derivatives, 21(7): 696-698.

YANG L, WANG Y, ZHANG G, et al., 2007. Simultaneous quantitative and qualitative analysis of bioactive phenols in *Dendrobium aurantiacum* var. *denneanum* by high-performance liquid chromatography coupled with mass spectrometry and diode array detection[J]. Biomedical chromatography, 21(7): 687-694.

YE M, LIU J, DENG G, et al., 2022. Protective effects of *dendrobium huoshanense* polysaccharide on d-gal induced pc12 cells and aging mice, *in vitro* and *in vivo* studies[J]. Journal of Food Biochemistry, 46(12): e14496.

ZHANG L, CHEN J, LV Y, et al., 2012. *Mycena* sp., a mycorrhizal fungus of the orchid *Dendrobium officinale*[J]. Mycological Progress, 11: 395-401.

ZHAO W, YE Q, TAN X, et al., 2001. Three new sesquiterpene glycosides from *Dendrobium nobile* with immunomodulatory activity[J]. Journal of Natural Products, 64(9): 1196-1200.

ZHAO Y, LI B T, WANG G Y, et al., 2019. *Dendrobium officinale* polysaccharides inhibit 1-Methyl-2-nitro-1-nitrosoguanidine induced precancerous lesions of gastric cancer in rats through regulating Wnt/β-catenin pathway and altering serum endogenous metabolites[J]. Molecules, 24(14): 2660-2674.

ZHENG W P, TANG Y P, ZHI F, et al., 2000. Dihydroayapin, a new coumarin compound from *Dendrobium densiflorum*[J]. Journal of Asian Natural Products Research, 2(4): 301-304.

ZI X M, SHENG C L, GOODALE U M, et al., 2014. In situ seed baiting to isolate germination-enhancing fungi for an epiphytic orchid, *Dendrobium aphyllum* (Orchidaceae)[J]. Mycorrhiza, 24(7): 487-499.

第三章 石斛产业化繁育与栽培技术

我国石斛栽培历史悠久，自古就有农户在房前屋后树上、石壁、石墙上栽种。目前依然有人沿用古法零星栽培，随着市场需求的扩大和现代栽培技术的进步，现已有产业化繁育和栽培技术用于规模化生产。繁育、栽培石斛可扩大石斛繁殖系数、缩短繁殖周期，大幅提高产量，保持和有效提高其药品质，满足石斛中药原料需求，保护石斛原始生态环境和野生资源（崔现亮，2019）。

第一节 石斛产业化繁育技术

一、石斛种质资源多样性及评价利用

种质资源是基因的载体，是决定遗传性状的基因库，石斛种质资源蕴含着丰富的有益基因，如与抗逆性有关的基因、与控制有效成分有关的基因、与控制产量有关的基因等。因此石斛的种质资源是选育优良品种的基础，对其种质资源进行分析和评价是非常有必要的。

（一）石斛表型性状多样性

石斛表型性状的多态性比较高，一般来说，不同产地不同品系的铁皮石斛，其叶形、茎长、茎宽、颜色等性状都有一定差异。其中，铁皮石斛茎秆是影响产量的直接因素，叶面积是影响植物光合速率的主要因素，是选择优良品系的重要指标。至今为止，已经有一些学者做了关于某些居群铁皮石斛表型性状方面的差异研究（张振臣 等，2010）。丁小余等（2001）选取了83丛2～3年生材料，对其叶鞘和叶片进行描述，发现所选取的形态指标变异系数比较大，在18.8%～44.0%，并且发现同一个地域材料在表型性状上差异也比较明显。这个结果跟徐程等（2008）的研究结论有所差异，徐程等通过分析在全国收集到的8个地区铁皮石斛样品的外观性状指标，发现从农艺性状的角度可

以大概区分产地,并且总结出不同产地铁皮石斛材料的特征,如云南的品种茎粗大,叶片宽广;福建与浙江雁荡山样本茎都呈现暗红色等。Ding et al.（2008）研究发现,可以根据铁皮石斛的形态特征将全国的铁皮石斛分成八大类,同时认为从广东韶关和福建顺昌收集的样品最适合制作铁皮枫斗。不同产地、不同居群的铁皮石斛其农艺性状具有显著差异,表明铁皮石斛在性状上具有显著多态性（余文霞,2019）。

（二）石斛种质资源评价利用

石斛的育种最早于欧美开始。自1874年世界第一个石斛杂交种产生后,石斛属植物用于杂交的数量越来越多,20世纪50年代以后,石斛的杂交育种开始全面、大规模地发展。目前,石斛属杂交品种登录数目是所有兰花杂交品种登录最多的一类（陈心启和吉占和,1998）。但大多数石斛品种是属内杂交种,即来自同属不同种间的杂交。

在石斛杂交育种研究方面,国内开始多集中在药用石斛,后来逐渐扩展到观赏石斛。药用石斛育种方面的研究,国内文献对这方面的报道较少,一般采用传统的育种方法。练强和李俊等（2003）报道了齿瓣石斛人工授粉试验,试验表明,齿瓣石斛异丛异花授粉结果率高,自花授粉低。李涵等（2005）研究了齿瓣石斛的多倍体育种,结果显示多倍体在形态上、气孔直径上及染色体数目上有明显的改变。李守岭等（2009）在齿瓣石斛人工授粉试验中发现,异丛异花授粉方式坐果率最高,达62.68%,同丛异花授粉方式次之,达到50%,自然授粉不坐果;在开花头1~2d授粉和控制授粉花朵数在20朵/丛以下,有利于提高坐果率,其研究结果与练强研究报道基本一致。Yang et al.（1990）从石斛中分离出色素合成基因,且得以高效表达;而且也利用Gus报告系统建立了石斛的农杆菌介导遗传转化体系,这都为石斛的育种提供了广阔前景（Men et al.,2003;宋希强 等,2005）。邓茜玫（2013）研究表明石斛组内杂交、组间杂交均有可能获得杂交果实,但大部分杂交组合只能通过单向杂交结实,石斛杂交授粉后容易出现落果现象,两次落果高峰分别在授粉后的20~30d和100~130d。

近年来,石斛多倍体诱导有诸多报道,多以秋水仙素诱导,但秋水仙素诱导只能使少数的细胞染色体加倍,诱导时间加长可使更多的细胞染色体加倍,进一步还需要培育成幼苗使四倍体细胞逐步充分占据主导。马仲强等（2017）研究用秋水仙素诱导,结果表明诱导处理后的铁皮石斛原球茎为嵌合体,需要进一步培育成苗用根尖观察鉴定。吴姝漪（2017）研究结果表明用秋水仙素和氨磺乐灵两种诱导剂均能得到同源四倍体华石斛,并筛选出最佳的诱导条件,四倍体耐热性更强,但多糖含量略低于二倍体。王爱华等（2017）用秋水仙素诱导黑喉石斛的多倍体发现,八倍体比四倍体植株生长更加缓慢,且形态变异较大,表现为整株分杈,且倍性不稳定,需要几个世代选育。王将（2021）研究发现用0.5mg/mL的秋水仙素溶液处理48h是诱导金钗石斛同源四倍体的最适条件,诱导率35.3%,死亡率8.4%。

铁皮石斛仙斛1号、仙斛2号就是以18个野生铁皮石斛种质资源为基础，经过长期、大量的栽培试验选育获得的（李明焱 等，2011；2013）。近年来，众多学者从不同角度和层面上分析和评价石斛种质资源，为石斛种质资源的遗传育种、良种选育和推广生产奠定了良好基础。选育了药用石斛贵斛1号、泰斛1号、豫斛4号、福斛1号、中科双春1号铁皮石斛、仙斛3号、青谷1号、雁吹雪3号、中科从都2号铁皮石斛等品种（江金兰，2023；许申平 等，2023；张志勇 等，2020；徐靖 等，2017；杨丹 等，2016；赵贵林 等，2015）；选育了观赏石斛勐焕默雅、彩瓣黄喉、紫霞、誓言、绿莹、粉黛、贵妃、紫光等品种（钟华 等，2024；陈和明 等，2020，2023；谢光明 等，2022，2023；龚建英 等，2022）。

（三）石斛繁育技术

石斛野生状态下因开花多结果少、果实内种子量多但微小、种子无胚乳、发芽率低（<5%）且常需共生菌帮助方能萌发而繁殖率很低。若用种子进行有性繁殖，在养分充足、湿度适宜、光照适中的环境条件下，种子才能萌发生长，一般需在组织培养室培养，设备和技术要求较高，产业化繁育多采用无菌播种。常用无性繁殖方法有分株繁殖、扦插繁殖、高位芽繁殖和组织培养等（明兴加和冯婷婷，2010；崔现亮，2019）。

二、分株繁育

石斛通常成丛生长，有数个或多个肉质长茎，茎上有节。简单分株繁殖方法是将丛生茎基部切开或掰开，把植株一分为二，分别栽种，达到分株目的。在人工栽培历史初期，主要采用分株繁育方式育苗，虽然繁殖系数低，制约了繁育效率，但分株繁殖可保持母株性状，分株生长快，操作简便，且石斛主要采摘假鳞茎，人工栽培时通常剪取距离基部2个节以上的部分供药用，以保持母株的抽笋活力。因此，分株繁殖应用仍比较广泛（明兴加和冯婷婷，2010）。

（一）分株时间（季节）

分株通常在石斛休眠期进行，以3月底或4月初石斛发芽前为好。部分石斛还有春、秋两个萌发峰期，不过秋季萌发的幼苗较春季少且弱。在热带地区，一般只要不在生长旺季均可进行分株，但在休眠期后的春季进行较好，因为此时新芽已经形成但尚未长出，操作时不会碰伤新芽，同时，因为在休眠期植株不需要太多的水分与养分，分株后随着生长期的来临和生长势逐渐旺盛，植株容易成活。

（二）分株苗选择

石斛为合轴生长，野生环境下，通常1母常带有1~2笋，在生长中前期受损或断顶时，可在株丛的基部萌发2笋以上，但长势减弱。在人工栽培环境下，营养比较丰富，基部萌发的笋芽较野生多。所以分株苗应选择株丛较大、长势良好、无病虫害、根系发达、萌发多的一二年生植株作为种株。

（三）清理和分株

将选择好的种株连根拔起，除去枯枝和断枝，剪掉过长的须根，老根保留3cm左右。新芽分株一般在每年3月，在新芽尚未萌发之前进行，方法操作简单，植株长势优良。但是每年只能进行一次分株，且每次分株获得的新植株数量有限，与庞大的市场需求相比显得杯水车薪。对于夏、秋两季开花，花芽从植株顶端部长出的石斛，3月中旬，新芽长出不久，以3~4株为一丛，用细长利刀将过于拥挤的老植株切开，注意不伤及新芽，落叶老植株不可以剪掉，以利于新芽生长，剪去部分老根，置于日常栽培场所，控制浇水，保持适度干燥，半个月后即可正常管理。有些石斛种类在茎的基部生有小植株，小植株根、茎、叶俱全，待长到一定程度时，可切下栽种，将这些新芽进行分株既可以缓解生长带来的竞争，又可以获得新的植株。

分株法的优点在于后代性状不变，当年可开花，缺点在于繁殖速度慢，不适于规模化生产。分株时要注意观察芽眼的情况，不要损伤新芽。操作时，工具与植株伤口要消毒，以防分株后的植株腐烂。石斛就是靠笋芽一代代萌发生长形成大小不一的株丛。当株丛发展到一定数量时，老根密布，基质老化，营养不足，影响了植株的生长，这时就需要翻蔸并进行分株。

（四）分株后管理

分株后，应将新植株适当遮阴或移于隐蔽处，每日喷雾1次，保持较高的空气湿度，以利于植株恢复生长。有些分株的植株当年就能开花。对于一些分株后会接着开花的秋石斛，为了使植株更好地成活和生长，最好剪去花芽，以使养分集中供应新植株的生长。如果在分株的同时还要观赏花朵，就只好把分株的时间移至休眠期的早期，即10月以后进行。当然，无论春季还是秋季分株，凡开花植株，都必须剪去花序，不使其结果，以免其消耗养分。总之，分株繁殖最重要的是选择强壮无病的植株，并有足够的假鳞茎。

三、扦插繁育

石斛多具有细长的、带肉质的茎，茎上有许多节，节上能长芽，故可用于扦插繁殖。石斛的扦插繁殖往往在春、夏季节进行，5—6月为最佳时期，一般是用茎段上部作为扦插材料。流苏石斛的扦插繁殖研究（唐德英 等，2009）发现，开过花的老茎相对于未开过花的嫩茎有较高的得苗率，茎段的各部位得苗率为顶部最大，其次是中部，基部最小，剪断扦插优于整株扦插；齿瓣石斛进行扦插繁殖宜选生长健壮、茎节饱满的一二年生的成熟茎节作为扦插材料（李桂琳 等，2012）。高芽繁殖在3—9月均可进行，以夏季为宜。宁玲等（2008）对高位芽的切离进行了试验，试验表明，由于母株的茎节可能会提供营养，所以切除高芽时连带着母株的1~2个茎节更容易成活。

（一）扦插季节

扦插繁殖可以在盛夏和严冬以外的季节进行，以3—6月为宜，相对分株法限制较少，只要不在开花期就可以。

（二）扦插苗的选择

选取未开花且较充实而生长健壮的假鳞茎，从根际剪下作插条用，老茎或不易长出新芽的细弱枝条也可作插条，但效果较差。一般在选材时，多以上部茎段为主，因其具有顶端优势，故成活率高，萌芽数多，生长发育快。

（三）消毒和扦插

将饱满圆润的假鳞茎用消过毒的利刃从根际剪下后，按2~3节的长度剪切成小段作插条，切口可涂适量草木灰或硫黄粉，也可涂抹70%的代森锰锌可湿性粉剂，这样可防止病菌侵入引起枝条腐烂。将茎节一段一段正向直立插于河沙或碎树皮+水苔（3∶1）中，或竖直扦插于苔藓和泥炭的混合基质中，一半露在外面，待生根发芽后便可移栽。

（四）扦插后管理

扦插后放在半阴、潮湿和室温18~22℃的环境下，插后一周保持半干燥状态，不必浇水，以后常喷水保持湿润，遮阴度30%~40%，经过1~2个月后，在节的部位有新芽长出，待新芽长出2~3条白色气生小根时，将其连同老茎一起移栽，用苔藓或树皮块作基质，深度以刚好盖过根系为宜，栽培2~3年能开花。扦插3个月后，未有新芽萌发的茎段，应除掉腐烂茎段，马上更新新鲜基质。这种方法在一定程度上增加了繁殖数量，但还是不能满足市场需求。扦插繁殖主要应用于目前种植面积较大的齿瓣石斛和金钗石斛等。由于齿瓣石斛茎条较长，节多，发芽整齐，操作简便，成本低，目前的种苗来源仍以扦插繁殖为主。有关石斛扦插快繁的文献较少。王宗鹄等（2007）以金钗石斛为材料，设置不同扦插时间、培养基质、扦插部位对比试验，结果表明，选取假鳞茎上部，以竹锯末+木锯末（3∶7）混合作为基质，在贵州赤水地区扦插时间以3—4月比较适宜。金银兵（2009）研究了6-BA对铁皮石斛侧芽萌发的作用表明，采用1.0mg/L的6-BA进行叶片表面处理能够明显促进铁皮石斛侧芽的萌发；扦插时，将石斛茎段剪成每段含约3个茎节的茎段，更有利于石斛侧芽的繁殖；以发酵的木屑为基质时，侧芽的萌发率显著高于其他基质。

四、高位芽繁育

有些石斛种类在茎的顶端或基部生有小植株，小植株根、茎、叶俱全，待长到一定程度时，可直接切下移栽。对于三年生以上的石斛植株，每年都会有部分假鳞茎在成熟后于顶端处的芽眼处萌发腋芽（也叫高位芽），高位芽繁殖是石斛的一种特殊繁殖方式。高位芽其实就是一种具有根茎叶的小植株。高位芽繁殖多在春季或夏季进行，以夏季为主。

（一）高位芽的切离

待小植株长至高8~10cm，根数3~4条时，用消毒过的刀剪，将高位芽从假鳞茎上剪切下来。高位芽的切离一般有两种方法，一种是将高位芽从母株茎上切离，另一种是将高位芽连同母株的1~2节茎一并切离。以高位芽连同母株的1~2节茎切离的成活率相对较高，这可能是母株的茎节能提供部分营养所致。

（二）移栽及管理

高位芽繁殖的移栽操作也比较简单方便，将小植株切下后，用70%代森锰锌等可湿性粉剂杀菌处理伤口，防止病菌侵入引起枝条腐烂。2~3株一簇直接移栽，将芽放在穴中央，根向四周展开，慢慢填入植料即可。高位芽移栽时注意要浅栽，有时应用铁丝等将"高位芽"固定，种好后将其放在阴凉处并保持较高的空气湿度，但不可太潮湿，以防烂根。由于从假鳞茎上获得高位芽的量远大于分株方式，因此，高位芽繁殖可以在一定程度上获得更多的新植株。

五、组织培养

组织培养利用外植体诱导产生愈伤组织或原球茎进而分化成完整新植株。石斛在自然条件下的繁殖率很低，通过组织培养可以获得与母体相同性状的大量高整齐度的新植株，是现阶段经济有效的快速繁殖法，也是工厂化育苗的重要途径。组织培养可以较好地保证原品种的纯度，繁殖系数高，培养周期短，且繁殖培养不受季节和生长限制。铁皮石斛组织培养获得石斛再生植株的途径有两种，分别为原球茎发生型和器官发生型（Wang and Li，2010）。器官发生型是通过外植体组织培养，使预先存在的分生组织形成芽（如腋芽）或不定分生组织（如子叶、茎段、愈伤组织等）形成不定芽。以茎尖作为外植体，培养途径为茎尖、茎段→诱导形成不定芽→不定芽增殖→不定芽分化→生根壮苗→形成完整试管苗（Potor，1949）。

（一）外植体

石斛可用作外植体的部位较多，根尖（秦廷豪，2008）、茎段（李进进，2010；张书萍等，2008；陈媛和谢吉容，2009）、腋芽（何涛等，2010）、茎尖（蒋向辉等，2009）、叶片（蒋向辉等，2009）可作为外植体，再通过原球茎的增殖分化后培养得到幼苗。秦廷豪（2008）将铁皮石斛带顶芽的茎段、带腋芽的茎段和根尖这3种外植体接种在MS基本培养基上，进行诱导培养，发现只有根尖能够诱导出原球茎。王丽萍和梁淑云（2010）、李泽生等（2011）分别以MS和1/2 MS为基本培养基，选用铁皮石斛幼嫩茎段为外植体均能够诱导出原球茎。以铁皮石斛茎段为外植体材料，经过丛生芽诱导、丛生芽增殖和生根培养3个阶段，可获得大量的试管苗，其中丛生芽诱导率可达到86.7%（张红梅等，2010）。取新生的茎秆或茎尖在无菌条件下进行消毒后接种到诱导培养基中，培养一段时间后得到不定芽，将得到的不定芽转移到增殖培养基中培养得到批量的不定芽，再将这些不定芽移至生根壮苗培养基中继续培养，直至长出完整的植株（谭啸，2014）。

（二）基本培养基

组织培养成功的关键因素之一是能否选择到合适的培养基，因为培养阶段、培养目的和培养途径一一对应不同的培养基。石斛采用的基本培基有MS、N6、B5、KC、VWM、1/2 MS、改良N6、SH、KS、1/2 N6（董思艳，2014）。铁皮石斛最适培养基的选择主要根据不同外植体来源和不同生长阶段。曾宋君等（1998）研究发现未经改良的N6培养基对胚的萌发和生长最好，以茎尖作为外植体，N6培养基诱导愈伤组织的能力则明显不如MS培养基。以铁皮石斛茎段作为外植体诱导丛生芽，1/2 MS培养基的诱导效果最好，生成的组培苗更粗壮（朱艳和秦民坚，2004）。鲍腾飞等（2010）的研究表明1/2 MS最有利于铁皮石斛拟原球茎的生长增殖。王春等（2007）以1/2 MS+1.0mg/L 6-BA+0.5mg/L NAA培养基诱导铁皮石斛原球茎，诱导率达到58%。铁皮石斛组培的不同生长阶段，其最适培养基也有较大差异。1/2 MS、MS和KC等培养基都适合原球茎的增殖，而B5和1/2 MS培养基较适宜铁皮石斛的壮苗培养（刘骅和张治国，1998）。张治国等（1992）、张玲（1997）、曾宋君等（1998）、朱艳和秦民坚（2004）等对铁皮石斛组织培养的最适培养基进行了不同的试验研究，发现不同的外植体需要不同的培养基。当铁皮石斛的原球茎在增殖阶段时，适宜培养基是1/2 MS；当在铁皮石斛的幼苗生长时期时，N6培养基对幼苗的生长影响效果最好，其株高和根数都比其他培养基好，B5次之。

（三）碳源

在植物组织培养中，碳源是必不可少的能量和碳骨架来源，因为离体培养的植物细胞或组织通常光合作用能力较弱（尤其是愈伤组织或悬浮细胞），需依赖外源碳源维持生长。组培材料的光合作用能力有限，外源添加碳源对细胞生长、分化和次生代谢产物的合成至关重要（曾宋军 等，1998）。莫昭展等（2007）研究认为以蔗糖作为碳源能提高铁皮石斛原球茎增殖，鲜重明显增加，并且长势良好，效果优于葡萄糖和果糖。冯莹和赖钟雄（2009）研究表明，以20g/L白糖为碳源时，铁皮石斛原球茎的增殖分化效果良好。

（四）植物生长调节物质

在植物组织培养中，植物生长调节物质（Plant Growth Regulators，PGRs）是调控细胞分裂、分化、生根、芽增殖等过程的关键因素，主要包括生长素和细胞分裂素两大类，以及其他辅助调节物质。这些微量活性物质通过复杂的信号网络，精确控制植物从种子萌发到衰老的整个生命周期。通过不同浓度配比可实现愈伤组织诱导、器官发生和植株再生。其作用机制涉及基因表达调控、酶活性改变和代谢途径调整等多个层面。蒋向辉等（2009）采用铁皮石斛幼叶为外植体快繁，发现幼叶直接形成幼苗受到6-BA和NAA的显著影响，能增加成苗率。在种胚的萌发和生长阶段，0.2~0.5mg/L的NAA有促进作用，如果过高有抑制作用。

（五）有机添加物

培养基中的有机添加物，对石斛形态建成和生长有重要影响。有机添加物的某些成分在培养基中一定程度上充当了缓冲剂，能够调节培养基的pH值，为石斛提供一个稳定的培养环境（林江波 等，2010）。蒋林等（2003）把相同发育阶段、相同高度的幼苗接种到含不同有机添加物的培养基上培养，发现生根壮苗培养中最佳的有机添加物为香蕉。何松林等（2003）研究表明，在组织培养中应添加适量含有氨基酸、激素和酶等有机物且成分较为复杂的天然复合物，如椰子汁、香蕉和马铃薯等。铁皮石斛原球茎增殖阶段，应添加适当的椰子汁（罗吉凤 等，2006）、苹果汁（蒋林 等，2003）。另外，刘炜婳和赖钟雄（2011）研究表明，50g/L香蕉泥也可促进原球茎的增殖分化。莫昭展等（2007）研究表明，在基本培养基中加入一定含量的香蕉汁、马铃薯汁、椰子汁、绿豆芽汁、苹果汁等可以促进铁皮石斛幼苗地上部的生长和根系的发育，尤以椰子汁、香蕉汁的促进作用最为显著。1/2 MS培养基添加5%~10%香蕉提取物有利于霍山石斛原球茎增殖，但当浓度超过20%时，原球茎的分化和增殖则明显受到抑制。周俊辉等（2005）研究发现，添加椰子汁对芽的增殖效果最好，产生的丛生芽最多。

（六）外源激素

铁皮石斛组培中常使用的外源激素主要有生长素类（NAA、IAA、IBA）和细胞分裂素类（6-BA、ZT、KT）（叶秀妹 等，2012）。6-BA相对于其他激素对铁皮石斛原球茎诱导效果最好，尤以2.0mg/L 6-BA诱导率最高（苏钛和张晓南，2009）。洪森荣和方美玲（2011）探究2,4-D和6-BA对铁皮石斛原球茎增殖和分化的影响时发现，添加1 mg/L 6-BA

和0.1 mg/L 2,4-D对原球茎增殖的效果较好。唐桂香等（2005）的研究表明，0.5mg/L NAA对铁皮石斛的生根效果最好。当以MS为基本培养基时，添加0.5mg/L 6-BA和1.5mg/L NAA最适宜铁皮石斛原球茎的诱导，诱导率达95%；添加1mg/L 6-BA和1mg/L NAA最适宜原球茎的增殖；添加5mg/L 6-BA和1mg/L NAA最适宜原球茎的分化，分化率达80%；添加1.5mg/L IBA和100g/L香蕉泥，生根率能达到100%（宋顺 等，2013）。李璐等（2011）通过比较6-BA和TDZ对铁皮石斛花芽诱导的影响，得出0.2mg/L TDZ最适宜诱导其开花。

（七）光照

LED光质处理对铁皮石斛拟原球茎诱导、增殖、分化有较大影响。蓝光和红蓝2∶1混合光下处理，铁皮石斛拟原球茎的诱导率分别为65.67%、65.47%，两者均显著高于其他各处理；混合光质中，随着蓝光所占比例的减小，诱导率逐渐减小；红光下拟原球茎的诱导率最低，为40.15%。红蓝3∶1混合光下增殖系数为4.767，显著高于其他各处理，拟原球茎颜色为深绿色，长势强壮；蓝光条件下拟原球茎的增殖系数最低，为2.208，且拟原球茎颜色为浅绿，生长状态欠佳。红蓝2∶1混合光有利于拟原球茎的分化，拟原球茎的平均再生芽数达9.24个，是红光下再生芽数的2倍。红蓝7∶1混合光处理下，拟原球茎的干鲜比最高，为0.106。因此，拟原球茎的诱导阶段可使用蓝光或红蓝2∶1混合光质，增殖阶段可使用红蓝3∶1混合光，分化阶段可使用红蓝2∶1混合光（刘慧雯，2017）。LED光质处理对铁皮石斛组培幼苗的生长有较大影响。红光下铁皮石斛组培苗的根长、株高分别为79.57mm和51.47mm，显著高于其他处理；蓝光下组培苗的茎粗为3.29mm，显著高于其他各处理；红蓝7∶1混合光处理下，组培苗的干鲜比最大，为0.121，其次是红光处理，随着红光所占比例的减小，干鲜比逐渐减小，蓝光处理的干鲜比最低，为0.101。综合不同处理下组培苗的生长状态得出，混合光3∶1下，组培苗的生长发育状态最佳（刘慧雯，2017）。

六、无菌播种

组织培养繁殖是近年来投入规模生产的有效方式（现在石斛中最常用的组织培养也属于试管苗繁殖的一种），除了组织培养还有无菌播种等。石斛的种子极为细小，胚胎发育不完全。所谓胚，实际上是一团未分化的胚细胞，且无胚乳组织，在自然状态下发芽率极低，只有与兰菌共生才能少量发芽，成苗更难，因此，不能像其他植物一样在大田或苗床上播种，只有在无菌的补充营养的人工培养基上，才能促进其萌发成苗。石斛采用无菌播种繁殖时，对于背景单一的原生种自交所得到的种子，或杂交后的第一代种子，后代一般不会发生分离，植株整齐、性状一致，但对于杂交种的自交后代及杂交种之间的新组合，往往会发生性状分离，因此，无菌播种繁殖可以在短期内获得大量的种苗，为新品种的选育提供基础，缺点是种苗性状差异大。在兰科植物的组培中，通常把由种子离体培养产生的胚性组织称为原球茎，把通过诱导适宜的外植体产生的类似于原球茎的器官称为拟原球茎或类原球茎，简称PLBs（王凯基，1994）。通过铁皮石斛适宜外植体诱导产生胚性愈伤组织并增殖，随后形成拟原球茎继而分化形成丛生芽，最终发育成完整的再生植株（Zhan，2006）。培养的目的不仅获得可迅速增殖的原球茎、拟原球茎或丛生芽，而且也可以获得大量的丛生苗（周俊辉 等，2005）。

在离体培养的条件下采用无菌种子作为外植体，无菌种子是应用最早和最广泛的外植体，种子萌发后形成原球茎，原球茎一方面可以直接发育形成幼苗，另一方面也可以诱导原球茎产生大量愈伤组织，由愈伤组织再分化发育成幼苗（叶秀嶙 等，1988；周雅琴 等，2012）。唐桂香等（2005）以成熟的铁皮石斛种子作为外植体，接种到1/2 MS培养基上，培养基同时添加20%马铃薯液，种胚萌发率可达79.35%，并能成功诱导出原球茎。以铁皮石斛种子为外植体，通过组织培养获得大量种苗（杜刚 等，2007）。温明霞等（2007）研究结果表明，用种子作为外植体诱导产生的愈伤组织具有较强的分化能力，能大量形成幼苗；种子能培育出高质量的原球茎，为幼苗的质量提供保证，但种子的萌发时间和萌发率与种龄相关，在培养时应选择种龄相对较长的种子。饶宝蓉等（2017）研究发现使用铁皮石斛种子扩繁在起步阶段外植体污染率和增殖倍数要优于茎段，使用种子为外植体更适用于工厂化育苗。以种子作为外植体需经过原球茎阶段，茎段则不需经过原球茎阶段，所以用茎段作为外植体成苗速度要快于种子（刘仲健 等，2011）。

第二节　石斛产业化栽培技术

一、石斛栽培对环境条件的要求

石斛属于多年生附生草本植物，多数野生石斛生长在亚热带，湿度较大，并有充足散射光的冬暖夏凉的深山中，常附生于树冠茂密、树皮厚、多槽沟且有苔藓蓄纳水分的树干或树枝、树杈上。野生石斛生长受严格的生态环境、气候条件、温湿条件、地理条件、日照条件和隐蔽条件等的制约。对石斛进行人工栽培，需模拟野生石斛生长环境，提供石斛生长的最适生长条件，石斛才能生长良好，取得人工种植的成功。石斛对环境条件的要求，主要包括对温度、光照、空气湿度、水分、通风、栽培基质等要求。

（一）温度要求

石斛原产亚洲热带和亚热带地区，喜欢温暖的环境，且不耐寒，落叶类的春石斛适宜生长温度为25～35℃，可降至10℃或更低，夏季不喜欢太高的温度，在炎热的夏季往往停止生长，应放在通风良好的地方。生长充实的假鳞茎，需在秋末冬初时节给予2～3周的适当低温。只有经过这一低温的刺激方可促进花芽的分化。若温度不够低或低温的时间不够长，未能满足其对低温的要求，会影响花芽的分化，花芽不整齐或比较少，直接影响开花的数量。在花芽长出以后，也应保持较适宜的室温，白天20～25℃，夜间15℃左右，不可过高或太低，否则易引起花脱落。常绿类的秋石斛对温度要求较高，25～35℃是其生长的适温，但冬季温度一般不可低于15℃，低于10℃时，会出现寒害。冬季秋石斛应移入室内，在无暖气的地方，可用温箱或将盆栽植株套上塑料袋来防寒。冬季温室的加温，一定要按照石斛的需求均衡地供热，不能时高时低，并且要保持一定的昼夜温差，白天的温度比夜间要高10℃左右。不能昼夜温度相等，更不能夜间温度高于白天。石斛最适宜的温差为10～15℃，如果温差只有4～5℃，石斛生长不会繁茂，更不会开出鲜艳的花朵。

（二）光照要求

自然条件下，野生石斛附生在林中的树干或岩石上，喜欢适当的光照。光照是石斛光合作用不可缺少的条件，对石斛的发芽、生长、开花都有不可估量的作用。但由于石斛的祖祖辈辈在山野中生活了千万年，长期生长在葱郁的树林，阳光忽有忽无，感受的多为散射、漫射光照，常年很难接受阳光的直射，从而形成了不同种类对光照条件有不同需求的遗传习性。石斛生长所需要的光照强度在3 000～5 000lx，光照强度过大、过小均不利石斛生长。在人工栽培条件下，若能在10：00前有直射阳光，其余时间采用遮光率为70%～80%的遮阳网进行遮阴，即可达到石斛对光照的要求。春夏旺盛生长期光线可少些，冬季休眠期喜光线强些。北方温室栽培，冬季可不遮光或只遮去阳光的20%～30%。栽培过程中，遇到阴雨天气，应打开遮阳网进行透光。

（三）空气湿度要求

在自然界，石斛大多分布于热带和亚热带的潮湿环境中，热带雨林的湿度一般在70%～90%，中国亚热带地区也达到了60%～80%，冬季或旱季可降低至40%～50%。因此，石斛在生长期的空气相对湿度不能低于70%，过干或过湿都易引起病害。石斛属植物的种植以空气相对湿度80%为佳。但不要浇水过量，若基质总是处在湿润状态或者基质中有积水，此种情况很容易造成烂根、死苗。若空气中相对湿度太低，可采用叶片喷雾、地面洒水等形式来补充水分。因此，种植石斛要创造一个适于石斛生长的局部湿度小气候，室内应安装喷雾器和湿度计，以随时调控石斛生长的空气湿度。

（四）水分要求

石斛具有"喜雨而畏涝，喜润而畏湿"的习性，需水量较少，加上叶质地较厚，表面有角质层保护，叶片蒸腾时不会消耗大量水分。同时石斛的假鳞茎和肉质根能贮藏一定的水分和养分，故较耐旱。除发根、发芽期和快速生长期需要较多的水分外，其他时间消耗水分较少。若水分过多，造成基质积水，阻塞根部呼吸，易烂根。水分过多还会造成叶组织纤弱，生长不良，产生病害。由于春夏秋冬空气湿度不同，石斛生长速率不同，对水分要求也不同。所以控制水分是养好石斛的最根本条件。而且水的pH值以5左右为宜，碱性强的水不利于植株生长，甚至会使植株生长恶化。石斛属植物在新芽萌发至新根形成时期比较娇气，它既需要充足的水分，又怕过于潮湿，这时气温才开始回升，温度不太高，过于潮湿会引起腐烂。石斛旺盛生长季节也往往是雨季，注意苗床中不要积水，如遇天晴干热，应及时在石斛四周喷水，以保持较高的空气湿度。落叶种类石斛在冬季可适当干燥，少浇水，但要以使苗床中材料不过分干燥，空气湿度不太低为原则。常绿种类石斛冬季只要棚内温度高，则仍需保持充足水分，温度低可适当少浇水，但苗床中材料仍需保持湿润。

（五）通风要求

石斛喜欢流动而新鲜的空气，怕闷热，在栽培过程中，特别是夏季炎热时期，要定期打开大棚东南面的窗户，保持通风。良好的通风对石斛的生长十分有利，在酷热的环境中，若通风不良，石斛生长的假鳞茎细瘦而不充实，甚至致死。保持良好通风不仅能预防石斛闷热致死，还可减少病虫害的滋生。

（六）栽培基质要求

在自然界，大多数石斛生长在湿润、通风、不积水的环境中，因此人工栽培石斛时对基质的选择较严格。基质的质量对石斛移栽的成活率、生长、繁殖和产量影响很大，因此移栽前基质的选择至关重要。栽培过程中应选择基质疏松、透水，保水又不积水，保证通气，含有一定的养分，耐腐烂的基质。基质以疏松透气、排水良好且能保水保肥、不易发霉、无病菌和害虫潜藏者为宜。基质材料的来源较广泛，羊屎颗粒是较好的栽培基质，也常用颗粒在1cm的碎砖瓦、木炭、褐煤、栎树皮、杞木树皮、松树皮、松球、碎刨花及树木的须根、蕨根等，不宜用腐叶土、山基土等作基质。基质上苗床前应对其进行充分的浸泡去杂，且用多菌灵灭菌消毒，可减轻病虫害的发生。基质可每年更换一次，以防用久后的基质腐烂产生病菌为害植株。常用的栽培基质有单一的树皮或者树皮（松树皮、桉树皮）、火山岩、椰糠、木屑、苔藓、碎石组成的混合基质。配好的基质需蒸煮消毒或是用低浓度的高锰酸钾水溶液浸泡一周用清水洗净后才能使用，目的是杀死基质中夹杂的病菌害虫及虫卵（斯金平 等，2013；姜泽海 等，2013）。基质使用前要筛除过细粉末，且要消毒。基质消毒可经高温或药剂浸泡（多菌灵、甲基硫菌灵、高锰酸钾800~1 500倍液）等方式，如使用植物根、茎、叶的，应该通过堆沤发酵、浸泡和蒸煮等处理；某些基质体积较大较厚的可用开水煮或高温蒸20min后，取出让其自然冷却晾干待用；配用农家肥时，一定要发酵后才可以使用。若所用基质是混合基质，则需将基质混合均匀，再将基质平铺于苗床上，厚6~10cm。定植石斛苗前，将基质喷湿，基质含水量以60%左右为宜。铁皮石斛的根有明显的好气性和浅根性，是典型的气生根，所以选用移栽基质应以疏松透气、排水良好、不易发霉为宜，此外还应注意无病菌和无害虫潜藏者（蒙平 等，2007）。黄勇（2013）的铁皮石斛组培苗移栽试验表明，铁皮石斛的存活率在树皮、水苔、沙、碎石和珍珠岩5种基质中均较高，可达90%以上。但碎石和珍珠岩的保水性不好，幼苗易缺水，移栽后需加强水分管理；水苔保水性好，但成本较高；树皮和沙的保水性好，价格便宜，是比较合适的栽培基质。文纲等（2009）在金钗石斛试管苗的移栽试验中得出，锯木屑、苔藓、树皮因其具有良好的透气性，同时兼顾良好的保水性，有利于金钗石斛试管苗的成活，也有利于试管苗的生根和根的伸长生长。但树皮中营养成分较少，保水性较差，试管苗长势较差，不利于金钗石斛的生长；锯木屑与苔藓中试管苗的各生长指标都较高，所以锯木屑和苔藓是适宜金钗石斛试管苗生长的良好基质。叶纪沟（2001）在地面上铺约10cm厚的碎石，加上阔叶植物腐殖土，用苔藓覆盖作为基质来种植铁皮石斛。经过3年栽培，成活率达到82%，平均生长高度10cm，表明此类栽培基质既适合铁皮石斛生长，又价廉易得。在选用树皮作栽培基质时，要粉碎成2~3cm的颗粒状。斯金平等（2009）对浙江、云南等省份的铁皮石斛生产基地实地考察，发现在浙江地区（地面栽培）基质厚度一般控制在20cm以上，云南地区（搭架栽培）基质厚度一般控制在5cm左右，但均需要发酵、消毒，以防止烧苗，并杀死害虫、虫卵及病菌。

二、栽培地选择

每种植物的分布都有特定的地理范围及气候条件。当一个区域的生态环境与某种生物的生态习性相匹配时，生物就能长期生存且生长良好。我国石斛属植物主要分布在秦岭和长江流域及其以南各省（区），集中分布在北纬15°30′~25°12′，最北不超过北纬34°25′，且向北延伸，种类逐渐减少。从垂直高度看，海拔100~3 500m都有分布。根据石斛的生长习性，石斛的栽培地除满足适宜的地理条件外，还应满足年平均气温17℃，空气相对湿度85%左右，年降水量900mm以上，冬季最低气温不低于-1℃，或者通过人工控制条件能满足上述要求的场地也可以种植石斛。不同种的石斛对环境条件要求不同，特别是对温度的要求差异较大。云南种植铁皮石斛和齿瓣石斛的最适种植区为年均气温在16.1~19.0℃，年均相对湿度不低于81%；适宜区年均气温在15.6~16.0℃或高于19.0℃，或年均气温达到最适宜区条件但年均相对湿度76%~80%；次适宜区年均气温在14.5~15.5℃，或气温达到适宜区条件但年均相对湿度73%~75%。其中目前已有石斛基地的陇川、镇康、沧源、勐海、金平、屏边等地可划入最适宜区范围。除考虑大的区域适合性外，还要考虑各种石斛种植的小环境。在人工栽培石斛时，应严格参照原生石斛的生态环境选择栽培地点，同时把握以下原则：一是选择有清洁水源，通风的阳坡、半阳坡，不选择无水，不通风的阴坡、山凹地；二是选择空气质量好、周围无厂矿的地块，种植区与生活区分开，特别要与畜禽圈舍、厕所保持一定距离；三是远离高速公路和工厂污染源。中低海拔与附生于槟榔树上更加有利于金钗石斛生长，高海拔有利于石斛碱含量积累。不同附生方式间金钗石斛存在差异代谢物，不同附生方式间金钗石斛农艺性状存在差异，茎长差异的形成跟 $MYB308$、$PR1$、$My1$ 等基因差异表达有关（刘朝波，2003）。

三、移栽时间

石斛移栽最佳季节一般选在春季（3—4月）、秋季（8—9月）栽种，尤以春季栽种比秋季栽种更宜。日平均气温在15～30℃时适宜，气温过低或过高均不宜移栽。这主要是充分利用阳春三月，气温回升，风和日暖，春雨如油，万物复苏的黄金季节，适宜的温湿度、日照、雨水等条件，有利于刺激石斛茎基部的腋芽迅速萌发，同时长出供幼芽吸收养分、水分的气生根，达到先生根、后长芽的生长目的。秋季种植是利用秋天的适宜温度（适宜在小阳春前）引发根系生长，但根的质量、数量、生长速度都不及春季。在湿润条件满足，遮阴条件较好的地方，夏季亦可生长出一部分幼芽。

四、瓶苗质量

组培苗根长在0.5～1.0cm时是铁皮石斛的最佳移植时期（朱艳和秦民坚，2004）。付开聪等（2003）则认为，组培苗在最佳生长季节移栽更为重要，其植株的大小与成活率关系并不明显，而产量与其长粗关系极为明显；他进一步分析得出，苗小导致体内积存的有机物和能量都较少，因而小苗适应外界的能力和抵抗力都很差，尽管可以成活，但生长较为缓慢，产量较低。

五、栽培方法

野生铁皮石斛繁殖率低，1987年曾被列为二类濒危物种。自1992年冯德强教授研究团队在铁皮石斛的人工集约化栽培研究领域取得成功后，铁皮石斛的人工种植技术在全国得到了极大的推广和应用，且适用于大部分石斛品种的种植，为石斛的开发利用做出了巨大贡献（国家环境保护局，1987）。石斛的栽培方式较多，栽培模式选择恰当与否决定了其经济效益的高低。不同地区、不同石斛种类常用的栽种方法有很大的差异，常见的有大棚苗床栽培、立体栽培、仿生栽培、贴石栽培等。

（一）大棚苗床栽培

目前，苗床栽培是铁皮石斛人工栽培的主要方式。该栽培方式下，温度、湿度、光照均可人工调控，管理方便，产量稳定，产品可达到有机、绿色、无公害要求。其主要缺点是投入较高，占用大量土地资源，塑料大棚也对环境有一定的负面影响。苗床栽培是在温室或大棚内，以木屑、树皮等为栽培基质，并且搭设苗床，配备遮阳网、喷雾等设施，模仿野生环境来培育铁皮石斛的一种栽培方法（斯金平 等，2013）。

（二）立体栽培

立体栽培除具有苗床栽培的优缺点外，还具有提高土地利用率、降低病虫害和不容易积水等优点。立体栽培是在温室或者大棚内，把铁皮石斛附生于木桩或者树皮板上，将其生长面提高到空间层面上，达到充分利用空间和光能，提高土地利用率和单产的现代新型栽培方法（李晖，2014）。

（三）林下仿野生栽培

林下仿野生栽培是选择生态条件与石斛野生生境相似的林地，在没有人工设施条件下，以岩石和树干为载体，分别进行贴石栽培或贴树栽培。石斛的生长不以土壤为载体，野生石斛附生于树干和岩石上，靠裸露的气生根在空气中和载体上吸收养分和水分。因此，在选择石斛人工种植基地时，应选择附生植物长势好且相对集中，石块较集中且石缝比较多，地段倾斜，水源条件好，交通便利的缓坡。仿生栽培是将铁皮石斛附生于自然生长的树木上，利用树木枝叶等遮阴，仿照铁皮石斛自然生长环境的一种栽培方法（章德三 等，2015）。该栽培要求温暖、湿润和通风的自然环境，自然遮阴度一般在70%~80%，光照为漫射光或散射光，光照强度为3 000~5 000lx；常选择树干枝条较为粗壮，树冠较茂盛，树皮粗糙且不剥落的树种等（斯金平 等，2013）。该栽培既不占用土地资源，又不损耗林木资源，切合当今低碳环保节约理念；发挥自然优势，降低生产成本，生产原生态产品，利于生态药业的发展；但栽培受环境因素影响大，管理难度较大。另外，野外种植受森林面积、树木胸径等影响较大，要找到一片适合种植石斛的环境不容易。

多数学者对霍山石斛、鼓槌石斛、齿瓣石斛等石斛属植物的仿野生栽培进行了研究。胡永亮等（2013）研究表明，齿瓣石斛附生栽培的附主树种以龙眼树、柑橘树最好，成活率在92%以上，单株净重和萌芽数也比较高，而以荔枝树作为附主树种则最差；种植季节适宜安排在2—4月、9—10月；捆绑材料用胶带较好。谢明娟（2013）研究认为鼓槌石斛与橘树或者龙眼树套种时，植株生长良好，平均成活率较高，在90%以上，植株生长情况较好，单株净重和萌芽数比较高，与荔枝树套种时成活率最低；一般选用牛粪作为主要的肥料种类。福建光泽县以30~40年树龄的梨树作为附主仿野生种植铁皮石斛（吕军，2014），生产效益较高。杨旺利（2012）在生态林内附生栽培铁皮石斛，结果认为选用枫香、香樟作为铁皮石斛的附主树种最好，杉、松最差，树体侧枝与侧枝上部植株长势最好，基质附着物以苔藓最佳，与斯金平等（2013）对活体附生栽培铁皮石斛的探讨中也认为铁皮石斛的附主应选择树皮较为粗糙又不易脱落的树种相一致。林下栽培优于大棚床栽，其中林下附生铁皮石斛形态生长稍差，但其活性成分含量高，且随着时间的延长铁皮石斛的长势转好、可持续性高、价格高、投入少，经济效益可观，是林下栽培铁皮石斛的最佳模式（陈淑钦，2016）。

（四）贴石栽培

选择阴湿林下的石缝、石槽有腐殖质处，将分成小丛的石斛种苗的根部，用牛粪泥浆包住，塞入岩石缝或槽内，塞时应力求稳固，以免掉落。在石面四周种植石斛，可用钻子打一小窝，事前应踩好鲜牛粪，鲜牛粪中可按30∶1的比例掺入磷肥，加水踩混，稀湿度以手捏后手指缝中不留水为度。将石斛种苗紧紧贴住小窝，一手抓好牛粪搭在石斛种苗茎的中下部，使种苗牢固地贴在石头上，种苗的顶部和基部都要裸露在外。若是在砾石上栽培，可将种苗平放在砾石上，然后用石块压住种苗中下部，基部、顶部裸露在外。若栽放种苗的地方有石灰尘，应用水冲洗或湿布擦净，以利于提高成活率。石斛栽培的关键是保证成活率，因此要求能够将石斛固定而又不影响根部的透气环境。

六、栽培管理

（一）驯化苗移栽前处理

移栽前的各项准备工作做好后，就可进行移栽。移栽前，需对驯化苗一一进行清杂、消毒、晒根等处理工作。石斛幼苗经炼苗后一般都会有枯朽的叶鞘、病残败叶、老烂病根等。这些部分会给病虫害留下藏身和再侵染的场所，所以必须彻底清除。种苗消毒是防治病虫害的首要措施。消毒时应抓住重点、综合考虑，根据不同情况分别消毒，力求全面周到。晾根的目的在于让石斛苗根由脆变韧，便于理顺布设，减少新的断根。不论是换盆苗，还是刚引进的苗，经过清洗、浸泡消毒之后，植株根里便充满了水分，质脆易断。通过晾晒成半干后，根软而韧，移栽时可在苗床内依需引转布设，不易折断。此外，通过晾根，既可使根的创口愈合结痂，减少新的烂根，又可激活植株的生命力，增加发芽率，提高生长力。石斛苗晾根的方法很简单。如果是在晴天，把经浸泡消毒过的苗冲洗干净后，摊放于日光下，用纱布或遮光网盖住所有叶片，在早晨的弱光照下晾晒2~3h。若早晨阳光强烈，晾晒时间一般不超过2h。晾晒时应注意经常翻动，让所有茎和根全面接受阳光沐浴。如遇阴天，可把石斛苗摊于通风处，下面架空，晾根2~3d。如发现叶片有轻度脱水，可采取对叶片喷水雾的方法使叶片水分还原。

（二）移栽后缓苗

一般石斛栽植后都要立即浇定根水，这样做是为了让根系能够与培养土即时密切接触，确保石斛不因移植而失水。但由于石斛根系的特殊性，在浇定根水的问题上不能千篇一律，有些石斛苗可以即时浇定根水，而有些石斛苗却要缓浇。因为立即浇定根水，虽可及时滋润根，但有可能因水渍到根群创口而造成新的烂根，缓浇可避免此弊端。所以，石斛苗移栽后的定根水不都是立即就要浇，而是根据实际情况而定。

（三）水肥管理

作物对营养的吸收有两个途径，一是通过根系从土壤中吸收；二是通过茎叶从空气中吸收。叶片有2种途径与外界进行物质交换，一是通过分布在叶面的气孔。气孔可以吸收大气中的CO_2、H_2O、NH_3、NO_2、SO_2等气体，同时向大气释放H_2O、NH_3和H_2S等气体。二是通过叶表面角质层的亲水小孔。角质层由一种带有羟基和羧基的长碳链脂肪酸聚合物组成，这种聚合物的分子间隙及分子上的羟基、羧基亲水基可以让水溶液渗透进入叶内（李苏红，2007）。石斛所需的主要肥料成分有氮、磷、钾、钙、镁、硫、铁、锰、锌、铜、硼等元素。氮素主要促进茎叶生长。缺氮肥时植株淡黄，植株生长缓慢。氮肥成分以豆饼、油料作物和尿素中含量较多。磷素能促进根系发达，植株充实，促进花芽和叶芽的形成和发育。磷肥成分以骨粉、鱼粉和过磷酸钙中含量较多。钾素能溶解并传输养分，使植株坚挺，茎叶组织充实，增强植株抵抗病虫害的能力。缺钾的植株会变矮小，甚至生长受阻。钾元素主要含于草木灰和钾素无机肥中。氮、磷、钾这3种元素被称为肥料三要素。至于石斛在生长过程中还需要的其他元素，一般情况下基质中不会缺少，添加得较少。如缺少，可用更换植料的方法解决，也可追施全价合成有机肥。

铁皮石斛幼苗对基质含水量和空气湿度要求较敏感，不宜过高也不宜过低。大面积栽培时，要求保持基质湿润，但不积水，棚内空气湿度保持在80%以上（Bender et al., 1987）。浇水时不得漫灌冲灌，最宜采用喷灌。应根据不同季节控制浇水量，夏天由于气温高，幼苗的蒸发量大，基本应天天浇水；冬天温度低，水分散失慢，则可根据基质含水量而定，栽培基质偏干时补充一些水分即可（魏凤娟，2010）。叶面肥是铁皮石斛的常用肥料，白美发（2009）认为喷施叶面肥（$N:P_2O_5:K_2O=25:13:13$，其N、P、K总含量为51%，微量元素B、Fe、Zn、Cu、Mn、Mo总含量为1%）可促进铁皮石斛茎叶的伸长生长，促进茎节加长、茎加粗。朱艳和秦民坚（2004）认为，组培苗移植15d后开始喷施1/2倍营养液为最好。董思艳（2014）研究表明，二号叶面肥能提高铁皮石斛人工栽培品主要药效成分多糖的含量，而十一号叶面肥能较好提高甘露糖的含量。营养物质是植物在生长发育过程中不可或缺的，对药用植物的品质也具有至关重要的作用。施肥可以提供植物生长所需的矿质元素，是植物生长的一个重要条件，施肥不仅能促进植物生长，同时提高植物的生物量，还会对N、P、K等矿质元素和叶绿素的含量及酶活性等产生影响，从而影响植物的光合作用（郭盛磊 等，2005）。唐树梅（1999）对其营养特性与施肥技术进行了初步研究，研究结果表明在石斛栽培中应采用完全配方营养液，旺盛生长期每株每周所需养分为氮1.76mg、磷0.47mg、钾2.10mg、钙1.54mg、镁0.95mg。冯杰等（2011）对铁皮石斛人工栽培需要使用何种叶面肥做了不同的研究，发现叶面肥的使用还没有一个统一的标准，认为用硝酸钾液，或磷酸二氢钾加尿素液作为叶面肥使用，浓度范围在0.1%左右，并于移栽苗两侧沟施复合肥，一年两次。庞璐等（2011）研究表明N、P、K等大量无机元素和腐熟的饼肥是铁皮石斛的营养所需。石丽敏等（2013）在研究铁皮石斛不同种类肥料施用效果时发现，喷施磷酸二氢钾更能促进铁皮石斛重量和茎粗的增加。张毅（2014）比较了不同肥料配比处理下的铁皮石斛生长量，发现施用混合肥料处理的种苗株高、茎粗指标明显高于单一肥料处理，最优配料配比为牛粪∶菜籽饼∶芝麻饼=4∶4∶2。

（四）光照和温湿度管理

郑勇平等（2006）认为，铁皮石斛的最适光照强度为在3万lx以内。铁皮石斛组培苗适宜在凉爽、湿润、空气畅通的地方生长，其生长的适宜温度为20~26℃。冬季大棚内气温低时，可通过加温设备，将温度控制在10℃左右即可（Wu et al.，2014）。注意幼苗移栽后1周内空气湿度应保持在90%左右，1周后空气湿度可适当降低，保持在70%~80%。适当增强光照强度可以促进植株食、药用品质的提高（徐倩，2020）。

参考文献

白美发，2009.铁皮石斛专用叶面肥施用效果研究[J].安徽农业科学，37（6）：2500+2529.

鲍腾飞，徐步青，王芬，等，2010.铁皮石斛类原球茎液体悬浮培养增殖体系构建[J].东北林业大学学报，38（12）：49-50+53.

陈和明，吕复兵，李佐，等，2023.石斛兰新品种'紫霞'[J].园艺学报，50（12）：2771-2772.

陈和明，吕复兵，肖文芳，等，2020.石斛兰新品种'紫光'[J].园艺学报，47（6）：1223-1224.

陈慧玲，刘宗坤，杨彦伶，等，2019.主要药用植物石斛组培育苗技术规程[J].湖北林业科技，48（6）：89-90.

陈淑钦，2016.不同栽培模式下铁皮石斛生长特性及活性物质研究[D].福州：福建农林大学.

陈心启，吉占和，1998.中国兰花全书[M].北京：中国林业出版社.

陈文贞，张秀珊，张孟锦，2010. 春石斛种苗的繁育方法[J]. 广东农业科学（8）：81-82.

陈媛，谢吉容，2009. 铁皮石斛试管苗培养技术的研究[J]. 北方园艺（7）：122-124.

崔现亮，2019. 石斛栽培技术[M]. 北京：北京大学出版社.

杜刚，杨海英，朱绍林，等，2007. 铁皮石斛种子诱导成苗试验[J]. 中药材（10）：1207-1208.

董思艳，2014. 不同叶面肥对铁皮石斛药效成分含量的影响[D]. 昆明：云南中医学院.

邓茜玫，2013. 石斛兰杂交亲和性研究[D]. 北京：中国林业科学研究院.

丁小余，徐珞珊，王峥涛，等，2001. 铁皮石斛居群差异的研究（Ⅰ）——植物体形态结构的差异[J]. 中草药（9）：63-66.

冯杰，杨生超，萧凤回，2011. 铁皮石斛人工繁殖和栽培研究进展[J]. 现代中药研究与实践，25（1）：81-86.

付开聪，冯德强，张绍云，等，2003. 铁皮石斛集约化高产栽培技术研究[J]. 中草药（2）：85-87.

冯莹，赖钟雄，2009. 外源激素和糖对石斛兰原球茎受体系统建立的影响[J]. 福建农林大学学报：自然科学版，38（5）：495-499.

国家环境保护局，1987. 中国科学院植物研究所中国珍稀濒危保护植物名录[M]. 北京：科学出版社.

龚建英，王华新，汪小玉，等，2022. 石斛兰新品种'绿莹'[J]. 园艺学报，49（11）：2525-2526.

郭盛磊，阎秀峰，白冰，等，2005. 供氮水平对落叶松幼苗光合作用的影响[J]. 生态学报（6）：1291-1298.

黄艳艳，仉劲，付均惠，等，2021. 铁皮石斛人工繁育技术[J]. 北方园艺（2）：115-123.

洪森荣，方美玲，2011. 6-BA和2,4-D对铁皮石斛原球茎增殖、分化和离体保存的影响[J]. 亚热带植物科学，40（3）：44-46.

何涛，淳泽，汪天杰，等，2010. 铁皮石斛腋芽的快速繁殖[J]. 中国野生植物资源，29（1）：58-61.

何松林，孔德政，杨秋生，2003. 碳源和有机加物对文心兰原球茎增殖的影响[J]. 河南农业大学学报，37（2）：154-157.

胡永亮，李泽生，赵云翔，等，2013. 齿瓣石斛仿野生栽培技术研究[J]. 湖南农业科学（3）：38-40.

黄勇，2013. 铁皮石斛组织培养技术研究进展[J]. 文山学院学报，26（6）：14-19.

江金兰，2023. 铁皮石斛新品种'泰斛1号'[J]. 园艺学报，50（5）：1169-1170.

蒋林，丁平，郑迎冬，2003. 添加剂对铁皮石斛组织培养和快速繁殖的影响[J]. 中药材，26（8）：539-541.

蒋向辉，佘朝文，王善粉，2009. 不同激素浓度对铁皮石斛高效快繁体系的影响[J]. 江苏农业科学（6）：76-78.

姜泽海，黄志，王力前，等，2013. 铁皮石斛规模化种植技术[J]. 热带农业工程（373）：9-12.

金银兵，2009. 6-BA在促进铁皮石斛侧芽萌发中的应用[J]. 中国农学通报，25（12）：50-52.

刘朝波，2023. 不同生境下金钗石斛化学成分、农艺性状分析[D]. 遵义：遵义医科大学.

李桂琳，白燕冰，胡永亮，等，2012. 齿瓣石斛扦插育苗技术研究[J]. 中国热带农业（1）：70-72.

李晖，2014. 铁皮石斛立体栽培技术研究[D]. 杭州：浙江农林大学.

刘慧雯，2017. LED光质对铁皮石斛组培拟原球茎和幼苗生长及主要有效成分的影响[D]. 泰安：山东农业大学.

王凯基，1994. 植物生物学词典[M]. 上海：上海科技教育出版社.

李涵，郑思乡，龙春林，2005. 齿瓣石斛多倍体的诱导初报[J]. 云南植物研究，27（5）：552-556

林江波，戴艺民，邹晖，等，2010. 铁皮石斛组培快繁技术研究进展[J]. 福建农业科技（1）：25-27.

罗吉凤，程治英，龙春林，2006. 铁皮石斛快速繁殖和离体种质保存的研究[J]. 广西植物，26（1）：69-73.

李进进，2010. 铁皮石斛茎段离体初代培养研究[J]. 作物杂志（1）：79-80.

吕军，2014. 利用衰老梨树附生栽培铁皮石斛技术[J]. 福建热作科技（1）：42-43.

李璐，赖钟雄，翁浩，2011. 春石斛和铁皮石斛试管苗壮苗生根条件的优化[J]. 福建农林大学学报（自然科学版），40（1）：31-36.

明兴加，冯婷婷，2010. 中国石斛属植物种苗繁育技术的研究进展[J]. 安徽农业科学，38（6）：2899-2902.

宁玲，宋国敏，付开聪，等，2008. 药用石斛的人工繁殖与栽培技术[J]. 中国热带农业（6）：55-57.

罗鸣，刘筱，杨丽丽，等，2023. 铁皮石斛新品种'贵斛1号'[J]. 园艺学报，50（S2）：197-198.

李明焱，王瑛，郑化先，等，2013. 铁皮石斛新品种"仙斛2号"的选育和特征特性研究[J]. 中国药学杂志，48（19）：1677-1680.

李明焱，谢小波，朱惠照，等，2011. 铁皮石斛新品种"仙斛1号"的选育及其特征特性研究[J]. 中国现代应用药学，28（4）：281-284.

练强，李俊，2003. 齿瓣石斛人工授粉试验[J]. 热带农业科技，26（2）：44-45.

李苏红，2007. 不同配方氨基酸液肥对烤烟产质量和某些生理特性的影响[D]. 长沙：湖南农业大学.

李守岭，白燕冰，高燕，等，2009. 齿瓣石斛人工授粉试验[J]. 热带农业科技，32（2）：35-36.

刘炜婳，赖钟雄，2011. 香蕉泥对铁皮石斛兰原球茎增殖与分化成苗的影响[C]//第五届全国植物组培、脱毒快繁及工厂化生产种苗技术学术研讨会论文集：208-217.

刘骅，张治国，1998. 铁皮石斛试管苗壮苗培养基的研究[J]. 中国中药杂志（11）：14-16+62.

刘仲健，张玉婷，王玉，等，2011. 铁皮石斛（*Dendrobium catenatum*）快速繁殖的研究进展——兼论其学名与中名的正误[J]. 植物科学学报（6）：763-772.

李志强，2020. 不同生长年限霍山石斛主要药用成分和保肝抗炎作用的研究[D]. 镇江：江苏大学.

李泽生，白燕冰，耿秀英，等，2011. 铁皮石斛茎段丛生芽诱导研究[J]. 热带农业科技，34（2）：28-31.

蒙平，张向军，何新民，2007. 铁皮石斛组培苗移栽新技术[J]. 中国热带农业（4）：52-53.

马仲强，刘太林，施梅，等，2017. 铁皮石斛多倍体诱导研究[J]. 安徽农业科学，45（21）：135-137+145.

莫昭展，贝学军，韦江萍，等，2007. 不同培养条件对铁皮石斛原球茎增殖的影响[J]. 安徽农业科学（22）：6835-6836+7036.

庞璐，赵兴兵，吴维佳，等，2011. 珍贵濒危药材——铁皮石斛栽培技术[J]. 企业技术开发，30（17）：122-124.

秦廷豪，2008. 铁皮石斛的组织培养与快速繁殖[J]. 热带农业科学（1）：25-29.

饶宝蓉，陈泳和，江文清，等，2017. 铁皮石斛不同外植体组培快繁技术比较[J]. 安徽农业科学，45（4）：138-141.

斯金平，俞巧仙，宋仙水，等，2013. 铁皮石斛人工栽培模式[J]. 中国中药杂志，38（4）：481-484.

斯金平，诸燕，朱玉球，2009. 铁皮石斛人工栽培技术研究与应用进展[J]. 浙江林业科技，29（6）：66-70.

石丽敏，卢华兵，金英燕，等，2013. 不同种类肥料对铁皮石斛生长的影响[J]. 农业科技通讯（7）：110-111.

苏钛，张晓南，2009. 液体悬浮培养促进铁皮石斛原球茎高效诱导、增殖的研究[J]. 中国野生植物资源，28（4）：54-56.

宋顺，许奕，王必尊，等，2013. 不同培养基成分对铁皮石斛组织培养的影响[J]. 中国农学通报，29（13）：133-139.

宋希强，罗毅波，钟云芳，等，2005. 石斛属植物生物技术研究概况[J]. 园艺学报，32（5）：741-747.

唐德英，李学兰，段立胜，2009. 流苏石斛扦插繁殖试验[J]. 中药材，32（1）：15-16.

唐桂香，黄福灯，周伟军，2005. 铁皮石斛的种胚萌发及其离体繁殖研究[J]. 中国中药杂志（20）：23-26.

唐树梅，1999. 石斛兰营养特征及施肥技术初探[J]. 园艺学报，26（3）：184-187.

谭啸，2014. 铁皮石斛栽培生产中主要技术环节的优化及若干重要功能组分的含量分析[D]. 海口：海南大学.

王爱华，吴青青，杨澜，等，2017. 秋水仙素诱导黑喉石斛多倍体研究[J]. 西南大学学报（自然科学版），39（1）：55-60.

王春，郑勇平，罗蔓，等，2007. 铁皮石斛试管苗快繁体系[J]. 浙江林学院学报（3）：372-376.

魏凤娟，2010. 铁皮石斛组织培养与栽培技术研究进展[J]. 广东农业科学，37（4）：81-85.

文纲，赵致，廖晓康，等，2009. 不同移栽基质对金钗石斛试管苗成活和生长的影响[J]. 安徽农业科学，37（14）：6411-6412+6551.

王将，2021. 金钗石斛育苗技术体系优化及同源四倍体种质的创制[D]. 南京：南京农业大学.

王丽萍，梁淑云，2010. 铁皮石斛原球茎诱导与增殖研究[J]. 中国农学通报，26（1）：265-268.

王勇，2011. 植物组织与细胞离体培养技术[M]. 北京：中国科学技术出版社.

王宗鹄，谢小红，徐桑，2007. 石斛种苗扦插繁育与种植技术研究[J]. 耕作与栽培（5）：46-47.

温明霞，聂振朋，林媚，等，2007. 铁皮石斛组织培养与快速繁殖研究进展[J]. 广西农业科学（3）：227-230.

吴姝漪，2017. 华石斛多倍体诱导与鉴定评价[D]. 海口：海南大学.

徐程，詹忠根，廖苏梅，2008. 8种不同地域铁皮石斛农艺性状及多糖和纤维素分析[J]. 浙江大学学报（理学版）（5）：576-579+585.

谢光明，李秀梅，李万洲，等，2023. 石斛兰新品种'誓言'[J]. 中国花卉园艺（8）：39.

谢光明，李秀梅，曲飞鸿，等，2022. 石斛兰新品种'粉黛'和'贵妃'[J]. 中国花卉园艺（5）：61-62.

徐靖，王晓彤，胡凌娟，等，2017. 铁皮石斛新品种"仙斛3号"的选育及特征特性研究[J]. 中国现代中药，19（3）：337-341.

徐倩，2020. 不同光照强度对铁皮石斛品质的影响研究[D]. 福州：福建农林大学.

谢明娟, 2013. 鼓槌石斛仿野生种植[J]. 北京农业（27）: 82-83.

许申平, 袁秀云, 张燕, 等, 2023. 铁皮石斛新品种'豫斛4号'[J]. 园艺学报, 50（1）: 233-234.

杨丹, 李昆华, 王琳, 等, 2016. 铁皮石斛新品种'青谷1号'的选育[J]. 热带农业科学, 36（5）: 50-54.

叶纪沟, 2001. 铁皮石斛试管苗的人工栽培研究[J]. 药学研讨, 10（1）: 58.

杨旺利, 2012. 生态林内人工栽培铁皮石斛试验研究[J]. 福建林业科技, 39（1）: 48-52.

余文霞, 2019. 不同居群铁皮石斛表型性状、SSR指纹图谱及多糖含量研究[D]. 广州: 广州中医药大学.

叶秀嶙, 程式君, 王伏雄, 等, 1988. 黑节草未成熟种子的形态发育及其在离体培养时的表现[J]. 云南植物研究, 10（3）: 285-290.

叶秀妹, 刘炜婳, 赖钟雄, 2012. 铁皮石斛组织培养研究进展[J]. 亚热带农业研究, 8（1）: 57-61.

章德三, 徐高福, 余明华, 等, 2015. 铁皮石斛活树附生原生态栽培技术与应用[J]. 绿色科技（2）: 62-63.

张红梅, 刘建东, 王岩花, 等, 2010. 铁皮石斛茎段快繁技术研究[J]. 山西农业大学学报（自然科学版）, 30（6）: 495-499.

钟华, 周彬, 卢正玖, 等, 2024. 石斛新品种'勐焕默雅'和'彩瓣黄喉'[J]. 西部林业科学, 53（5）: 130-132.

赵贵林, 张征, 郑平, 等, 2015. 铁皮石斛新品种'雁吹雪3号'多点比较试验[J]. 热带农业科学, 35（11）: 30-33+37.

周俊辉, 钟雪锋, 蔡丁稳, 2005. 铁皮石斛的组织培养与快速繁殖研究[J]. 仲恺农业技术学院学报（1）: 23-26.

张玲, 张治国, 1997. 铁皮石斛种子试管苗适宜培养基研究[J]. 浙江省医学科学院学报, 29（3）: 4-6.

张书萍, 白石, 陈丽静, 2008. 铁皮石斛的组织培养与快速繁殖[J]. 辽宁农业科学（6）: 12-15.

曾宋君, 程式君, 张京丽, 等, 1998. 五种石斛兰的胚培养及其快速繁殖研究[J]. 园艺学报, 25（1）: 75-80.

郑勇平, 王春, 俞继英, 等, 2006. 铁皮石斛试管苗移栽技术[J]. 林业科技开发（6）: 56-58.

朱艳, 秦民坚, 2004. 促进铁皮石斛试管苗移栽成活的研究[J]. 中国野生植物资源（3）: 62-63.

朱艳, 秦民坚, 2003. 铁皮石斛茎段诱导丛生芽的研究[J]. 中国野生植物资源（2）:

56-57.

周雅琴，余丽莹，谭小明，2012. 铁皮石斛组织培养研究进展[J]. 中国民族民间医药，21（1）：48-49.

张毅，2014. 铁皮石斛的仿生栽培[D]. 南昌：南昌大学.

张振臣，陈俊标，马柱文，等，2010. 铁皮石斛种质资源主要表型性状的差异与相关分析[J]. 广东农业科学，37（8）：78-80.

张治国，刘骅，王黎，等，1992. 铁皮石斛原球茎增殖的培养条件研究[J]. 中草药，23（8）：431-433.

张志勇，周美玲，梁金平，等，2020. 铁皮石斛新品种福斛1号的选育[J]. 福建农业学报，35（7）：709-716.

BENDER L, HARRY I S, YEUNG E C, et al., 1987. Root histology, and nutrient uptake and translocation in tissue culture plantlets and seedlings of *Thuja occidentalis* L. [J]. Trees, 1：232-237.

DING G, XU G, ZHANG W, et al., 2008. Preliminary geoherbalism study of *Dendrobium officinale* food by DNA molecular markers[J]. European Food Research and Technology, 227：1283-1286.

WANG L P, LI S Y, 2010. Study on PLB Induction and propagation of *Dendrobium officinale*[J]. Chinese Agricultural Science Bulletin, 26（1）：141-145.

MEN S, MING X, WANG Y, 2003. Genetic transformation of two apecies of orchid by biolistic bombardment[J]. Plant Cell Reports, 21：592-598.

POTOR G, 1949. Method of vegetative propagation of *Phalaenopsis* stem cuttings[J]. American Orchid Society Bulletin, 18（3）：45-50.

WU L, ZHENG J, ZHAO M O, et al., 2014. Effect of light intensity on seedling growth and physiological characteristics of *Dendrobium officinale* Kimura et Migo *in vitro*[J]. Chinese Journal of Tropical Crops, 35（1）：121-125.

YANG H H, CHUAN H, 1990. Isolation and characterization of genes involved in the pigment biosynthesis of orchids[C]. Auckland, New Zealand：Proceedings of 13th WorldOrchid Conference：48.

ZHAN Z G, 2006. Cluster shoots induction from root-tip segments of *Dendrobium officinale*[J]. Chinese Traditional & Herbal Drugs, 37（6）：928-931.

第四章　石斛病虫害防控技术

随着石斛种植的产业化发展，我国石斛种植面积从2013年的12.6万亩增长至2022年的50万亩左右（柴昀菲，2023）；其中种植面积较大的有铁皮石斛、紫皮石斛、霍山石斛、金钗石斛、鼓槌石斛、兜唇石斛、马鞭石斛等10余个品种，种植省（区）主要有云南、浙江、广东、广西、福建、安徽、贵州、江西、四川、湖南、山东等，栽培模式以人工设施栽培和林下仿野生栽培为主，这种产业化种植虽利于管理和提高生产效率，但也为病虫害的发生和为害提供了有利条件，石斛病虫害日趋严重，影响石斛产量和品质，阻碍石斛产业健康发展（宁玲和宋国敏，2008；王凤忠和王东晖，2015；李桂琳 等，2017；戴德江 等，2019）。面对挑战，各方学者和研究人员针对石斛病虫害的种类、症状、发生为害规律、防治原则和技术开展了全方位研究，为石斛种植业保驾护航。

第一节　石斛病虫害防控原则与总体思路

一、石斛病虫害防控原则

石斛作为重要的中药材和保健品，其质量安全问题至关重要，已成为制约石斛产业可持续发展的关键因素。而病虫害的防控是控制石斛农药残留和保障食药安全的关键一环，因此，石斛的病虫害防控必须以绿色发展为理念，坚持以预防为主、综合治理的原则，以农业生态调控技术为基础，通过检疫、选用抗性品种、培育壮苗、加强栽培管理等一系列措施来预防病虫害，系统掌握主要病虫害发生规律，优先采用物理防治、生物防治进行防控，在科学、严谨和安全的前提下，合理使用高效、低毒和低残留的化学农药，构建石斛病虫害绿色综合防控体系，确保石斛的质量达到国家食品安全标准（王凤忠和王东晖，2015；潘琪 等，2023）。

二、石斛病虫害防控总体思路

石斛的防控措施主要包括检疫、农业防治、物理防治、生物防治和化学防治（王凤忠和王东晖，2015；潘琪 等，2023）。

（一）检疫

对由外地引进的石斛种苗和石斛产品开展植物检疫，杜绝石斛检疫性病虫害传入种植区。

（二）农业防治

选用适合当地种植、产量高、高抗病虫的优质品种；建立无病虫种苗基地；选择发育良好、生长健壮、根系发达且无病虫害石斛幼苗，降低生长后期病虫害发生可能；加强日常栽培管理，适宜密度栽种，保持适宜湿度和光照，定期清除环境杂草，合理修剪茎、枝等，创造利于石斛生长发育、防控病虫害发生的环境。

（三）物理防治

利用各种器械和物理因素防治石斛病虫害发生，包括色板诱捕、杀虫灯诱杀、诱饵诱杀、人工防控等。色板诱捕利用害虫对颜色的强趋性，对害虫实施诱杀；杀虫灯诱杀利用害虫的趋光性诱杀害虫，主要靶标害虫为鳞翅目害虫，如斜纹夜蛾；诱饵诱杀利用害虫的趋化性诱杀害虫，如用糖醋酒液诱杀斜纹夜蛾成虫；人工防控包括及时清除病虫害株，减少病虫源，人工捕杀害虫卵、幼虫、卵、蛹等，涂生石灰阻隔蜗牛、蛞蝓上树，蔬菜叶诱集蜗牛、蛞蝓人工集中杀灭等。

（四）生物防治

利用生物及其代谢物质防控石斛病虫害，包括以虫治虫、生物农药治虫、以鸟治虫、激素治虫、生物农药治病等。如释放绒茧蜂、小茧蜂等寄生性昆虫和瓢虫等捕食性昆虫防治斜纹夜蛾，赤眼蜂、异色瓢虫、七星瓢虫等防治蚜虫；使用茶皂素粉剂防治蜗牛和蛞蝓，天然除虫菊酯或苦参碱防治蚜虫；利用苏云金芽孢杆菌、绿僵菌、白僵菌等微生物杀虫剂防治斜纹夜蛾等害虫；利用性信息素诱杀斜纹夜蛾成虫等。

（五）化学防治

在坚持科学、严谨和安全的前提下，合理使用高效低毒低残留化学农药，通过科学施药减少用药次数，达到防治石斛病虫害的目的。

第二节 石斛常见病害及防控技术

石斛在栽培过程中，受不良环境影响和有害生物侵染，正常生理活动受到干扰，在生理机能和组织结构上发生一系列变化和破坏，在外部形态上导致反常病变现象，发生病害。石斛的病害分为生理性病害（非侵染性病害）和侵染性病害（寄生性病害）（王凤忠和王东晖，2015）。

石斛的生理性病害是由旱、涝、严寒、养分失调等影响和损害生理机能的非生物因素引起的病害，没有传染性，如积水造成的根系腐烂，高温高湿造成的叶片干卷、发黄、发红、茎部膨大、根系干枯，霜冻导致根系、茎条、整株腐烂，肥料、农药和激素施用不当造成叶尖干枯、根系发黑等。生理性病害的防治要点在科学种植，科学管理，科学施肥和施药，为石斛提供适宜的温、光、湿条件和生长环境（王凤忠和王东晖，2015；崔现亮，2019）。

石斛的侵染性病害主要包括真菌性病害、细菌性病害和病毒性病害，常见病害如下。

一、炭疽病

（一）病原及症状

石斛炭疽病的病原较复杂，有报道认为其病原菌有茶树炭疽菌（*Colletotrichum fructicola*）、胶孢炭疽菌（*C. gloeosporioides*）、蝴蝶兰炭疽菌（*C. phalaenopsidis*）、辣椒炭疽菌（*C. capsici*）（宁沛恩，2012）、黑线炭疽菌（*C. dematium*）、环带刺孢盘（*C. cinctum*）（董诗韬，2005）和铁皮石斛围小丛壳菌（*Glomerella cingulata*）等多种（戴德江 等，2019）；但大多研究认为其病原为盘长孢状刺盘孢（又名胶孢炭疽菌）（曾宋君和刘东明，2003；董诗韬，2005；宁玲和宋国敏，2008；梁重坚和陈志权，2009；姜朝林 等，2016；李海明 等，2017；郭真香 等，2021）。其有性阶段为囊菌亚门盘菌科的小丛壳菌，无性阶段为半知菌亚门真菌胶孢炭疽菌（曾宋君和刘东明，2003；李戈 等，2013；李扬 等，2016；郭真香 等，2021）。

该病为害石斛的部位包括叶片、茎、嫩枝、芽和花，主要为害叶和茎（董诗韬，2005；曹琦和王学平，2015）。为害部位和症状因石斛的品种而有所不同。对铁皮石斛而言，主要为害叶片的叶缘和叶尖，发病初期，叶面上出现红褐色或深褐色椭圆形斑点，继而扩展成深褐色近圆形或不规则凹陷形病斑，周围由内向外呈圈状，边缘为清晰深褐色，中央为浅色；如病斑发生在叶缘处，会使叶面稍卷曲，之后病斑扩大成片，并有小黑点（病原菌分生孢子盘）出现，空气潮湿时，病部产生小点状橙黄色或粉红色胶质物（李扬 等，2016；李媛媛 等，2021），导致整个叶片干枯脱落（汤久杨 等，2019）。为害茎部则是在发病初期叶面上出现淡黄色、褐色或淡灰色病斑，内有黑色凸起的小点，病斑逐渐发展变成黑色或灰绿色下陷，易穿孔；后期引起整株枯萎并死亡（曹琦和王学平，2015；杨凤丽和姚林泉，2016；李桂琳 等，2017；郭真香 等，2021；潘琪 等，2023）。侵染芽、花等部位时，感染的植株在花梗、芽、萼片、花瓣上出现黑色或褐色凸起的小脓包，常引起石斛枯萎甚至死亡（董诗韬，2005）。金钗石斛发病初期，呈水浸状小脓包，继而扩展成圆形、椭圆形或不规则形大斑，病斑中央为褐色或灰白色，常有褐色轮纹，病斑边缘呈黑褐色，病斑外周缘橘红色，后期病斑变为褐色，有许多小黑点（病原菌）（姜朝林 等，2016）。

（二）发生规律

雨水多，空气潮湿，通风不良时易发病，5月初开始发病，7—9月为发病的盛期（曹琦和王学平，2015）。

该病可在包括铁皮石斛、兜唇石斛、金钗石斛和鼓槌石斛等多种石斛上发生（李戈 等，2013；李桂琳 等，2017；郭真香 等，2021）。炭疽病菌的菌丝或孢子在石斛植株病残组织内越冬，当环境温度、相对湿度适宜时，炭疽病菌分生孢子萌发，分生孢子萌发的最低温度为15℃左右，适宜温度为20～30℃；菌丝生长的适宜温度为20～30℃，最适为25℃；适宜pH值为4～9，最适pH值为6～7；孢子或菌丝从石斛气孔、伤口或直接穿透表皮侵入组织，潜育期10～20d，有潜伏侵染的特性（李桂琳 等，2017）。一年四季均可发病，其中6—9月为该病的高发期，其可在整个植株上反复侵染发病；主要靠风雨、水等传播，多从伤口处侵染，栽植过密、通风不良、叶子相互交叉、高温多湿、通风不良，遇寒害、药害，或肥力不足时，有介壳虫寄生为害的植株更容易感病，发生较重（张文龙和曾桂萍，2014；李扬 等，2016；李海明 等，2017；郭真香 等，2021；潘琪 等，2023）。

（三）防治方法

石斛炭疽病的防治可结合农业防治和化学防治进行。

农业防治：优化栽培技术并配合科学的施肥配方和技术，提高石斛的抗病害能力；春、秋两季清除田间杂草，降低田间湿度，加强通风透光，减轻病害的发生；在发病初期，剪除染病叶并及时销毁，减少病源（杨志娟 等，2013；张文龙和曾桂萍，2014；曹琦和王学平，2015）。

化学防治：病前可选用65%代森锌600～800倍液、75%百菌清800倍液、6%春雷霉素可湿性粉剂1 000倍液、50%扑克拉锰可湿性粉剂3 000倍液或36%喹啉·戊唑醇悬浮剂1 000～2 000倍液，每隔8～15d在石斛的叶片和茎基部喷洒1次，连续喷洒2次进行预防（席刚俊 等，2011；蒋平和唐华，2014；郭真香 等，2021）。发病初期，选用1%的波尔多液、75%百菌清500～800倍液、50%甲基硫菌灵可湿性粉剂、50%多菌灵可湿性粉剂1 000倍液、20%戊唑醇悬浮剂2 000倍液、10%苯醚甲环唑水分散剂+70%丙森锌可湿性粉剂800倍液、75%肟菌·戊唑醇水分散剂400倍液、30%溴菌·咪鲜胺可湿性粉剂1 200倍液、40%腈菌唑可湿性粉剂2 000倍液+噁霉·乙蒜素乳油4 000倍液、75%甲基硫菌灵可湿性粉剂700～1 000倍液、70%炭疽福美500倍液、65%代森锰锌可湿性粉剂800倍液，或咪鲜胺、精甲霜·锰锌等药剂，7～10d喷1次，喷施3～5次（梁重坚和陈志权，2009；姜朝林 等，2016；李朋 等，2016；郭真香 等，2021）。在发病期，可选用75%甲基硫菌灵可湿性粉剂700～1 000倍液、25%咪鲜胺乳油、25%溴菌腈可湿性粉剂500倍液、50%退菌特800～1 000倍液、80%炭疽福美可湿性粉剂800倍液，或用碱式硫酸铜500～600倍液、噻菌铜500～700倍液、25%嘧菌酯悬浮剂2 500倍液、60%唑醚·代森联水分散粒剂1 500倍液、50%烯酰吗啉可湿性粉剂1 500倍液等药剂，按用药说明，隔7～15d喷施1次，连喷2～5次（董诗韬，2005；宋喜梅 等，2012；曹琦和王学平，2015；杨凤丽和姚林泉，2016；文味香，2018）。病情严重时可用苯醚甲环唑2 000倍液喷雾防治（张文龙和曾桂萍，2014；李朋 等，2016）。

二、黑斑病

（一）病原及症状

据现有研究报道，石斛黑斑病病原复杂多样，主要为真菌病原，其中较为常见的为细极链格孢菌（*Alternaria tenuissima*）。另外，叶点霉属（*Phyllosticta* sp.）、柱盘孢属（*Cylindrosporium* sp.）、尖孢枝孢（*Cladosporium oxysporum*）和互隔链格孢（*Alternaria alternata*）等真菌也能引起石斛黑斑病（张文龙和曾桂萍，2014；杨凤丽和姚林泉，2016；戴德江 等，2019；孔德章 等，2020；郭真香 等，2021）。

黑斑病主要为害叶片、芽、茎和花，首先在叶子上出现淡黄色、黄褐色或红褐色的斑点，然后加深至深褐色，并被覆一层灰色瘤状膜，随着病情加重，逐渐扩展为圆形、近圆形或椭圆形黑色病斑，病斑上有轮纹，病健交界处呈黄色晕圈，病斑直径3～15mm；发病后期，病斑不断扩大，病斑上散生黑色小颗粒，病斑变成透明的稍微凹陷的棕色或黑色浸透的斑点，最终导致叶片掉落，病害发生严重时可导致植株枯死（桑维钧 等，2007；宋喜梅 等，2012；肖春宏 等，2014；曹琦和王学平，2015；陈尔 等，2015；李海明 等，2017；潘琪 等，2023）。

（二）发生规律

此病在全国各石斛产区均有发生，以浙江、云南、贵州发生较为严重；云南西双版纳、文山、德宏、普洱和临沧等设施栽培石斛基地的铁皮石斛、金钗石斛和齿瓣石斛常有黑斑病发生，发病率在30%左右（李戈 等，2013）。病菌以菌丝或孢子在病残植株上越冬，待第二年温度达到20℃以上、湿度达40%以上时，便会开始侵染（陈尔 等，2015；孔德章 等，2020；郭真香 等，2021），可通过淋灌水反溅进行传播。（陈尔 等，2015），一般在每年2—5月发生（柏文科 等，2019；郭真香 等，2021；潘琪 等，2023）；病害高发期为4—9月（陈尔 等，2015）；通常在高温高湿及通风不畅的环境条件中最容易发生（陈尔 等，2015；郭真香 等，2021）。

（三）防治方法

黑斑病的防治主要以预防为主（宁玲和宋国敏，2008；敖光志，2021）。

农业防治：加强栽培管理，促进棚内的空气流通，降低湿度，将利于病害发生的环境因子控制在最小范围；增施有机肥，提高植株抗病能力；清除病残体，减少病源；及时剪除病叶、拔除病株，并集中销毁，减少侵染源；病情严重时要设置隔离区（陈尔 等，2015；敖光志，2021）。

化学防治：在发病前期，可通过喷施1∶1∶150波尔多液、70%或80%代森锰锌可湿性粉剂500~800倍液、50%多菌灵可湿性粉剂1 000倍液、75%百菌清800~1 000倍液、10%苯醚甲环唑1 500倍液进行预防（桑维钧 等，2007；宁玲和宋国敏，2008；张文龙和曾桂萍，2014；曹琦和王学平，2015；敖光志，2021；郭真香 等，2021；潘琪 等，2023）。在发病初期，可选用1%波尔多液也可交替喷施苯醚甲环唑1 000倍液、咪鲜胺1 500~2 000倍液、75%百菌清可湿性粉剂600倍液或1 000倍液、10%丙硫唑悬浮剂600倍液、50%甲基硫菌灵1 000倍液、64%噁唑烷酮600倍液、64%噁唑烷酮·锰锌可湿性粉剂500倍液、50%异菌脲可湿性粉剂2 000倍液等药剂单施或交替施用两种药剂，每7d喷1次，连喷2~5次（桑维钧 等，2007；宁玲和宋国敏，2008；蒋平和唐华，2014；张文龙和曾桂萍，2014；曹琦和王学平，2015；陈尔 等，2015；杨凤丽和姚林泉，2016）。在发病严重或进入为害高峰期时，可喷施20%戊唑醇悬浮剂、450g/L咪鲜胺水乳剂900~1 350倍液或其他三唑类农药2 000倍液；也可使用30%吡唑醚菌酯1 000~1 500倍液、45%咪鲜胺1 000~1 500倍液、25%喹啉酯1 500~2 000倍液，每隔7d喷雾防治，连续2~3次（郭真香 等，2021；潘琪 等，2023）。

三、叶斑病

（一）病原及症状

叶斑病是石斛的常见病害，拟盘多毛孢属（*Pestalotiopsis*）、散斑壳属（*Lophodermium*）、叶点霉属（*Phyllosticta*）、尾孢菌属（*Cercospora*）、柱盘孢属（*Cylin-*

drosporium)、壳多孢属（*Stagonospora*）、壳月孢属（*Selenophoma*）、壳针孢属（*Toria*）和串珠镰孢菌（*Fusarium verticillioides*）等均可引起石斛叶斑病（张继鹏和邢梦玉，2007；程萍 等，2008；席刚俊 等，2011；姜朝林 等，2016；李桂琳 等，2017）。

石斛尾孢菌侵染石斛，受感染的叶表面出现圆形或不规则的黄色区，下表面有相似的小病斑，后变为暗褐色，有时紫色，严重时叶下表面有显著的黑色粉末；尾孢叶斑病能使小苗死亡。由叶点霉菌侵染引起的叶点霉叶斑病感染植株的叶或假鳞茎，感染区先变黄，后变成淡褐色或黑褐色，边缘清楚，大多数有一个黄色的外围带，病斑随时间与植株体积变大，周围组织也变成黄色或淡绿色且凹陷。壳月孢引起的壳月孢叶斑病感染时叶两面出现褐色小斑点迅速发展为圆形、卵形或不规则病斑，最后除病斑边缘保持绿色外，整个叶都褪了绿色，老的斑点上可以看到分生孢子器，严重时脱落。壳针孢引起的叶斑病症状为：感染的植株叶下表面出现细小凹陷的黄色病斑，然后逐渐扩大成卵形或不规则的黑色或褐色斑点（董诗韬，2005；张继鹏和邢梦玉，2007；席刚俊 等，2011）。

（二）发生规律

该病为真菌性病害，病菌以菌丝体在土壤中潜伏越冬；病原菌可随气流、灌溉水的反溅传播；3—11月均可发生；清明前后和夏季梅雨季节为此病的高发季节；该病往往和炭疽病混合发生，其区别是叶斑病在叶片中间开始发病产生病斑，而炭疽病则从叶片边缘和叶尖开始发病，鼓槌石斛、球花石斛、流苏石斛等均可发生（陈尔 等，2015；姜朝林 等，2016；李桂琳 等，2017）。

（三）防治方法

农业防治：石斛叶斑病的控制以预防为主，保持种植场所清洁，常清理各类病叶、枯叶及杂草；栽种或分株时避免产生伤口，时常观察石斛的生长情况，一旦发现病叶，及时剪除，集中销毁。

化学防治：发病初期可选用多种药剂进行喷施防治，包括75%百菌清可湿性粉剂600倍液、50%异菌脲可湿性粉剂1 500倍液、70%乙铝·锰锌可湿性粉剂500倍液、50%或70%甲基硫菌灵可湿性粉剂500～1 000倍液、50%或65%代森锰锌可湿性粉剂500～700倍液、50%苯菌灵500～1 500倍液、12%烯唑醚可湿性粉剂1 000倍液、医用氯霉素1 000倍液、双苯环唑1 000倍液、碱式硫酸铜500～600倍液或噻菌铜500～700倍液，推荐间隔10d左右喷施1次，连续喷2～5次（董诗韬，2005；姜朝林 等，2016；李桂琳 等，2017；席刚俊 等，2017；崔现亮，2019）。

四、黄斑病

（一）病原及症状

黄斑病的病原为半知菌类壳月孢属 *Selenophoma dendrobi*（宁沛恩，2012）。

黄斑病主要为害叶片，极少为害茎和气根。发病初期在叶片上生成不明显的淡黄色小区，后扩大为周边不清晰的黄色病斑，病斑中间出现褐色斑点，有时在病斑背面出现黑霉症状（曾宋君和刘东明，2003；曾宋君，2005；宁沛恩，2012）。

（二）发生规律

黄斑病病菌以菌丝体和分生孢子随病体遗存于栽培基质中越冬，第二年以分生孢子进行侵染，病部产生的孢子又能借风雨传播再侵染。湿度是该病发生扩展的决定性因素，雨季发病严重；流行期为2—10月，发病高峰期为4—8月，在25℃以上温度和相对湿度90%以上条件下，发病迅速，流行蔓延很快（宁沛恩，2012；崔现亮，2019）。

（三）防治方法

黄斑病的防治应农业防治与化学防治相结合。

农业防治：严禁石斛病株进入种植场，以减少侵染源，及时清除枯枝、落叶，病叶烧毁；适当密植，改善栽培小气候环境；合理浇水，避免过量，控制湿度；喷施微肥，促进植株早生快发，增强抵抗力；随时剪除病叶及感染器官，并集中烧毁，减少病原菌（曾宋君和刘东明，2003；曾宋君，2005；崔现亮，2019；宁沛恩，2012）。

化学防治：可用75%百菌清可湿性粉剂1 000倍液隔6~7d喷1次，连喷2~3次，进行预防（宁沛恩，2012）；发病时，可选用75%百菌清可湿性粉剂1 000倍液加70%甲基硫菌灵可湿性粉剂1 000倍液、50%腐霉利可湿性粉剂2 000倍液、40%多硫悬浮剂，隔7~15d喷1次，连续2~5次（曾宋君，2005；崔现亮，2019）。

五、疫病

（一）病原及症状

疫病一直是石斛种植过程中为害严重的真菌病害之一，报道的病原有烟草疫霉或棕榈疫霉、恶疫霉（张继鹏和邢梦玉，2007；戴德江 等，2019；郭真香 等，2021）。

该病主要为害石斛的叶片及近地面处。叶片染病时，初期呈水浸状斑点，然后很快扩大变为黑褐色腐烂状造成落叶，有时在叶片受害表面处有白色薄霉层（曾宋君和刘东明，2003；曾宋君，2005；宁沛恩，2012；蒋平和唐华，2014）；后期病斑扩展，导致根系逐渐死亡，进而叶片枯萎腐烂（张继鹏和邢梦玉，2007；张文龙和曾桂萍，2014）。严重时叶部黑褐色，整个植株似开水烫过，随后叶片皱缩、脱落，不久整个植株枯萎死亡，非当年移栽的石斛只侵染植株顶部当年长出的幼嫩部分，引起顶枯（李戈 等，2013；杨凤丽和姚林泉，2016；郭真香 等，2021）。

（二）发生规律

石斛疫病在浙江、云南和贵州等石斛产区均有发生，在浙江义乌主要感染铁皮石斛。云南石斛产区调查发现，金钗石斛、铁皮石斛和兜唇石斛较易发生疫病，齿瓣石斛和晶帽石斛上偶有发现，相对较轻（李戈 等，2013），在云南德宏石斛园的调查则发现所有品种石斛均有发生（李桂琳 等，2017）。发生期为5—10月（毛文龙 等，2020；郭真香 等，2021），为典型的土传病害，栽培基质和病残体上的病原菌是石斛疫病发生的初侵染来源，可通过雨水和浇灌水以及虫媒传播（李桂琳 等，2017），病原体的生长适温约为25℃，最低为10℃（曾宋君和刘东明，2003）；高温、高湿、通气不良时，病害发生加重（张文龙和曾桂萍，2014）。

（三）防治方法

农业防治：在高温、多雨季节，做好降温、降湿和通风工作，及时拔除初发病的病株，并将其带出培养设施外进行焚烧处理，并用高锰酸钾500~800倍液或消毒液对发病周围的小块病区进行消毒处理（曹琦和王学平，2015；敖光志，2021）。

化学防治：在发病前期，可采用1%波尔多液连喷2~3次，或使用68%精甲霜灵·代森锰锌水分散粒剂、72%霜脲氰·代森锰锌可湿性粉剂、80%代森锰锌可湿性粉剂进行喷雾，每隔7~10d喷施1次，连续施药2~3次，有助于阻止病原菌初侵染（曹琦和王学平，2015；戴德江 等，2019；郭真香 等，2021）。在发病初期，可根据发病程度选用25%~40%甲霜灵可湿性粉剂进行600~700倍液、40%疫霉灵可湿性粉剂250倍液等进行轮换喷雾防治，每7d喷1次，连喷2~3次（蒋平和唐华，2014；郭真香 等，2021）；也可交替使用68.75%氟吡菌胺·霜霉威800~1 000倍液、80%甲霜灵·锰锌500倍液或阿米西达颗粒剂等广谱抗病药剂进行防治，以延缓抗药性产生（李桂琳 等，2017）。在病情发展至中重度阶段时，可使用40%~50%甲霜铜可湿性粉剂600~700倍液进行喷雾同时辅以灌根处理（曾宋君和刘东明等，2003；曾宋君 等，2005；宁沛恩，2012）。在繁殖材料处理方面，对扦插或分株材料播种前可使用退菌特或甲基硫菌灵进行种苗消毒，同时以50%多菌灵800~1 000倍液或70%甲基硫菌灵1 000倍液对栽培基质进行处理。病害发生后，可用25%疫霉灵可湿性粉剂250倍液或氟吡菌胺·霜霉威800倍液喷雾防治，每7~10d喷施1次，连续3~4次，效果良好（杨志娟 等，2013；张文龙和曾桂萍，2014）。

六、白绢病

（一）病原及症状

白绢病又称菌核病，大多报道认为其病原菌为齐整小核菌（陈尔 等，2015；李桂琳 等，2017；李海明 等，2017），也有报道认为石斛白绢病病原的有性阶段为罗尔夫阿太菌，无性阶段有翠雀小核菌和齐整小核菌（戴德江 等，2019；孔德章 等，2020）。

该病主要为害植株的根部及近地面的茎段。发病初期，茎基部常出现类似烫伤的水渍状病斑，病斑呈黄色至淡褐色，逐渐扩展形成暗褐色湿腐斑，使皮层组织变褐、腐烂，导致叶片变黄、脱落，整株出现萎蔫（李朋 等，2016）。在高湿环境下，病株根颈或茎基部表面常可见白色绢丝状菌丝体，可沿地表或根际向周围蔓延，阻碍水分和养分吸收，使地上部叶片变黄变小、节间缩短，植株生长不良（李桂琳 等，2017）。随着病情发展，病斑可环绕茎部一周，造成输导组织堵塞，进而引起全株迅速枯死。病害后期，菌丝体内常形成大量油菜籽状的小菌核，初呈白色，后变为淡黄色、黄褐色，最终呈茶褐色。这些菌核是病原菌的重要存活结构，在适宜条件下可再侵染植株，导致茎部腐烂、病斑向上扩展，最终导致整株死亡（肖春宏 等，2014；李媛媛 等，2021）。

（二）发生规律

该病在广西、云南、贵州等石斛产区有发生。目前云南栽培的多种药石斛，如铁皮石斛、兜唇石斛、金钗石斛、齿瓣石斛和晶帽石斛等均有此病发生（李戈 等，2013）。该病为土传病害，病菌以菌核或菌丝在栽培基质中越冬。菌核通过灌溉水或肥水反溅传播，可直接侵入或从伤口侵入。病菌喜高温高湿天气，喜酸性土壤（陈尔 等，2015；郭真香 等，2021）。环境温度、湿度、病原菌数量均显著影响由翠雀小核菌引起的白绢病发生与流行，同时满足温度25~30℃、湿度95%以上是铁皮石斛白绢病发生与流行的主要条件（陈秋燕 等，2019）；通常温度在35℃以上时发病率会变缓慢或降低，但当白天的温度在28~33℃，夜晚的温度超过20℃，相对湿度达到90%以上及在偏酸性（pH值为3~5）的土壤条件下发病最为严重（孔德章 等，2020；郭真香 等，2021）；因而在不同地区，该病发生期从2月至9月末不等（陈尔 等，2015；郭真香 等，2021）。

（三）防治方法

农业防治：加强栽培管理，结合天气的变化，适当改善通风条件，高温多雨季节，应减少浇水量，控制基质湿度；用50%多菌灵可湿性粉剂600倍液或70%甲基硫菌灵可湿粉剂800倍液进行栽培基质消毒；配制基质时适当加入少量草木灰；病害发生初期，及时拔除病株（陈尔 等，2015）。

化学防治：应根据病害发生的不同阶段采取针对性的措施。在发病前期，可选用

50%甲基硫菌灵可湿性粉剂800~1 000倍液或70%甲基硫菌灵800倍液进行预防性喷雾处理，每7~10d喷1次，连续2~3次，有效抑制初期病菌侵染（李朋 等，2016）。一旦进入发病期，可采用医用链霉素2 000倍液或5%井冈霉素800倍液进行淋施处理，每7d施1次，连施2次（陈尔 等，2015）；也可选用50%多菌灵可湿性粉剂600倍液喷雾植株基部及四周基质，每7~20d喷1次，连续2~3次（宋喜梅 等，2012；文味香，2018）。如病情加重，可采用灌根方式处理，如用甲霜灵500~800倍液灌根（李朋 等，2016），或使用16%井冈·噻呋酰胺悬浮剂1 000~2 000倍液、50%多菌灵可湿性粉剂1 000倍液进行喷淋灌根处理（郭真香 等，2021）。对于严重感染株，可使用10%氯霉素可湿性粉剂500~1 000倍液每天浇施，连施2~3次，或选用20%甲基立枯灵乳油800倍液、75%灭锈胺可湿性粉剂1 000倍液、20%甲基立枯磷乳油1 000倍液、40%乙烯菌核利水剂800倍液等药剂轮换喷雾控制（肖春宏 等，2014；杨凤丽和姚林泉，2016）。在应急处置中，亦可使用50%氟酰胺或75%灭锈胺可湿性粉剂3 000倍液进行喷雾防治（杨志娟 等，2013）。此外，推荐每亩用20~40mL的250g/L吡唑醚菌酯乳油或40~60mL的240g/L噻呋酰胺悬浮剂兑水50L进行全面喷雾防治，具备广谱抑菌效果（孙光忠 等，2024）。在发病植株根际处理方面，可施用木霉菌1 200~1 500倍液灌根，每株约100g，以改善根部微生态（卢振辉 等，2016）。对于严重病株，应及时拔除并在病穴撒入生石灰进行消毒。同时，为调节土壤酸碱度与抑制病菌传播，可撒施石灰粉，或用50g五氯硝基苯粉拌4~5kg半干湿细沙土，撒施于病株根部周围（宋喜梅 等，2012）。

七、锈病

（一）病原及症状

石斛锈病由花椒鞘锈菌（戴德江 等，2019）或柄锈菌属真菌引起（崔现亮，2019）。

石斛锈病主要侵染植株的叶、茎尖等部位，叶片受侵染后，形成黄色小斑点，随后在叶背面可见到散生的黄色夏孢子堆，夏孢子散生，排列成圆形的集成圈，夏孢子堆也可联合成大块，且叶背病菌部隆起；叶片正面布满淡黄色病斑。严重时形成大型枯斑，叶片枯死脱落。在叶的下表面或上表面产生许多黄褐色粉状孢子，有时也在茎上出现小的凸起的小疱，内含黄色、橙色、锈色，甚至黑色粉状孢子。通常会引起生长衰竭，严重的会由叶片扩散到茎秆，导致茎腐、根腐，直至整株死亡（杨桂明，2012；张文龙和曾桂萍，2014；李桂琳 等，2017）。

（二）发生规律

锈病在铁皮石斛、齿瓣石斛、兜唇石斛和晶帽石斛上都有发生；鼓槌石斛和流苏石斛未见该病发生（李桂琳 等，2017）。锈菌以菌核在基质和植株残体上越冬。各地石斛锈病的发生期因气候不同而有不同,有4—5月(柏文科 等,2019)、6—7月(杨桂明,2012)、7—8月(张文龙和曾桂萍,2014)、9—10月(李桂琳 等,2017)等。总体来说,高温高湿季节是石斛锈病发病高峰期,高温、高湿、隐蔽的环境有利于孢子囊的形成和萌发,高温干燥时病害停止发展,待到高温阴雨时再度发病(杨桂明,2012)。

(三)防治方法

农业防治:清除锈菌经常寄生的杂草,并与其他易感锈病的植物隔离种植;在给石斛浇水后,要注意通风,保持叶片干燥;及时清除病叶(蒋平和唐华,2014;崔现亮,2019)。

化学防治:在病害不同发生阶段,应选择合适的药剂及施药时期进行防治。发病初期可喷洒97%对氨基苯磺酸钠400倍液或三唑酮800倍液,每隔7~10d喷1次,连续喷施3~4次;也可使用代森锰锌500倍液预防,每10~15d喷1次,连喷3次(张文龙和曾桂萍,2014)。发病初期至中期使用25%三唑酮可湿性粉剂2 000~3 000倍液,每隔15~20d喷1次,连续喷施2~3次(柏文科 等,2019);或喷施22.5%啶氧菌酯悬浮剂(戴德江 等,2019);也可喷施43%戊唑醇悬浮剂、10%苯醚甲环唑水分散粒剂和15%三唑酮可湿性粉剂(李桂琳 等,2017)。高温高湿季节(病害易发期)使用25%三唑酮2 000倍液,对叶背喷雾,每月喷施1~2次;若发现少量病斑,可用50%多菌灵800倍液,对叶背进行喷雾,发病后每隔5d喷1次,连续喷施2~3次(杨桂明,2012)。发病严重时可用10%丙硫唑悬浮剂600倍液或50%三唑酮可湿性粉剂800倍液喷洒叶片,每隔5~7d喷1次,连续喷施3次(蒋平和唐华,2014)。

八、灰霉病

(一)病原及症状

灰霉病的病原为灰葡萄孢霉(谢昀烨 等,2017;戴德江 等,2019)。

灰霉病又称花腐病,主要为害萼片、花瓣、花梗,有时也为害叶片和茎。花瓣染病的初期在其上产生水渍状小斑点,发病后期,潮湿条件下滋生灰黑色霉状物,即病原菌的分生孢子梗和分生孢子,在环境湿度高时,病菌扩展迅速,可造成整株的花枯死(曾宋君和刘东明,2003;张继鹏和邢梦玉,2007)。

(二)发生规律

灰霉病主要是分生孢子飞散进行空气传播。分生孢子飞落到花瓣上,容易萌发侵入发病,但落在叶及假鳞茎上,一般不能侵入发病。低温、高湿环境易诱发此病(崔现亮,2019)。

（三）防治方法

农业防治：淋浇宜在白天，以便植株特别是花朵上的水分尽快蒸发，并注意通风，降低湿度，避免冷害热害；发病时剪去重病花朵或其他病部并销毁（曾宋君和刘东明，2003；崔现亮，2019）。

化学防治：发病初期及时喷50%腐霉利可湿性粉剂1 500倍液或65%霜霉威可湿性粉剂1 500倍液防治（曾宋君和刘东明，2003）；大棚种植可采用10%腐霉利烟剂熏3~4h或在傍晚喷撒10%腐霉利粉尘剂（崔现亮，2019）。

九、茎基腐病

（一）病原及症状

茎基腐病是由多种病原菌单独或复合侵染造成根系和茎基腐烂的一类病害，可由感染尖孢镰刀菌、立枯丝核菌真菌引起（崔现亮，2019）。

感染及症状的表现部位主要在植物根颈部；植株刚表现出症状时，早晚正常，中午萎蔫，似缺水状；随后，可在植株茎基部看到黄褐色水渍状不规则病斑，茎秆逐渐变黑、皱缩、变细；切开茎秆，可见维管束变褐色。茎基腐病属维管束病害，是病原菌及其分泌物阻塞导管所致，由于阻断了植株营养运输，最终导致地上部分水、肥供应困难，叶片发黄、萎蔫、脱落，最终全株枯萎；茎基腐病若病原菌为立枯丝核菌，在后期通常可在根部检查到菌核（崔现亮，2019）。

（二）发生规律

茎基腐病病菌可在土壤、培养基质、枯草、残留的上一季病残体中越冬及长期存活，病原菌可借助病株碎片随风、流水、养护机械、鞋底、人类操作进行传播（崔现亮，2019）。一般情况下，该病害在黔南州发生的时间为5—10月，为发病高峰期，温度25~30℃、湿度95%以上是引起该病发生与流行的主要条件（潘琪 等，2023）。

（三）防治方法

茎基腐病可结合农业防治、生物防治和化学防治进行综合防控。

农业防治：改善栽培条件，防止积水，保证通风透光良好；平衡施肥，避免用过量氮素追肥；发现零星病株，随时挖出，予以烧毁，并将根际土壤或基质挖出外移，换填未受感染的土壤或基质（崔现亮，2019）。

生物防治：在培养基质中接入某些青霉、木霉或芽孢杆菌（崔现亮，2019）。

化学防治：发病时可选用50%福美双可湿性粉剂1 500倍液进行灌根处理或25%甲霜灵可湿性粉剂600倍液进行喷雾处理，每隔7d进行喷雾防治，连续喷施2~3次（潘琪 等，2023）；或喷施20%甲基立枯灵乳油600~800倍液，或25%咪鲜胺乳油

800～1 000倍液（崔现亮，2019）。

十、细菌性软腐病

（一）病原及症状

细菌性软腐病的病原菌为细菌类欧氏杆菌（李桂琳 等，2017；李海明 等，2017）。

主要为害石斛的茎段、幼芽和叶片，病菌多从茎基部开始侵染，初呈暗绿色水渍状病斑，然后迅速向上、下蔓延，茎段软腐，腐烂部位有黏液流出，伴有恶臭味，最后导致整个植株倒伏（肖春宏 等，2014）；病菌侵染叶片时，感病初期在叶基部产生黑褐色、水渍状的病斑，几天后整个叶基变黑湿腐，且病斑从叶基向叶柄蔓延，并伴随有臭味（曹琦和王学平，2015），叶尖一般无症状，在大苗上会表现叶面有脱水样或水渍状斑块，由于根和茎基受害后组织变脆，叶球极易脱落，一触即倒，发病晚期病株则自行倾倒。假鳞茎感染病菌，感染部位出现水渍状病斑，颜色为黑褐色，最后假鳞茎变柔软皱缩，颜色变成暗色，迅速腐烂（张继鹏和邢梦玉，2007）。这类病害易在高温高湿的环境中发生，且发病快，严重时整株腐烂解体呈湿腐状（陈尔 等，2015；李海明 等，2017）。

（二）发生规律

软腐病以铁皮石斛上最为常见，兜唇石斛、金钗石斛、齿瓣石斛和晶帽石斛等在幼苗期亦有发生（李戈 等，2013；李桂琳 等，2017）。病原菌在石斛组织内过冬，由雨水、昆虫作短距离传播，通过野外采种和购种远距离传播（李桂琳 等，2017），主要通过伤口和气孔进行侵染（杨志娟 等，2013）。病害全年均可发生，栽培基质过细通透性差，偏施氮肥，连续高温阴雨容易发此病，发病高峰期为高温高湿季节，具体月份因地而异，一旦发生，蔓延速度极快（宁沛恩，2012；李海明 等，2017；郭真香 等，2021）。

（三）防治方法

软腐病的防治需以农业防治为基础，增强化学防治效果。

农业防治：抓好以肥水管理为中心的栽培防病措施，根据病害发生的特点，加强通风，合理浇水，在病害盛发期间严格控制浇水量，避免栽培基质含水量过度饱和，以水控病（蒋平和唐华，2014）；根据植物生长特点，合理施用兰科植物专用肥，不宜过多施用高氮肥，如果条件允许，可以多施有机肥，以羊粪、沼气液为主（宁沛恩，2012）；栽培管理中发现有病叶即剪除，发现倒伏植株马上拔除，与其相邻的植株一并拔除（李朋 等，2016），剩余的植株连同基质一起都要及时消毒，可用农用链霉素

1 500~2 000倍液喷洒植株叶片、浇灌根部（曹琦和王学平，2015）。

化学防治：在病害尚未流行前可喷施20%噻菌铜可湿性粉剂800倍液、72%农用链霉素3 000~4 000倍液或20%异菌脲悬浮剂1 000倍液等药剂进行预防（陈尔 等，2015）；病害初期使用70%农用链霉素可湿性粉剂、农用或医用链霉素1 000倍液喷洒治疗效果显著，防治率可达80%以上（曹琦和王学平，2015）；在植株发病后，可选用50%代森锌可湿性粉剂600~800倍液、77%氢氧化铜可湿性粉剂400~600倍液交替喷雾（李朋 等，2016；敖光志，2021），或施用多抗霉素1 000倍液、农用链霉素1 000倍液等广谱抗菌剂，每7d喷1次，连喷2~3次效果良好（李桂琳 等，2017）；若根际或基质易感染，还可配合百菌清类药剂进行基质杀菌消毒（李朋 等，2016）；此外，也可采用200mg/L浓度的链霉素喷洒（宁沛恩，2012）或38%噻霉铜悬浮剂800倍液防治，整体防效稳定，适用于连喷3~4次的管理策略（肖春宏 等，2014）。此外，72%农用链霉素可湿性粉剂800倍液、30.3%四环霉素、68.8%多保链霉素可湿性粉剂1 000倍液也可进行防治（杨志娟 等，2013）。

十一、细菌性褐斑病

（一）病原及症状

病原为假单胞属的卡特兰假单胞和杓兰假单胞（董诗韬，2005）。

感染的叶上出现软的、水渍状小斑点，继而发展成轮廓清晰的、凹陷的、褐色或黑色的斑点。通常病害发展迅速，引起整株死亡（董诗韬，2005）。

（二）发生规律

该病菌在病残组织及带菌基质中越冬，借雨水、灌溉水及管理操作传播，从叶片伤口及自然孔口侵入，传染性极强。石斛自身抵抗力弱，长期在高湿、高温、通风不好的环境里容易发病（董诗韬，2005）。

（三）防治方法

农业防治：管理时尽量避免叶片受伤；夏季雨季浇水后，应注意通风吹干叶面；注意清除杂草及植株病残体。石斛感病后应及时用剪刀剪去生病组织，并带出种植场地销毁，减少污染源（崔现亮，2019）。

化学防治：可用20%龙克菌500~700倍液喷洒，每隔7~10d喷1次，连用2~3次；或用铜高尚500~800倍液均匀喷洒，10~15d喷1次，连用3~5次；抗生素类药剂如75%农用链霉素500~800倍液或77%氢氧化铜600~800倍液也可用于发病初期或病情发展期的抑菌处理，喷施间隔建议为7~10d，连续使用2~3次（崔现亮，2019）。为避免抗药性产生，推荐不同药剂交替或轮换使用。

十二、煤污病

（一）病原及症状

煤污病的病原菌为多主枝孢菌和大孢枝孢菌（曾宋君和刘东明，2003）。

该病主要为害石斛的叶片；多在管理粗放，通风不良、日光不足及植株受蚜虫、介壳虫、粉虱等侵染时发生。初时在叶片上产生灰黑色至炭黑色霉污状菌落，近似煤烟，严重时布满整个叶面，影响光合作用，使植株发育不良（姜朝林 等，2016；敖光志，2021）。

（二）发生规律

病原以菌丝体、囊壳及分生孢子在植株上或树上过冬，3—5月是该病的发病期，以贴树法种植的发病多，主要由蚜虫、介壳虫传染此病；发病初期难以引起关注，仿佛叶面沾了一层土灰；后期逐渐变得严重，颜色加深，仿佛覆盖上了一层煤灰一般，但是这个"煤灰"很难去除；最后整株石斛生长缓慢，甚至停止发育（张文龙和曾桂萍，2014；李桂琳 等，2017；柏文科 等，2019）。

（三）防治方法

农业防治：在大棚或温室栽培时保持良好通风，雨后及时排水，及时防治蚜虫、粉虱、介壳虫等传染源；发现后一般剪除受害严重的叶片集中焚烧（柏文科 等，2019）。

化学防治：石斛在发病初期可及时喷施如40%灭菌丹可湿性粉剂400倍液、40%多菌灵胶悬剂1 500倍液或50%多霉灵可湿性粉剂1 500倍液进行初步防治，建议每15d喷1次，连续喷施2～3次（曾宋君，2005；张文龙和曾桂萍，2014；姜朝林 等，2016）。此外，也可喷施45%石硫合剂500倍液或50%多菌灵1～2次以控制病势（李华和张明娟，2005）。为防止虫害如蚜虫、介壳虫、粉虱等在病害期间加剧侵染，可配合杀虫剂联合喷施，药剂使用频率控制在每7～10d喷1次，连续2～3次（李桂琳 等，2017），以达到杀菌与杀虫同步控制的综合防效。

十三、病毒病

（一）病原及症状

石斛常见的病毒病包括国兰花叶病（病原为国兰花叶病毒CyMV）、齿舌兰环斑病（病原为齿舌兰环斑病毒ORSV）、兰花小斑病（病原为兰花小斑病毒OFV）、石斛花叶病（病原为黄瓜花叶病毒CMV）等（董诗韬，2005；姜朝林 等，2016）。其中，由CyMV和CMV单独或混合感染所致的石斛花斑病常在开花期表现明显，花瓣及萼片表面出现白色至淡灰色的不规则斑纹，表面略凹陷，周围组织微隆，导致花朵变小、畸形，严重时无法正常展开，花期缩短。石斛花叶病在温室栽培中较为常见，多由CMV、CyMV及石斛花叶病毒（DeMV）单独或共同感染，通过汁液传播，受害植株表现为叶脉间褐色条斑，并在新叶上形成明显的花叶斑驳，后期出现淡黄色不规则斑点并发展为坏死斑。石斛坏死斑纹病（又称石斛坏死小斑病）由兰花小斑病毒（OFV）引起，初期在叶片上形成隐约斑纹，随后出现凹陷状的黄褐色小斑，严重时斑点转为红褐色至黑褐色坏死病斑，形态不一（曾宋君和刘东明，2003；董诗韬，2005）。

（二）发生规律

种苗本身可能有病毒；病毒可能在修剪、分株等操作时通过接触病株的手指和剪刀等将病毒传染给健康植株；流经病株受损根部的水也可通过栽培基质传播病毒；叶面摩擦受伤也可成为病毒传播的途径；此外，依靠昆虫、菟丝子等介体传播，尤其以刺吸式口器昆虫为最（姜朝林 等，2016；李朋 等，2016；崔现亮，2019）。

（三）防治方法

对石斛病毒病的防治应坚持"预防为主，综合治理"的原则。首先要加强植物检疫，杜绝病株进入栽培场地（崔现亮，2019）。同时，及时清除杂草、铲除虫害滋生地，并开展虫害防控，以减少病毒传播媒介（蒋平和唐华，2014；姜朝林 等，2016）。在日常管理中，应对工具、容器等进行严格消毒，常用的消毒剂包括2%福尔马林、2%氢氧化钠水溶液，或将164g无水磷酸钠（或337g含结晶水的磷酸钠）溶于1 000mL水中制成磷酸钠消毒液（曾宋君和刘东明，2003）。发现疑似病株时应立即拔除并销毁，以遏制病害扩散（姜朝林 等，2016）。发病初期可选用吗胍乙酸铜1 000倍液喷雾处理（李朋 等，2016）；也可喷洒20%病毒灵可溶性粉剂400倍液，每隔7d喷1次，连续喷施3~4次；或使用18%丙多·吗啉胍可湿性粉剂600倍液、20%病毒灵A可湿性粉剂400倍液，间隔5~7d喷施1次，连续3~4次，可有效抑制病毒传播（蒋平和唐华，2014）。

第三节　石斛常见虫害及防控技术

石斛种植中常有虫害发生，其为害主要表现在两个方面，一是吸食或啃食组织器官，造成变色、斑点、孔洞、卷叶、断根等，导致长势受损、整株枯黄甚至凋萎死亡；二是作为媒介传播病菌和病毒，造成病害传播（王凤忠和王东晖，2015；崔现亮，2019）。石斛的常见害虫有菲盾蚧、蚜虫、叶螨、蜗牛、蛞蝓、斜纹夜蛾等。

一、菲盾蚧

（一）生物学特性及为害特点

菲盾蚧（*Phenacaspis dendrobii*）是石斛上重要害虫之一，为昆虫纲同翅目盾蚧科昆虫。菲盾蚧雌雄异体，雌虫无翅、无眼、无脚，亦无触角；雌虫和幼虫一经羽化，终生寄居在枝叶或果实上。雄性虫体微小，有翅、有足、有触角和眼，能飞，田间不易找到，树上常见到的是介壳，虫体在介壳下，介壳小的仅0.5mm，较大的也仅5~10mm，形态有近圆形、椭圆形等多种（崔现亮，2019）。以若虫、雌成虫吸食石斛叶片或茎中的体液，造成叶片褪绿黄化、皱缩畸形，同时产生的蜜露诱发煤污病，严重时整株死亡；并可分泌蜡质介壳，固定寄生在石斛叶片背面和假鳞茎上，并易传播病毒和病菌（宋喜梅 等，2012；曹琦和王学平，2015；刘迎 等，2021）。

（二）发生规律

铁皮石斛菲盾蚧一般在5月中下旬至6月初发生，为害部位是叶片；发病特征显著，非常容易被发现到，最典型的表现是叶片变形，或者逐渐枯干，但是未见病斑（柏文科 等，2019）；其扩散和传播主要靠外力，人为传播是菲盾蚧的主要传播方式，各种农事操作可造成菲盾蚧在植株间、田块间的传播蔓延，现代交通的发展和经济全球化，使货物、农产品、苗木等运输频繁，为菲盾蚧远距离传播提供了有利条件（崔现亮，2019）。

（三）防治方法

石斛菲盾蚧的防治可结合农业防治、生物防治和化学防治措施综合进行。

农业防治：合理密植，加强栽培管理，清除栽培场地周边杂草，改善植株生长环境，加强通风；使环境通风、透光，并加强水肥管理，提高植株的抗性；结合修剪，人工疏剪、摘除病虫害集中的叶、茎并集中焚毁，减少虫源（宋喜梅 等，2012；曹琦和王学平，2015；文味香，2018；李媛媛 等，2021）。

生物防治：主要利用异色瓢虫、七星瓢虫、龟纹瓢虫和澳洲瓢虫等捕食性天敌进行防治（宋喜梅 等，2012；文味香，2018）。

化学防治：在害虫的第1个成虫活跃期，可喷施米醋以降低虫口基数（敖光志，2021）。对高密度虫群，可用1~3度石硫合剂连续喷施1~3次，每次间隔7~10d（张文龙和曾桂萍，2014）。如害虫数量极大，一若虫期也可继续使用米醋、25%蚧死净乳油800~1 000倍液喷施，每周1次，连喷3~4次以压制虫口（肖春宏 等，2014）。

二、蚜虫

（一）生物学特性及为害特点

蚜虫为昆虫纲半翅目蚜科害虫。蚜虫体小而软，大小如针头；腹部有管状突起（腹管），飞行能力强。蚜虫的繁殖力强，可营孤雌生殖，卵胎生，一年繁殖10~30代，气温在16~22℃时最适宜蚜虫繁育（崔现亮，2019）。蚜虫对黄色有较强的趋性，对银灰色有忌避性（刘先辉 等，2019）。蚜虫主要为害石斛幼嫩叶片和花蕾等，以刺吸式口器刺入叶片表皮吸取植株液汁，造成花、叶及芽的皱缩、卷曲畸形，致使植株营养不良，严重时引起枝叶枯萎甚至整株死亡；同时蚜虫分泌的蜜露诱发煤污病、病毒病，并招来蚂蚁危害等（肖春宏 等，2014；卢振辉 等，2016；杨凤丽和姚林泉，2016）。

（二）发生规律

蚜虫全年均可发生，蚜虫主要以卵或成虫的形式在石斛枝条上越冬（刘先辉 等，2019），一年能发生30余代，繁殖能力强，世代重叠严重，蚜虫在高温30℃左右，特别是干旱时易发生，各种虫态集中出现，一般春、秋两季发生较多，也为害严重（毛文龙 等，2020；潘琪 等，2023）。蚜虫主要靠迁飞传播（崔现亮，2019）。

（三）防治方法

石斛蚜虫的防治可结合农业防治、物理防治、生物防治和化学防治综合进行。

农业防治：选用抗病虫品种；注意水肥管理，氮肥过多植物长速过快，有利于蚜虫虫害的发生；对新引进的种苗，严格检查，防止外地新害虫的侵入；结合修剪，将蚜虫栖居或虫卵潜伏过的残花、病枯枝叶彻底清除，集中烧毁（崔现亮，2019）。

物理防治：主要利用蚜虫对黄色较强的趋性，因地制宜布设黄色粘虫板诱杀有翅蚜，黄板粘满害虫后及时更换（潘琪 等，2023）。

生物防治：保护利用田间生物天敌或人工释放赤眼蜂、异色瓢虫、七星瓢虫、草蛉等生物天敌进行"以虫治虫"（刘先辉 等，2019；潘琪 等，2023）；在虫害发生前或初期，可使用1.5%天然除虫菊素稀释600~800倍进行预防喷洒，当虫害初见时，改为稀释400~600倍液喷雾处理，若虫口密度较高，则使用400倍液喷洒，每隔3d喷1次，连续喷施3次，可有效抑制虫情发展（卢振辉 等，2016；潘琪 等，2023）；另可选用0.5%苦参碱水剂500倍液进行喷雾（杨凤丽和林泉，2016），或采用7%胡椒粉喷洒液体作为替代性植物源驱虫剂（潘琪 等，2023）。对于蚜虫等特定害虫，也可使用6%鱼酮微乳剂或200亿孢子/g的球孢白僵菌悬浮剂（OD剂型）各50mL/亩进行生物防治，这些药剂兼具低毒性和生态安全性，适合在有机栽培或环境敏感区使用（刘迎 等，2021）。

化学防治：350g/L吡虫啉悬浮剂在蚜虫初发期喷施1次即可显著降低虫口数量，防效达94.1%，为推荐首选药剂（刘迎 等，2021）。此外，在蚜虫尚未暴发前，可使用

25%灭蚜唑乳油800倍液或50%灭蚜唑乳油1 000倍液进行轮换使用，每7d喷施1次，连续2~3次，有助于控制早期虫源（姜朝林 等，2016）。当虫害较轻、希望减缓抗性积累时，可选用5%虫乳油3 000倍液或50%抗蚜威可湿性粉剂3 000倍液喷雾作为低毒替代方案（杨凤丽和姚林泉，2016）。或蚜虫严重时，用5%啶虫脒乳油3 000倍液、50%抗蚜威可湿性粉剂3 000倍液（潘琪 等，2023）进行防治；或在虫卵孵化时，用20%杀灭菊酯乳油2 000~3 000倍液等喷杀，每隔7~10天喷洒1次，连续3~4次；大面积发生时用25%灭蚜唑乳油800倍液或50%灭蚜唑乳油1 000倍液（张文龙和曾桂萍，2014）喷洒防治。

三、红蜘蛛（叶螨）

（一）生物学特性及为害特点

红蜘蛛，亦称叶螨，属蛛形纲广腹亚纲蜱螨目叶螨科红蜘蛛属。其体型微小，体长0.1~2mm，体形近圆形或椭圆形，分节不明显，红蜘蛛身体由颚体部和躯体部组成；主要行两性生殖，亦可行孤雌生殖；一生分卵、幼螨、前期若螨、后期若螨和成螨5个阶段（崔现亮，2019）。红蜘蛛常在气温高、干燥时为害石斛，主要为害石斛的叶、茎、花等，刺吸汁液，同时吐丝结成薄网，抑制光合作用，使受害部位水分减少，表现失绿变白，叶表面呈现密集苍白的小斑点，卷曲发黄，严重时植株发生黄叶、焦叶、卷叶、落叶和死亡等现象；同时，红蜘蛛还是病毒病的传播介体（李朋 等，2016；毛文龙 等，2020；李媛媛 等，2021）。

（二）发生规律

红蜘蛛性喜干旱，当日平均气温在25℃以上，相对湿度在70%以下时繁殖最快，一年发生7~8代，一般在5月初至10月底发生，6—7月和8—9月连续干旱和气温较高时，虫口数量迅速增多，此期是为害盛期（柏文科 等，2019；刘先辉 等，2019；李媛媛 等，2021）。

（三）防治方法

红蜘蛛的防治可结合农业防治、生物防治和化学防治措施综合进行。

农业防治：首先需要在晚秋和早春清除地面杂草，地面撒石灰，杀死大部分越冬卵，减少越冬虫源，肥皂水喷洒叶片两面，形成薄薄的一层保护膜，预防螨类寄生，注意水肥管理，植物缺氮有利于红蜘蛛的大发生（柏文科 等，2019；刘先辉 等，2019）。

生物防治：可选择释放捕食螨、中华草蛉、食螨瓢虫等捕食性天敌控制红蜘蛛数量（崔现亮，2019；刘先辉 等，2019；毛文龙 等，2020）。

化学防治：可喷施40%三氯杀螨醇乳油1 000~1 500倍液防治（梁重坚和陈志权，2009；李媛媛 等，2021）；喷施1.8%阿维菌素乳油2 000倍液或0.5%藜芦碱可溶液剂300倍液防治（毛文龙 等，2020）；用40%三氯杀螨醇乳油1 000倍液等进行防治（汤久杨 等，2019）；用螺螨酯4 000~5 000倍液，或40%三氯杀螨醇乳油1 000~1 500倍液，或20%四螨嗪可湿性粉剂2 000倍液，或15%吡虫哒嗪乳油2 000倍液，或1.8%齐螨素乳油6 000~8 000倍防治（崔现亮，2019）。

四、蜗牛和蛞蝓

（一）生物学特性及为害特点

为害石斛的蜗牛和蛞蝓同属软体动物门腹足纲柄眼目，各地区的种类不一。蜗牛和蛞蝓身体分头、足和内脏团3部分，头部长而发达，有两对可翻转缩入的触角；足部发达；一般有广阔蹠面；有外套膜分泌形成的贝壳，但也有的退化（如蛞蝓）；雌雄同体，卵生。蜗牛和蛞蝓喜在潮湿、阴暗、多腐殖质的草丛、灌木丛、田埂、石缝中或落叶下生活；主要以植物为食，特别喜欢吃作物的细芽和嫩叶；对冷、热、饥饿、干旱有很强的忍耐性（卢振辉 等，2016；崔现亮，2019）。蜗牛为雌雄同体，异体交配，一年可繁殖多代（刘先辉 等，2019）。蛞蝓全年可发生2~6代，世代重叠，一年四季均能产卵繁殖（杨桂明，2012）。

蜗牛和蛞蝓主要为害石斛的嫩芽、花芽、花瓣、叶片和暴露根，被为害的植株形成不规则的缺刻和孔洞，为害新芽生长点，影响新芽萌发；舔食过的缺口处利于致病菌的侵入，导致石斛致病，爬过的地方有白色的黏稠液和青色的绳状粪便，严重影响石斛生长，严重时叶片被吃光，茎被咬断，导致植株死亡；一年内可多次为害，为害极大（杨凤丽和姚林泉，2016；刘先辉 等，2019；潘琪 等，2023）。

（二）发生规律

蜗牛常在夜晚或阴天交配，一般一年繁殖1~3代，在高温高湿季节繁殖快；蜗牛一般昼伏夜出，在石斛整个生长阶段都有可能发生，但以高温高湿天气为害最为严重（毛文龙 等，2020）。蛞蝓在石斛上发生普遍，且发生量大，一年内可多次发生，以成虫或幼虫在作物根部湿土下越冬，当气温在11.5~18.5℃，土壤含水量为20%~30%时，对其生长发育最为有利，5—7月在田间大量活动为害，入夏气温升高，活动减弱，秋季气候凉爽后，又活动为害，白天躲藏，夜间活动，天气湿润时，白天也出来为害（刘先辉 等，2019）。

（三）防治方法

蜗牛和蛞蝓可结合农业防治、物理防治和化学防治达到防治效果。

农业防治：保持栽培场所清洁，清除石块、杂草和落叶，防止成虫栖息产卵，尤其要注意排水，种植石斛的地方不能长期积水；在种植场所周边施放大量生石灰以防止其入侵（杨凤丽和姚林泉，2016；汤久杨 等，2019）。

物理防治：主要有人工捕杀和诱饵捕杀。人工捕杀主要在少量发生时早晚间进行（毛文龙 等，2020）。毒饵诱杀的主要方法，一是搓成末的馒头60%，炒焦的麦麸30%，白糖粉10%均匀拌好晾晒2h左右，傍晚时把百克威稀释600倍液再与馒头末混合，干湿度为用手搓一把馒头末没有水滴出为好，再滴入少许食醋拌匀，放在蜗牛和蛞蝓出没之地（梁重坚和陈志权，2009）；二是用胡萝卜、菜叶、豆叶、麸饼等盛在开口的器皿内作为诱饵，再集中杀死，也可用麸饼拌敌百虫作为诱饵进行诱杀（宁玲和宋国敏，2008；潘琪 等，2023）；三是用吡虫啉等药物浸泡黄瓜片、白菜叶或甜瓜等蜗牛喜食的植物材料，夜间放置于蜗牛活动区域（肖春宏 等，2014；汤久杨 等，2019），或用幼嫩的蔬菜叶诱食，然后拣除蔬菜叶集中销毁（杨桂明，2012）。

化学防治：可根据害虫活动习性，选择适当剂型与施药方式。对蜗牛与蛞蝓等软体害虫，常用颗粒剂类进行诱杀，如使用6%四聚乙醛颗粒剂250g/亩，或80.3%四聚乙醛颗粒剂150g/亩、0.75%氯硝柳胺颗粒剂250g/亩，在傍晚或夜间虫体活动前均匀撒施于田间或植株周围潮湿区域，每平方米30~40粒；必要时7d后追加1次，诱杀效果较好（李朋 等，2016；杨凤丽和姚林泉，2016）。若环境或虫体密度较大，也可选用喷雾型药剂进行快速压制，如四聚乙醛粉剂1 000倍液、敌百虫300倍液、6%嘧哒颗粒剂等均可用于叶面或地面喷洒，有效控制虫口密度（李华和张明娟，2005；宁沛恩，2012；李朋 等，2016）。整体防治中建议与物理清洁、人工诱杀等方法结合使用，并结合傍晚施药时机，可有效提升综合防治效果（张文龙和曾桂萍，2014）。

五、斜纹夜蛾

（一）生物学特性及为害特点

斜纹夜蛾又名莲纹夜蛾、斜纹夜盗蛾，俗称花虫、黑头虫，属鳞翅目夜蛾科，成虫体长14~20mm，翅展30~40mm，深褐色。前翅灰褐色，前翅环纹和肾纹之间有3条白线组成明显的较宽斜纹，自基部向外缘有1条白纹，外缘各脉间具黑点。卵馒头状、块产，表面覆盖棕黄色的疏松绒毛。幼虫体长35~47mm，体色多变，从中胸到第九腹节上有近似三角形的黑斑各1对，其中第一腹节、第七腹节、第八腹节上的黑斑最大。腹足4对。蛹长15~20mm，腹背面第4~7节近前缘处有一小刻点，有1对强大的臀刺（肖春宏 等，2014；姚志军 等，2015）。成虫具有昼伏夜出的习性，白天多潜伏于植株茂密叶丛、土缝或杂草堆中，傍晚开始活动，飞行力较强。它们不仅对黑光灯表现出明显的趋光性，还对糖、醋、酒等发酵气味以及胡萝卜、麦芽、豆饼、牛粪等有较强的趋化性（杨桂明，2012；姚志军 等，2015）。在繁殖过程中，成虫多选择植物中下部叶片背面产卵，通常呈多层排列，以利卵块隐蔽和幼虫孵化。孵化后的低龄幼虫表现出明显的群集为害特性，并具有假死性。随着虫龄的增加，幼虫趋向分散取食，老龄幼虫则多于白天藏匿于阴暗处，夜间外出取食，同时具有一定的自相残杀行为（潘琪 等，2023）。当幼虫发育至老熟阶段后，通常在栽培基质下化蛹，经过7～14d的蛹期后羽化为成虫，完成其一代生活史。

斜纹夜蛾主要以幼虫对石斛植株造成为害，取食叶、嫩茎、花蕾、花及果实；初孵幼虫聚集在卵块附近，取食下表皮与叶肉，留下叶脉与上表皮；2龄末期吐丝下垂，随风扩散，为害植株幼嫩组织，幼虫4龄后食量骤增，进入暴食期；白天一般潜伏在石斛基质里面，黄昏时出来取食叶片及幼芽，造成叶片及幼芽缺失，仅留主脉，严重时可将石斛植株吃光，并排泄粪便，造成污染和腐烂（杨凤丽和姚林泉，2016；刘迎 等，2021；涂安君，2021）。

（二）发生规律

斜纹夜蛾是一种间歇性发生的暴食性害虫，常在夜间取食，喜温、喜湿，一年发生5～6代，世代重叠。发生期为4—11月，7—10月为高发期，11月以后停止为害（姚志军 等，2015；刘先辉 等，2019；涂安君，2021）。

（三）防治方法

斜纹夜蛾的防治可综合农业防治、物理防治、生物防治和化学防治达到绿色防控效果。

农业防治：合理布局，抑制虫源，建立标准化种植基地，斜纹夜蛾虫害发生严重时，应尽量避免连作，必要时更换基质；科学管理，按照铁皮石斛的生长特性合理施肥浇水，促进植株健康生长，增强抗病虫能力；清洁种植区，及时清除杂草并消灭潜在的害虫，石斛采收后应将落叶全部带出种植区，并集中烧毁（姚志军 等，2015；刘先辉 等，2019）。

物理防治：清除周边杂草，有条件可安装防虫网，以防成虫飞入产卵；利用该虫多产卵于背面叶脉分杈处和初孵幼虫群集的特点，在农事操作中摘除卵块和幼虫群集叶，或用敌杀死拌菜叶诱杀（刘先辉 等，2019；毛文龙 等，2020）；利用成虫的趋光性和趋糖醋性特点，可使用太阳能杀虫灯或频振式杀虫灯和糖醋盆等工具诱杀成虫，或用性引诱剂进行诱杀（毛文龙 等，2020；潘琪 等，2023）。

生物防治：利用黑卵蜂、赤眼蜂、小茧蜂、广大腿蜂、姬蜂和蜘蛛等天敌防治斜纹夜蛾；利用生物农药防治斜纹夜蛾，目前已成功应用的生物农药主要有苏云金杆菌、核型多角病毒、昆虫病原线虫和微孢子虫、抗生素、昆虫生长调节剂及植物源杀虫剂等；

利用蓖麻、番茄、棉花、白菜和薄荷等诱集植物来防治斜纹夜蛾（姚志军 等，2015）。

化学防治：应根据不同虫龄与防治目标选用相应药剂。在幼虫发生初期（特别是3龄前），推荐使用高效内吸性或胃毒性药剂快速控制虫口密度。如2%甲氨基阿维菌素苯甲酸盐乳油、5%氯虫苯甲酰胺悬浮剂、10%虫螨腈悬浮剂或150g/L茚虫威乳油等，按说明浓度喷雾处理，可显著提高防治效率（杨凤丽和姚林泉，2016；潘琪 等，2023）。对于虫害较重或混合虫态田块，可选用常规化学杀虫剂，如2.5%三氟氯氰菊酯乳油、2.5%联苯菊酯乳油（4 000～5 000倍液）、20%甲氰菊酯乳油（3 000倍液）、25%灭幼脲悬浮剂（1 000倍液）等药剂喷雾，可通过接触和抑制蜕皮机制抑杀幼虫（刘先辉 等，2019）。此外，阿维菌素4 000倍液亦可用于常规喷施，作为快速补救处理（李朋 等，2016）。在生态安全或绿色生产体系中，建议优先使用生物源农药或微生物制剂。例如10亿PIB/g斜纹夜蛾多角体病毒水分散粒剂1 000倍液、110亿孢子/g苏云金杆菌可湿性粉剂2 000倍液、乙基多杀菌素悬浮剂3 000倍液等，具有良好的专一性和持效性，适合在害虫低龄阶段施用（毛文龙 等，2020）。低毒植物源药剂如1.5%天然除虫菊素500倍液、0.3%～1.2%苦参碱、烟碱水剂200倍液亦适用于环境敏感区，施药应间隔10d，连续使用2～3次（杨桂明，2012）。为提高防效，应结合害虫活动规律，选择傍晚或清晨喷施，注意轮换用药以延缓抗性产生，同时避免与碱性农药混用。

近年来，随着石斛保健、药用和观赏以及生态价值的普及，其经济价值日益彰显，石斛种植的产业规模日益壮大。栽培种植品种日益繁多，种植面积不断扩大，种植方式多样，种植区遍布东西南北，因而在不同种植区，其病虫害的种类、发生规律、为害特点和适宜防治措施均可能产生差异。因而在开展病虫害防治实践过程中需加强病原和害虫的检测和监测，尤其是尚未明确病原和害虫种类以及新发病虫害的检测、监测和研究，充分掌握病虫害发生规律，以开展针对性防治措施，提高防治效果；加强环境监测和保护，因地制宜制定病虫害防控对策，消除不利环境因素，充分利用有益环境资源防病控虫，保护生态，降低防治成本；最大限度发挥农业防治、物理防治和生物防治措施效用，加强农药残留和抗性监测，轮换选用高效低毒防治药剂，确保病虫害防治效果以及产品质量和食药安全。

参考文献

敖光志，2021.金沙县铁皮石斛林下仿野生种植主要病虫害及防治措施[J].河南农业（14）：22-23.

柏文科，陈胜明，蒋武轩，等，2019.汉中市铁皮石斛设施栽培主要病虫害及其防治方法[J].陕西农业科学，65（1）：101-102.

曹琦，王学平，2015.药用铁皮石斛常见病虫害及其防治[J].现代农业科技（13）：154-155.

柴昀菲，2023. 普洱市石斛产业发展现状调查及对策研究[M]. 昆明：云南农业大学.

崔现亮，2019. 石斛栽培技术[M]. 北京：北京大学出版社.

陈尔，王华新，陈宝玲，等，2015. 铁皮石斛病虫害调查及防治技术[J]. 湖北植保（5）：23-26.

陈秋燕，陈东红，石艳，等，2019. 铁皮石斛白绢病发生规律研究[J]. 中国中药杂志，44（9）：1789-1792.

程萍，郑燕玲，黎永坚，等，2008. 石斛兰镰刀菌叶斑病的生物防治研究[J]. 中国农学通报，24（9）：357-361.

戴德江，沈颖，沈瑶，等，2019. 浙产特色中药材病虫害化学防治的研究进展[J]. 农药学学报，21（5-6）：759-771.

董诗韬，2005. 石斛主要病害及其综合防治技术[J]. 林业调查规划（1）：76-79.

郭真香，王晓敏，廖逊，等，2021. 贵州铁皮石斛产业化生态栽培中主要病害的发生规律及防治研究进展[J]. 山地农业生物学报，40（2）：54-59.

姜朝林，张芳，邓贤芬，等，2016. 金钗石斛原生态集约化栽培病虫害防治方法[J]. 植物医生，29（3）：65-67.

蒋平，唐华，2014. 大棚栽培铁皮石斛常见病害及防治方法[J]. 植物医生，27（6）：24-25.

孔德章，杨平飞，莫远琪，等，2020. 药用石斛黑斑病及其防治[J]. 农技服务，37（7）：85-87.

孔德章，张广，吴明开，2020. 铁皮石斛白绢病及其防治[J]. 农技服务，37（8）：63-64.

李戈，李荣英，高微微，2013. 药用石斛规模化种植中的病害问题及防治策略[J]. 中国中药杂志，38（4）：485.

李桂琳，白燕冰，周侯光，等，2017. 云南德宏石斛病虫害发生情况调查报告[J]. 中国热带农业（1）：50-55.

李海明，王伟英，林江波，等，2017. 大棚铁皮石斛主要病害的发生与防治[J]. 中国园艺文摘，33（6）：223-224.

李华，张明娟，2005. 石斛的栽培管理及病虫害防治[J]. 植物医生，18（1）：25.

李朋，李国祥，王长愉，2016. 滇西南铁皮石斛常见病虫害防治措施[J]. 云南农业科技（6）：45-47.

李向东，王云强，王卉，等，2013. 铁皮石斛软腐病的生物防治[J]. 中国药学杂志，48（19）：1669-1673.

李扬，任建武，史秋杰，等，2016. 北京地区温室栽培铁皮石斛炭疽病防治[J]. 中国园艺文摘（8）：160-161.

李媛媛，邹军，杨朔，等，2021. 兰科植物保育病虫害现状及防治[J]. 农业与技术，41

（3）：16-18.

梁重坚，陈志权，2009. 铁皮石斛组培小苗驯化和病虫害防治技术[J]. 农家之友（理论版）（3）：42-45.

刘先辉，洪海林，冯海明，等，2019. 铁皮石斛主要害虫的发生与防治[J]. 植物医生，32（4）：74-77.

刘迎，陈青，梁晓，等，2021. 海口羊山地区金钗石斛病虫害种类调查与药剂防治[J]. 热带农业科学，41（3）：106-112.

卢振辉，李明焱，王伟杰，等，2016. 铁皮石斛主要病虫害及其非化学农药防治[J]. 浙江农业科学，57（1）：123-126.

毛文龙，陈玲菱，刘涛，等，2020. 杭州地区设施大棚铁皮石斛主要病虫害绿色防控技术[J]. 现代园艺（16）：54-55.

宁玲，宋国敏，2008. 药用石斛病虫害的发生与防治[J]. 普洱高等师范专科学校学报，24（6）：10-11.

宁沛恩，2012. 容县铁皮石斛病虫害发生情况及防治措施初报[J]. 广西植保，25（1）：20-23.

潘琪，王奎，蔡卫东，等，2023. 黔南州林下铁皮石斛主要病虫害发生特点及绿色防控技术[J]. 农业灾害研究，13（10）：55-57.

桑维钧，李小霞，练启仙，等，2007. 赤水金钗石斛黑斑病菌生物学特性及防治研究[J]. 云南大学学报（自然科学版）（1）：90-93.

石宗维，杨天友，卢志宏，2020. 铁皮石斛人工栽培中蜗牛的防治措施[J]. 内蒙古科技与经济（4）：92-93.

宋喜梅，李国平，何衍彪，等，2012. 铁皮石斛人工栽培主要病虫害防治[J]. 安徽农业科学，40（32）：15697-15698+15714.

孙光忠，匡辉，韩英，等，2024. 4种杀菌剂对铁皮石斛白绢病的防治效果[J]. 湖北植保（5）：35-36+40.

汤久杨，陈兰芬，马喆，2019. 北方地区铁皮石斛病虫害综合防控技术[J]. 北京农业职业学院学报，33（5）：22-27.

涂安君，2021. 铁皮石斛高效栽培及病虫害绿色防控技术探究[J]. 南方农业，15（23）：46-47.

王凤忠，王东晖，2015. 石斛[M]. 北京：中国农业科学技术出版社.

文味香，2018. 人工种植铁皮石斛主要有害生物及防治措施[J]. 吉林农业（11）：65-66.

席刚俊，徐超，史俊，等，2011. 石斛植物病害研究现状[J]. 山东林业科技（5）：96-98+95.

席刚俊，杨鹤同，赵楠，等，2017. 中国铁皮石斛白绢病的研究[J]. 西部林业科学，46（3）：89-95.

肖春宏，杨波，王朝雯，2014. 人工种植铁皮石斛主要病虫害及防治措施——以云南省临沧市为例[J]. 植物医生，27（1）：22-24.

谢昀烨，方丽，王连平，等，2017. 浙江省铁皮石斛病害的发生及调查[J]. 浙江农业科学，58（10）：1757-1759+1762.

姚志军，周侯光，罗仁山，2015. 铁皮石斛斜纹夜蛾的发生与防治[J]. 中国热带农业（3）：50-52.

杨凤丽，姚林泉，2016. 温室栽培铁皮石斛主要病虫害及其绿色防控技术模式探讨[J]. 中国农技推广，32（4）：59-62.

杨桂明，2012. 石斛主要病虫害及防治技术[J]. 云南农业科技（2）：56-57.

杨莹，姜朝林，杨光灿，等，2020. 金钗石斛绿色防控与统防统治融合示范技术浅析[J]. 南方农业，14（23）：135-136.

杨志娟，陈冠铭，柯用春，等，2013. 热带洋兰秋石斛的主要病害及其防治[J]. 现代园艺（11）：66-67.

曾宋君，2005. 石斛兰病害防治技术[J]. 花木盆景（花卉园艺）（9）：28-29.

曾宋君，刘东明，2003. 石斛兰的主要病害及其防治[J]. 中药材，26（7）：471-474.

张继鹏，邢梦玉，2007. 海南岛文心兰、石斛兰病虫害调查[J]. 华南热带农业大学学报，13（4）：24-27.

张敬泽，郑小军，2004. 铁皮石斛黑斑病病原菌的鉴定和侵染过程的细胞学研究[J]. 植物病理学报（1）：92-94.

张文龙，曾桂萍，2014. 贵州石斛人工栽培常见病虫害发生规律及防治措施[J]. 时珍国医国药，25（4）：950-952.

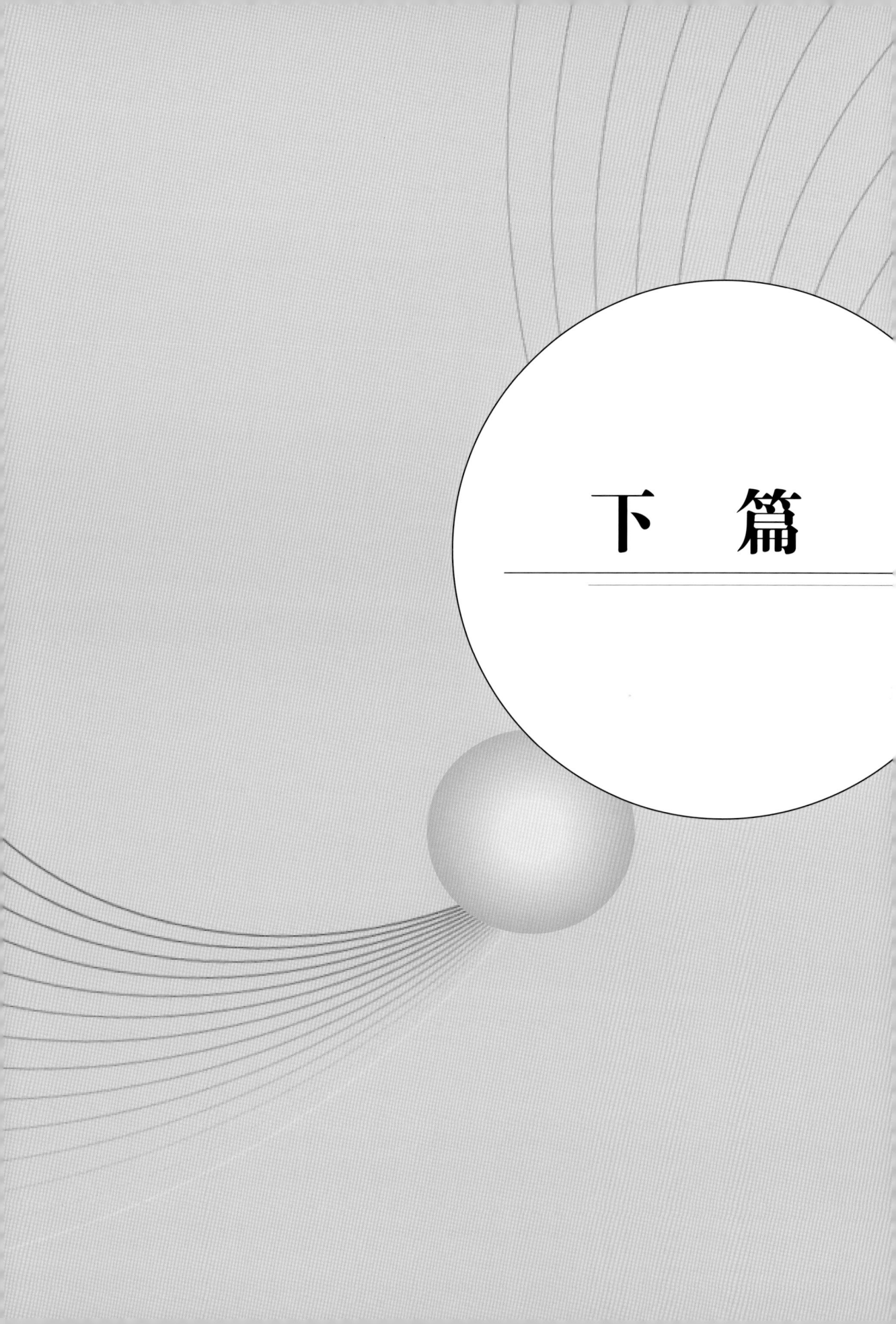

第五章　石斛多样性及其图鉴

1 矮石斛

【拉丁学名】*Dendrobium bellatulum* Rolfe

【别　　称】小美石斛（尚志梅 等，2019）、黑节草、锈石斛、矮石斛兰。

【分布范围】国内分布于云南东南部至西南部（屏边、蒙自、思茅、勐海、景东、澜沧、凤庆）；国外主要分布于印度东北部、缅甸、泰国、老挝、越南。生于海拔1 250～2 100m的山地疏林中树干上。

【形态特征】

茎：茎直立或斜立，粗短，纺锤形或短棒状，丛生。长2～5cm，中部粗3～18mm，具许多波状纵条棱，通常2～5节（裘汉幸和杨锦鑫，1998），节间长5～10mm。

叶：叶2～4枚，近顶生，革质，舌形，卵状披针形或长圆形，长15～40mm，宽10～13mm，先端钝并且不等侧2裂，基部下延为抱茎的鞘，两面和叶鞘均密被黑色短毛，至少幼时如此。

花：总状花序顶生或近茎的顶端发出，花序轴长5～7mm，具1～3朵花；花序柄长2～3mm；花苞片膜质，卵状披针形，长7～10mm；花梗和子房长约2.5cm；花开展，除唇瓣的中裂片金黄色和侧裂片的内面橘红色外，其余均为白色；中萼片卵状披针形，长约2.5cm，宽约1cm，先端急尖，具7条脉；侧萼片斜卵状披针形，长2.5cm，宽1cm，先端急尖，具7～8条脉；萼囊宽圆锥形，长约1cm；花瓣倒卵形，等长于中萼片而较宽，先端近圆形，具5条脉；唇瓣近提琴形，长约3cm，3裂；侧裂片近半卵形；中裂片近肾形，下弯，先端浅2裂；唇盘具5条脊突，在脊突上和脊突之间具有不规则的疣突；蕊柱长约5mm；药帽圆锥形，密被乳突；花期4—6月。

果实与种子：蒴果。

【功效应用】

性味归经：味甘、淡，性微寒；归胃经。

临床应用：有滋阴养胃、生津止渴等功效，用于热病伤津、口干烦渴、病后虚热（尚志梅 等，2019）。

【图示鉴别】

主要参考文献

裘汉幸，杨锦鑫，1998. 石斛新伪品矮石斛的生药鉴别[J]. 中国药业（7）：58.

尚志梅，成蕾，刘贵园，等，2019. 矮石斛化学成分研究[J]. 中草药，50（9）：2036-2040.

2 版纳石斛

【拉丁学名】*Dendrobium bannaense* Y. Q. Tian & Y. B. Huang

【别　　称】无。

【分布范围】国内分布于云南（勐海、红河）、贵州、广西（大新、龙州、玉林、百色）、贵州西南部（册亨）。生于海拔270～1 400m的石灰岩山次生常绿阔叶林中树干上。

【形态特征】

茎：茎假鳞茎状，密集或丛生，多少两侧压扁状，纺锤形或卵状长圆形，通常2～5节，长1～5cm，粗5～15mm，顶生1枚叶，基部收狭，干后淡黄褐色，具光泽；节间长0.5～2cm，被白色膜质鞘。

叶：叶革质，狭长圆形，长3～8cm，宽6～30mm，先端钝并微凹，基部收狭但不下延为鞘，边缘多少波状。

花：花序侧生在老的无叶茎上，具1朵花；花序几乎无梗，花序柄长仅约1mm；花苞片膜质，宽卵形，长2.5mm，先端锐尖；花梗和子房略带棕紫色；长3.1cm。花朵平展，稍有香味，萼片和花瓣紫色，唇瓣白色带有紫色条纹，蕊柱白色带紫色光晕，药帽紫色；中萼片卵状狭椭圆形，长2.8cm、宽1.0cm，先端近圆形；侧萼片卵状长圆形，长3.0cm、宽1.0cm，先端渐尖；萼囊圆锥形，长7.0mm，先端钝。花瓣卵状椭圆形，长2.8cm、宽1.3cm，先端锐尖，基部具短爪，边缘具小齿；唇瓣近宽倒卵形，长3.1cm、宽4.0cm，中部以下两侧合抱蕊柱，两面密被柔毛，边缘具流苏状小齿；花盘具3个纵向褶片，从基部向中上部延伸，中下部加厚，在唇爪接合处膨大成胼胝体。蕊柱长4mm，脚长7.0mm；花粉4粒聚合为2对，呈长方形，排列紧密，具黏性，形成2个花粉块。

果实与种子：蒴果。

【功效应用】

性味功效：味甘，性微寒；归胃、肾经。

临床应用：具有抗氧化作用，可保护细胞免受损伤，延缓衰老；具有免疫调节作用，可促进淋巴细胞的增殖和活性，提高人体抵抗力，减少感染和炎症的发生；具有保护肝脏的作用，可促进肝细胞的再生和修复，抑制肝细胞的坏死和纤维化，降低肝炎和肝病的风险；具有镇静和安神的作用，可以降低中枢神经系统的兴奋性，缓解焦虑和紧张情绪，改善睡眠质量。患有温热病，或者是温湿病的人不可以使用。

【图示鉴别】

3 棒节石斛

【拉丁学名】*Dendrobium findlayanum* E. C. Parish & Rchb. f.

【别　　称】蜂腰石斛。

【分布范围】国内分布于云南（勐腊）；国外分布于缅甸、泰国、老挝。生于海拔800~900m的山地疏林中树干上。

【形态特征】

茎：茎直立或斜立，通常长约20cm，粗7~10mm，不分枝，具数节；节间扁棒状或棒状，长3~3.5cm，基部常宿存纸质叶鞘。

叶：叶革质，互生于茎的上部，披针形，长5.5~8cm，宽1.3~2cm，先端稍钝并且不等侧2裂，基部具抱茎的鞘。

花：总状花序通常从落了叶的老茎上部发出，具2朵花；花序柄长6~16cm，基部被长约5mm的膜质鞘；花苞片膜质，卵状三角形，长约6mm；花梗和子房淡玫瑰色，长5~6cm；花白色带玫瑰色先端，开展；中萼片长圆状披针形，长3.5~3.7cm，宽9mm，先端近钝尖，具5条脉；侧萼片卵状披针形，长3.5~3.7cm，宽9mm，先端近急尖，具5条脉；萼囊近圆筒形，长5mm；花瓣宽长圆形，长3.5~3.7cm，宽1.8cm，先端急尖，基部稍收狭为短爪，具5条脉；唇瓣近圆形，凹的，宽约2.4cm，先端锐尖带玫瑰色，基部两侧具紫红色条纹；唇盘中央金黄色，密布短柔毛；蕊柱前面具紫红色条纹，长约8mm；药帽白色，顶端圆钝；花期3月。

果实和种子：蒴果。

【功效应用】

性味功效：味甘、淡，性微寒；归胃、肺经。

临床应用：滋阴清热、生津益胃、润肺止咳；滋养肌肤，提高抵抗力，缓解疲劳；抑制体外肿瘤（秦向东 等，2011）。

【图示鉴别】

主要参考文献

秦向东，宁玲，闫小颜，2011. 棒节石斛中的多糖分布及提取工艺研究[J]. 云南农业大学学报（自然科学版），26（3）：430-433.

4 报春石斛

【拉丁学名】*Dendrobium polyanthum* Wall. ex Lindl.

【别　　称】苦草石斛。

【分布范围】国内主要分布于云南东南部至西南部（文山、思茅、勐腊、勐海、龙陵、镇康）；国外分布于印度、尼泊尔、缅甸、泰国、老挝、越南等地。生于海拔700~1 800m的山地疏林中树干上。

【形态特征】

茎：茎下垂，厚肉质，圆柱形，通常长20~35cm，粗8~13mm，不分枝，具多数节，节间长2~2.5cm。

叶：叶纸质，二列，互生于整个茎上，披针形或卵状披针形，长8~10.5cm，宽2~3cm，先端钝并且不等侧2裂，基部具纸质或膜质的叶鞘。

花：总状花序具1~3朵花，通常从落了叶的老茎上部节上发出；花序柄着生的茎节处呈舟状凹下，长2mm，基部被3~4枚长2~3mm的膜质鞘；花苞片浅白色，膜质，卵形，长5~9mm，先端钝；花梗和子房黄绿色，长2~2.5cm；花开展，下垂；萼片和花瓣淡玫瑰色；中萼片狭披针形，长3cm，宽6~8mm，先端近锐尖，具3~5条脉；侧萼片与中萼片同形而等大，先端近锐尖，基部歪斜，具3~5条脉；萼囊狭圆锥形，长5mm，末端钝；花瓣狭长圆形，长3cm，宽7~9cm，先端钝，具3~5条脉，全缘；唇瓣淡黄色带淡玫瑰色先端，宽倒卵形，长小于宽，宽约3.5cm，中下部两侧围抱蕊柱，边缘具不整齐的细齿，两面密被短柔毛，唇盘具紫红色的脉纹；蕊柱白色，长约3mm；药帽白色，椭圆状圆锥形，顶端多少凹的，密布乳突状毛，前端边缘宽凹缺；花期3—4月；花多色艳，花姿优雅，具有较高的观赏价值（仇硕 等，2019）。

果实和种子：蒴果。

【功效应用】

性味功效：味甘，性微寒；归胃经。

临床应用：含丰富的石斛多糖，具有增强T细胞及巨噬细胞免疫活性的作用，能明显促进巨噬细胞的功能，提高巨噬细胞的吞噬作用；能促进胃液分泌，助消化，并能增强小肠蠕动，有利于软化大便和排便。茎或花煎液可使胃酸水平明显提高，从而使血中胃泌素浓度增高，可用于慢性胃炎的治疗；可入傣药，具有清热除湿、消肿止痛、杀虫止痒、补土滋水等功效（梅媛 等，2014）。

【图示鉴别】

主要参考文献

梅媛，叶庆华，杨培明，等，2014. 报春石斛化学成分研究[J]. 中国医药工业杂志，45（3）：224-228.

仇硕，赵健，赵志国，等，2019. 报春石斛组培快繁技术体系的建立[J]. 北方园艺（3）：78-83.

5 杯鞘石斛

【拉丁学名】*Dendrobium gratiosissimum* Rchb. f.

【别　　称】甘节草（梁林波 等，2017）。

【分布范围】国内分布于云南南部（勐腊、勐海、景洪、思茅、澜沧）；国外分布于印度东北部、缅甸、泰国、老挝、越南（梁林波 等，2017）。生于海拔800～1 700m的山地疏林中树干上。

【形态特征】

茎：茎呈细圆柱形或扁圆柱形，不分枝，上部呈"之"字形弯曲，长2.3～20cm，直径0.2～0.4cm；茎节处稍膨大，具2～9节，节间长0.9～2.1cm；表面棕黄色，有细密浅纵皱纹，茎下部节残留叶鞘，灰白色、膜质（李涛 等，2017）。

叶：叶纸质，长圆形，长8～11cm，宽15～18mm，先端稍钝并且一侧钩转，基部具抱茎的鞘；叶鞘干后纸质，鞘口杯状张开。

花：总状花序从落了叶的老茎上部发出，具1～2朵花；花序柄长3～5mm，基部被2～3枚鞘；鞘纸质，宽卵形，长3～5mm，先端钝，干后浅白色；花苞片纸质，宽卵形，长7～10mm，先端钝；花梗和子房淡紫色，长约2cm；花白色带淡紫色先端，有香气，开展，纸质；中萼片卵状披针形，长2.3～2.5cm，宽7～8mm，先端急尖或稍钝，具7条脉；侧萼片与中萼片近圆形，等大，先端急尖，基部歪斜，具7条脉；萼囊小，近球形，长约3mm；花瓣斜卵形，长2.3～2.5cm，宽1.3～1.4cm，先端钝，基部收狭为短爪，全缘，具5条主脉和许多支脉；唇瓣近宽倒卵形，长2.3cm，宽2cm，先端圆形，基部楔形，其两侧具多数紫红色条纹，边缘具睫毛，上面密生短毛，唇盘中央具1个淡黄色横生的半月形斑块；蕊柱白色，正面具紫色条纹，长约4mm；药帽白色，近圆锥形，密生细乳突，前端边缘具不整齐的齿；花期4—5月。

果实与种子：蒴果卵球形，长约3cm，粗1.3～1.6cm；果期6—7月。

【功效应用】

性味归经：味淡性，微寒；归胃、肺经（李涛 等，2017）。

临床应用：滋阴养肺养胃，对于口干舌燥、舌红苔、干咳少痰、食少纳呆、大便干结有一定的作用；临床多用于热病津伤，胃阴不足，食少干呕，病后虚热不退，阴虚火旺，骨蒸劳热，目暗不明，筋骨痿软等（孙佳玮 等，2020；高巍 等，2015）。

【图示鉴别】

主要参考文献

高巍，杨柳，李慧慧，等，2015. 杯鞘石斛的化学成分研究[J]. 中国现代中药，17（4）：311-314.

李涛，张训，汪元娇，2017. 不同品种石斛药材鉴别特征研究[J]. 亚太传统医药，13（8）：39-41.

梁林波，王仕玉，杨建华，等，2017. 杯鞘石斛链格孢病菌生物学特性[J]. 浙江农业学报，29（11）：1862-1867.

孙佳玮，刘继梅，陈日道，等，2020. 杯鞘石斛中联苄类化学成分研究[J]. 中国中药杂志，45（20）：4929-4937.

6 本斯石斛

【拉丁学名】*Dendrobium bensoniae* Rchb. f.

【别　　称】无。

【分布范围】主要分布于印度、泰国和缅甸。生于海拔450～1 550m的常绿阔叶林中树干上或山谷岩石上。

【形态特征】

茎：茎粗壮，通常棒状或纺锤形，长25～40cm，粗达2cm，下部常收狭为细圆柱形，不分枝，有时棱不明显，干后淡褐色并且带光泽。

叶：叶革质，长圆状披针形，长4～6cm，宽2cm，先端急尖，基部不下延为抱茎的鞘。

花：总状花序，自茎上部节点长出；花白色，开展；萼片和花瓣为白色，萼片窄而尖，花瓣宽而圆；唇瓣的中心呈金色，基部两侧各具有一个较大的紫色斑点；蕊柱粗短，蕊柱足较长，长于蕊柱；药帽白色，呈圆锥形，密被乳突，药帽前段较平，中部有凹痕，延伸至药帽尾部，药帽的内面有一层包裹花粉团的花药壁；花药4枚花粉团，呈心形，黄色，单枚花粉团长条形；花有淡淡清香味；花期5—6月。

果实与种子：蒴果。

【功效应用】

性味功效：味甘、淡，性微寒；归胃、肺经。

临床应用：内含较为丰富的抗氧化成分，在日化香精和清除自由基以及抗氧化药物的应用方面具有较好的前景（杨宇涵 等，2021）。

【图示鉴别】

主要参考文献

杨宇涵，谢雯婷，赵杰，等，2021. 本斯石斛花的香气成分及抗氧化活性研究[J]. 天然产物研究与开发，33（8）：1292-1300.

7 杓唇石斛

【拉丁学名】*Dendrobium moschatum*（Buch.-Ham.）Sw.

【别　　称】卵唇石斛。

【分布范围】国内分布于云南南部至西部（景洪、勐海、瑞丽）；国外主要分布于印度东北部和西北部、尼泊尔、不丹、缅甸、泰国、老挝、越南。生于海拔达500～1 500m的疏林中树干上（黄卫昌 等，2010）。

【形态特征】

茎：茎粗壮，质地较硬，直立，圆柱形，长达1m，粗6～8mm，不分枝，具多节，节间长约3cm。

叶：叶革质，二列，互生于茎的上部，长圆形至卵状披针形（马良 等，2019），长10～15cm，宽1.5～3cm，先端渐尖或不等侧2裂，基部具紧抱于茎的纸质鞘。

花：总状花序出自上年生具叶或落叶的茎近端，下垂，长约20cm，疏生数朵至10余朵花；花序柄长约5cm，基部具4枚套叠的杯状鞘；花苞片革质，长圆形，长12～20mm，宽3～5mm，先端钝；花梗和子房长达5cm；花深黄色，白天开放，晚间闭合，质地薄；中萼片长圆形，长2.4～3.5cm，宽1.1～1.4cm，先端钝，具6～7条脉；侧萼片长圆形，长2.4～3.5cm，宽9～10mm，先端稍锐尖，具5条脉，基部稍歪斜；萼囊圆锥形，短而宽，长约6mm；花瓣斜宽卵形，长2.6～3.5cm，宽1.7～2.3cm，先端钝，具7条脉；唇瓣圆形，边缘内卷而形成杓状，长2.4cm，宽约2.2cm，上面密被短柔毛，下面无毛，唇盘基部两侧各具1个浅紫褐色的斑块；蕊柱黄色，长约4mm，具长约4mm的蕊柱足；药帽紫色，圆锥形，上面光滑，前端边缘具不整齐的细齿；花期4—6月。

果实与种子：蒴果。

【功效应用】

性味功效：味甘、淡，性寒；归胃经。

临床应用：富含多种活性物质，如多糖、多酚、黄酮类物质等，具有很强的抗氧化作用。含有的杓唇石斛素是一种联苄类化合物，具有抗肿瘤活性以及诱导人类结肠癌细胞凋亡的活性（周婧 等，2010），还有抑制血管新生、抗突变、抗炎等多种功能（关丽 等，2021）。

【图示鉴别】

主要参考文献

关丽，王春阳，赵惠茹，等，2021. 杓唇石斛素类似物的合成及其抗炎活性[J]. 中国药科大学学报，52（2）：171-176.

黄卫昌，殷丽青，胡永红，等，2010. 杓唇石斛的种子培养与扩繁[J]. 植物生理学通讯，46（11）：1185-1186.

马良，陈松泉，庄莉彬，2019. 35种石斛兰观赏价值评价[J]. 亚热带植物科学，48（3）：269-273.

周婧，许志良，孔宏伟，等，2010. 不同石斛枫斗中酚酸类活性成分的比较及杓唇石斛素和石斛酚含量的测定[J]. 色谱，28（6）：566-571.

8 草石斛

【拉丁学名】 *Dendrobium compactum* Rolfe ex W. Hackett

【别　　称】 小密石斛。

【分布范围】 国内分布于云南南部至西南部（勐腊、思茅、景洪、澜沧、凤庆）；国外分布于缅甸、泰国。生于海拔1 650～1 850m的山地阔叶林中树干上。

【形态特征】

茎：茎肉质，圆柱形或多少纺锤形，长1.5～3cm，连同叶鞘粗4～5mm，具3～6节，当年生的被叶鞘所包裹，上年生的当叶鞘腐烂后呈现金黄色。

叶：叶二列，2～5枚，互生，茎下部叶较上部短小，草质，长圆形，长1～2.5cm，宽4～6mm，先端钝并且不等侧2裂，基部扩大为鞘；叶鞘偏鼓状，纸质，疏松抱茎，鞘口斜截。

花：总状花序1～5个，直立，顶生或侧生于当年生的茎上部，不高出叶外，通常长1～2cm，具3～6朵小花；花苞片卵状披针形，长2～3mm，宽约1mm，先端急尖，具1条脉；花梗和子房长4mm；花白色，开展；中萼片卵状长圆形，长约4mm，宽1.8mm，先端急尖，具3条脉；侧萼片斜三角状披针形，长4mm，基部歪斜，宽达3.5mm，先端急尖，具3～4条脉；萼囊圆锥形；花瓣近圆形，长4mm，宽1.7mm，先端急尖，边缘微波状；唇瓣浅绿色，近圆形，长5mm，宽约4mm，不明显3裂；侧裂片半圆形，中部以上边缘具细齿；中裂片宽卵状三角形，先端短尖，边缘鸡冠状皱褶；唇盘具2～3条褶片连成一体的肉脊，其先端稍收窄；蕊柱长约2mm，上端扩大；药帽短圆锥形，前端边缘微缺刻；花期9—10月。

果实与种子：蒴果，卵球形，粗约5mm，具3个棱。

【功效应用】

性味功效：味甘、淡，性寒；归胃、肺经。

临床应用：益胃生津、滋阴清热。具有调节平滑肌的作用；对心脏功能有抑制作用，大剂量可降低心肌收缩力，降低血压并抑制呼吸；可增强机体免疫功能，延缓衰老；对白内障不仅有延缓作用，而且也有一定的治疗作用；对酶活性异常变化有抑制或纠正作用；中等程度升高血糖，尚有微弱的止痛退热作用；有一定解热作用。动物试验表明，其煎剂能促进胃液分泌，有助消化作用；大剂量时有抑制心脏、降低血压、抑制呼吸等作用，可引起中等程度的血糖升高；体外试验能抑制金黄色葡萄球菌，对孤儿病毒所致的细胞病变有延缓作用。

【图示鉴别】

9 叉唇石斛

【拉丁学名】*Dendrobium stuposum* Lindl.

【别　　称】长柔毛石斛。

【分布范围】国内分布于云南南部至西南部（勐海、景洪、绿春、腾冲）；国外分布于不丹、印度东北部、缅甸、泰国。生于海拔约1 800m的山地疏林中树干上。

【形态特征】

茎：茎圆柱形或有时多少呈棒状，长5~30cm，粗3~6mm，下部收狭，具5~17节，节间长1.5~2.5cm，具多数纵条棱。

叶：叶革质，狭长圆状披针形，长4~7.5cm，宽4~15mm，先端稍钝而一侧稍钩转，基部具抱茎的鞘。

花：总状花序出自落了叶的老茎上部，长1~2.5cm，花序轴细而柔弱，具2~3朵花；花序柄长10~15mm，粗约1mm，基部具3~4枚短杯状的鞘；花苞片纸质，长圆形，长5~9mm，宽2.5~3mm，先端钝；花梗和子房纤细，长6~11mm；花小，白色；

中萼片长圆形，长8mm，宽3mm，先端近急尖，具5条脉，其中肋较粗壮；侧萼片斜卵状披针形，比中萼片大，具5条脉，在背面中肋呈翅状，尤其在先端处，先端近锐尖；萼囊圆锥形，长约4mm；花瓣倒卵状椭圆形，长约8mm，宽3mm，先端钝，具5条脉，近先端处的两侧边缘有时具稀疏的短流苏；唇瓣倒卵状三角形，长约9mm，基部楔形，前端3裂；侧裂片卵状三角形，先端尖牙齿状，边缘密布白色交织状的长绵毛；中裂片卵状三角形，先端钝，边缘亦密布白色交织状的长绵毛；唇盘密布长柔毛，从唇瓣基部至先端具1条宽的龙骨脊，其先端增粗而变厚；蕊柱短；蕊柱齿三角形，先端急尖；花期6月。

果实与种子：蒴果。

【功效应用】

性味功效：味甘、淡，性微寒；归胃经。

临床应用：具有抗肿瘤、抗炎、抗氧化等多种生物活性，可以增强机体的免疫功能，促进白细胞的产生和活性，从而达到治疗某些疾病的效果。可用于防治心脑血管疾病、糖尿病、肿瘤等多种疾病，对改善体质、延缓衰老也有一定的作用，具有调节机体免疫、生津益胃、抗白内障、抗肿瘤等功效（秦泽敏 等，2019）。

【图示鉴别】

主要参考文献

秦泽敏，朱秀英，付欢，等，2019. 叉唇石斛的化学成分研究[J]. 中国民族民间医药，28（2）：19-22.

10 长距石斛

【拉丁学名】*Dendrobium longicornu* Lindl.
【别　　称】长角石斛、毛石斛。
【分布范围】国内分布于广西南部（上思）、云南东南部至西北部（西畴、屏边、保山、贡山、镇康、大理）、西藏东南部（墨脱）（李旭梅 等，2017）；国外分布于尼泊尔、不丹、印度东北部、越南。生于海拔1 200～2 500m的山地林中树干上。

【形态特征】

茎：茎丛生，质地稍硬，圆柱形，长7～35cm，粗2～4mm，不分枝，具多个节，节间长2～4cm。

叶：叶薄革质，数枚，狭披针形，长3～7cm，宽5～14mm，向先端渐尖，先端不等侧2裂，基部下延为抱茎的鞘，两面和叶鞘均被黑褐色粗毛。

花：总状花序从具叶的近茎端发出，具1～3朵花；花序柄长约5mm，基部被3～4枚长2～5mm的鞘；花苞片卵状披针形，长5～8mm，先端急尖，背面被黑褐色粗毛；花梗和子房近圆柱形，长2.5～3.5cm；花开展，除唇盘中央橘黄色外，其余为白色；中萼片卵形，长1.5～2cm，宽约7mm，先端急尖，具7条脉，在背面中肋稍隆起呈龙骨状；侧萼片斜卵状三角形，近蕊柱一侧等长于中萼片，中部宽约9mm，先端急尖，具7条脉，在背面中肋稍隆起呈龙骨状；萼囊狭长，劲直，呈角状的距，稍短于花梗和子房；花瓣长圆形或披针形，长1.5～2cm，宽4～7mm，先端锐尖，具5条脉，边缘具不整齐的细齿；唇瓣近倒卵形或菱形，前端近3裂；侧裂片近倒卵形，围抱蕊柱，两侧裂片之间的宽比中裂片大得多；中裂片先端浅2裂，边缘具波状皱褶和不整齐的齿，有时呈流苏状；唇盘沿脉纹密被短而肥的流苏，中央具3～4条纵贯的龙骨脊；蕊柱长约5mm，蕊柱齿三角形；药帽近扁圆锥形，前端边缘密生髯毛，顶端近截形；花期9—11月。

果实与种子：种子的胚是一团未分化的胚细胞，没有子叶、胚乳和营养物质，种子寿命短，自然条件下极难萌发。

【功效应用】

性味功效：味甘、淡，性微寒（李旭梅 等，2017）；归胃、肾经。

临床应用：生津益胃、滋阴清热、润肺益肾。以全草或茎入药，治热病伤津、口渴舌燥、病后虚热、胃病、干呕、舌光少苔等（赵菊润，2014）。临床应用中，它主要用于治疗肺热咳嗽、阴虚火旺、消渴多饮等症状，还可以增强免疫力，提高机体抗病能力。

【图示鉴别】

主要参考文献

李旭梅，曾建红，张敏，等，2017. 长距石斛的性状和显微鉴别研究[J]. 时珍国医国药，28（2）：379-381.

赵菊润，2014. 黄草石斛的药源变迁[J]. 内蒙古林业调查设计，37（2）：100-102.

11 长苏石斛

【拉丁学名】*Dendrobium brymerianum* Rchb. f.

【别　　称】纯唇石斛、小鼓槌石斛。

【分布范围】国内分布于云南东南部至西南部（屏边、勐腊、勐海、镇康）；国外分布于泰国、缅甸、老挝。生于海拔1 100～1 900m的林中树干或岩石上（张莹 等，2008）。

【形态特征】

茎：茎直立或斜举，通常长20～30cm，在中部通常有2个节间膨大而呈纺锤形，粗达11mm，基部和上部粗3～5mm，不分枝，具数个节，节间长2.5～3cm，干后淡黄色带污黑，多少具纵条棱。

叶：叶薄革质，常3～5枚互生于茎的上部，狭长圆形，长7～13.5cm，宽1.2～

2.2cm，先端渐尖，基部稍收狭并具抱茎的鞘。

花：总状花序侧生于上年生无叶的茎上端，近直立，具1~2朵花；花序柄长1~4cm，基部具4~5枚鞘；鞘膜质，短筒状，套叠，基部的最短，长约2mm，向上逐渐变长；花苞片膜质，卵状披针形，长7~12mm，先端近钝；花梗和子房长达5cm；花质地稍厚，金黄色，开展；中萼片长圆状披针形，长2.5cm，宽8mm，先端钝，具7条脉；侧萼片近披针形，长2.5cm，宽8mm，先端锐尖，基部歪斜；萼囊短钝，长约3mm，花瓣长圆形，长2.5cm，宽7mm，先端钝，具7条脉，全缘；唇瓣卵状三角形，长2cm，宽15mm，先端稍钝，基部具短爪，上面密布短茸毛，中部以下边缘具短流苏，中部以上（尤其先端）边缘具长而分枝的流苏，先端的流苏比唇瓣长；蕊柱黄色而上端两侧白色，长约3mm；药帽浅黄白色，狭圆锥形，长约5mm，密布细乳突，前端边缘稍不整齐；花期6—7月。

果实与种子：蒴果，长圆柱形，长1.7cm，粗1cm，具6条棱；果期9—10月。

【功效应用】

性味功效：味甘，性微寒；归胃、肾经。

临床应用：益胃生津、滋阴清热，治疗高血糖、慢性胃溃疡，提高免疫力，提高肝胆功能，有治疗胃阴虚、热病津伤、口干烦渴等病症的作用。在临床上可用于缓解热病伤津、口干烦渴等病症；可改善胃阴虚引起的食欲不振、大便干结等症状；可用于缓解阴虚火旺引起的骨蒸潮热、小便短赤等病症；还可改善风热感冒引起的发热、咳嗽、咽喉肿痛等症状。

【图示鉴别】

主要参考文献

张莹，王雁，李振坚，2008. 长苏石斛的组织培养[J]. 中国花卉园艺（Z1）：96.

12 长爪石斛

【拉丁学名】*Dendrobium chameleon* Ames

【别　　称】峦大石斛。

【分布范围】国内分布于台湾（台北、乌来、南投、台东、花莲等地）、广西和广东；国外分布于菲律宾。生于海拔500~1 200m的山地林中树干上或山谷岩壁上。

【形态特征】

茎：茎下垂，长达60cm，从基部向上逐渐变粗，多分枝，每分枝长约15cm，具多个节；节间倒圆锥状圆柱形，长约1cm，粗约5mm。

叶：叶披针形或长圆状披针形，长3~3.5cm，宽6~15mm，先端渐尖或有时不等侧2裂，基部收窄并且扩大为鞘，叶鞘紧抱于茎。

花：总状花序侧生于落了叶的老茎上端，长1~3cm，具1~4朵花；花苞片卵状三角形，长6mm，宽5mm，先端急尖，具3条脉；花梗和子房长约15mm；花初开时浅绿色，后来变为白色带紫色或具绿色脉纹；中萼片长圆形，长15~18mm，宽7~8mm，先端近锐尖；侧萼片斜卵状长圆形，约与中萼片等长，基部歪斜而较宽；萼囊圆筒状，长约15mm，粗4~6mm，末端钝；花瓣斜长圆形，长14~17mm，宽约5mm，先端钝；唇瓣长匙形，长约33mm，宽6~7mm，基部具狭长的爪并且与萼囊合生，在爪的前端具2条肉疣，中部缢缩；唇瓣片卵状长圆形，长约9mm，宽5~6mm；蕊柱长约3mm，具长达18mm的蕊柱足；药帽半球形；花期10—12月。

果实与种子：蒴果，长圆形，长约2.5cm，有3棱。

【功效应用】

性味功效：味甘、淡，性微寒；归胃、肝、肾经。

临床应用：具有增强免疫力的作用，可帮助提高人体抵抗力，减少感冒和其他疾病发生；具有保护肝脏的作用，可促进肝细胞的修复和再生，预防和治疗肝脏疾病；具有促进消化系统的功能，可增加消化酶的分泌，改善食欲，促进食物的消化和吸收；具有一定抗溃疡作用，可减轻胃酸和胃溃疡的症状；具有镇静安神的作用，可以缓解睡眠障碍和焦虑症状，改善睡眠质量。

【图示鉴别】

13 重唇石斛

【拉丁学名】*Dendrobium hercoglossum* Rchb. f.

【别　　称】网脉唇石斛、金鱼石斛，商品药材称吊兰枫斗，民间俗称金石斛（江西）、鸡爪兰（广西）、中黄草（贵州）、大石斛（云南）等（王涛 等，2010）。

【分布范围】国内分布于安徽（霍山）、江西南部（全南）、湖南（江华）、广东西南部（信宜）、海南（三亚、保亭、昌江）、广西（东兴、凌云、西林、龙胜、金秀、桂平、永福、阳朔、融水、平乐、南丹、隆林、马山等地）、贵州西南部（兴义、罗甸、册亨）、云南东南部（屏边、金平、文山）；国外分布于泰国、老挝、越南、马来西亚。生于海拔590～1 260m的山地密林中树干上和山谷湿润岩石上。

【形态特征】

茎：茎下垂，圆柱形或有时从基部上方逐渐变粗，通常长8～40cm，粗2～5mm，具少数至多数节，节间长1.5～2cm，干后淡黄色，呈棍棒状，头尾细，中部粗，略弯曲，形似鸡爪（藤茜华，2001）。

叶：叶薄革质，狭长圆形或长圆状披针形，长4～10cm，宽4～8（～14）mm，先端钝并且不等侧2圆裂，基部具紧抱于茎的鞘。

花：总状花序通常数个，从落了叶的老茎上发出，常具2～3朵花；花序轴瘦弱，长1.5～2cm，有时稍回折状弯曲；花序柄绿色，长6～10mm，基部被3～4枚短筒状鞘；花苞片小，干膜质，卵状披针形，长3～5mm，先端急尖；花梗和子房淡粉红色，长12～15mm；花开展，萼片和花瓣淡粉红色；中萼片卵状长圆形，长1.3～1.8cm，宽5～8mm，先端急尖，具7条脉；侧萼片稍斜卵状披针形，与中萼片等大，先端渐尖，具7条脉，萼囊很短；花瓣倒卵状长圆形，长1.2～1.5cm，宽4.5～7mm，先端锐尖，具3条脉；唇瓣白色，直立，长约1cm，分前后唇；后唇半球形，前端密生短流苏，内面密生短毛；前唇淡粉红色，较小，三角形，先端急尖，无毛；蕊柱白色，长约4mm，下部扩大，具长约2mm的蕊柱足；蕊柱齿三角形，先端稍钝；药帽紫色，半球形，密布细乳突，前端边缘啮蚀状；花期5—6月。

果实与种子：蒴果。

【功效应用】

性味功效：味甘、淡，性微寒；归胃、肾经。

临床应用：在中药中被广泛使用，具有滋阴益胃、清热润肺、消炎、止咳等功效。外用治跌打损伤，骨折伤筋；内服治咽喉痒，咳嗽。可以滋养肝肾，益精填髓，对肝肾虚损、精神疲乏、头晕目眩等症状具有缓解作用；内含多种生物活性成分，可以清除人体内自由基，抗氧化，有助于延缓衰老，同时对皮肤干燥、皱纹等老化现象也有一定改善作用；具有补益气血、强壮身体的功效，可提高人体免疫力，对预防疾病具有积极作用。此外，有益于促进人体新陈代谢，对于调节内分泌失调、产后调理等有一定的辅助效果。

【图示鉴别】

主要参考文献

藤茜华，2001. 石斛及其习用品的性状鉴别[J]. 四川中医（11）：15.

王涛，应奇才，徐祥彬，等，2010. 铁皮石斛和重唇石斛杂交F_1代总生物碱和多糖含量测定[J]. 浙江农业科学（6）：1377-1380.

14 翅萼石斛

【拉丁学名】 *Dendrobium cariniferum* Rchb. f.

【别　　称】 无。

【分布范围】 国内分布于云南南部至西南部（勐腊、景洪、勐海、镇康、沧源）（仇硕 等，2018）；国外分布于印度东北部、缅甸、泰国、老挝、越南。生于海拔1 100～1 700m的山地林中树干上或石缝中。

【形态特征】

茎：茎肉质状粗厚，圆柱形或有时膨大呈纺锤形，长10～28cm，中部粗达1.5cm，不分枝，具6个以上的节，节间长1.5～2cm，干后金黄色。

叶：叶革质，数枚，二列，长圆形或舌状长圆形，长达11cm，宽1.5～4cm，先端钝并且稍不等侧2裂，基部下延为抱茎的鞘，下面和叶鞘密被黑色粗毛。

花：总状花序出自近茎端，常具1～2朵花；花序柄长5～10mm，基部被3～4枚鞘；花苞片卵形，长4～5mm，先端急尖；花梗和子房长约3cm；子房黄绿色，三棱形；花开展，质地厚，具橘子香气；中萼片浅黄白色，卵状披针形，长约2.5cm，宽9mm，先端急尖，在背面中肋隆起呈翅状；侧萼片浅黄白色，斜卵状三角形，与中萼片近等大；萼囊淡黄色带橘红色，呈角状，长约2cm，近先端处稍弯曲；花瓣淡黄色，花期3—4月（余玉珠 等，2020）；花瓣长圆状椭圆形，长约2cm，宽1cm，先端锐尖，具5条脉；唇瓣橘红喇叭状，3裂；侧裂片橘红色，围抱蕊柱，近倒卵形，前端边缘具细齿；中裂片黄色，近横长圆形，先端凹，前端边缘具不整齐的缺刻；唇盘橘红色，沿脉上密生粗短的流苏；蕊柱白色带橘红色，长约7mm；药帽白色，半球形，前端边缘密生乳突状毛。

果实与种子：蒴果，卵球形，粗达3cm。

【功效应用】

性味功效：味甘，性微寒；归胃、肾经。

临床应用：内包含黄酮类、多酚类、菲类、芪类和倍半萜等多种物质，具有优良的抗氧化性、抗肿瘤及耐药性等功效（Ito et al., 2010；王彦兵 等，2020）。

【图示鉴别】

主要参考文献

仇硕，赵志国，赵健，等，2018. 翅萼石斛组织培养及快繁技术研究[J]. 广东农业科学，45（9）：48-52+173.

王彦兵，周侯光，尹红星，等，2020. 黑毛组6种石斛药效成分分析及营养价值评价[J]. 天然产物研究与开发，32（1）：95-102.

余玉珠，陆艳柳，陈卫国，等，2020. 12种石斛属植物不同栽培技术及观赏价值研究[J]. 安徽农业科学，48（17）：156-157+205.

LTO M，MATSUZAKI K，WANG J，et al.，2010. New phenanthrenes andstilbenes from *Dendrobium loddigesii* [J]. Chemical and Pharmaceutical Bulletin，58：628-633.

15 翅梗石斛

【拉丁学名】*Dendrobium trigonopus* Rchb. f.

【别　　称】无。

【分布范围】国内主要分布在云南南部至东南部（勐海、思茅、墨江、石屏）；国外主要分布于缅甸、泰国、老挝。生于海拔1 150～1 600m的山地林中树干上。

【形态特征】

茎：丛生，肉质状粗厚，呈纺锤形或有时棒状，叶茎被黑色茸毛（潘佳和敖金成，2014）；长5～11cm，中部粗12～15mm，不分枝，具3～5节，节间长约2cm，干后金黄色。

叶：叶厚革质，长圆状；叶大且少（少于6叶），落叶型（李桂琳 等，2014）。

花：总状花序，出自具叶的茎中部或近顶端，常具2朵花；花下垂，不甚开展，质地厚，除唇盘稍带浅绿色外，其余均为蜡黄色；花瓣卵状长圆形，唇瓣直立，与蕊柱近平行，唇盘密被乳突；花期3—4月。

果实和种子：蒴果。

【功效应用】

性味功效：味甘，性微寒；归胃、肾经。

临床应用：用于热伤津液，低热烦渴，舌红少苔；胃阴不足，口干咽燥，呕逆少食，胃脘隐痛；肾阴不足，视物昏花。

【图示鉴别】

主要参考文献

潘佳，敖金成，2014. 翅梗石斛组织培养与快繁技术（简报）[J]. 亚热带植物科学，43（1）：84-85.

李桂琳，白燕冰，周候光，等，2014. 云南德宏石斛观赏性评价[J]. 热带农业科技，37（4）：36-40.

16 串珠石斛

【拉丁学名】*Dendrobium falconeri* Hook.

【别　　称】新竹石斛、红鹏石斛、水兰。

【分布范围】国内主要分布于湖南东南部（资兴）、台湾（苗栗至嘉义一带）、广西东北部（临桂、灵川）、云南东南部至西部（石屏、绿春、景洪、腾冲、龙陵、盈江、镇康）；国外分布于不丹、印度东北部、缅甸、泰国（俞涵曦 等，2020）。生于海拔800～1 900m的山谷岩石上和山地密林中树干上。

【形态特征】

茎：茎悬垂，肉质，细圆柱形，长30～40cm或更长，粗2～3mm，近中部或中部以上的节间常膨大，多分枝，在分枝的节上通常肿大而成念珠状，主茎节间较长，达3.5cm，分枝节间长约1cm，干后褐黄色，有时带污黑色。

叶：叶薄革质，常2～5枚，互生于分枝的上部，狭披针形，长5～7cm，宽3～7mm，先端钝或锐尖而稍钩转，基部具鞘；叶鞘纸质，通常水红色，筒状。

花：总状花序侧生，常减退成单朵；花序柄纤细，长5～15mm，基部具1～2枚膜质筒状鞘；花苞片白色，膜质，卵形，长3～4mm；花大，开展，质地薄；萼片淡紫色或水红色带深紫色先端；中萼片卵状披针形，长3～3.6cm，宽7～8mm，先端渐尖，基部稍收狭，具8～9条脉；侧萼片卵状披针形，与中萼片等大，先端渐尖，基部歪斜，具8～9条脉；萼囊近球形，长约6mm；花瓣白色带紫色先端，卵状菱形，长2.9～3.3cm，宽1.4～1.6cm，先端近锐尖，基部楔形，具5～6条主脉和许多支脉；唇瓣白色带紫色先端，卵状菱形，与花瓣等长而宽得多，先端钝或稍锐尖，边缘具细锯齿，基部两侧黄色；唇盘具1个深紫色斑块，上面密布短毛；蕊柱长约2mm；蕊柱足淡红色，长约6mm；药帽乳白色，近圆锥形，长约2mm，顶端宽钝而凹，密布棘刺状毛，前端边缘撕裂状；花期5—6月。

果实与种子：蒴果；种子极小，无胚乳；果期8—10月（姚春 等，2015）。

【功效应用】

性味功效：味甘、淡，性微寒；归胃、肾经。

临床应用：生津益胃、滋阴清热、润肺益肾。用于热病伤津，口干烦渴，病后虚热，胃病，干呕，舌光少苔等。

【图示鉴别】

主要参考文献

姚春，李泽生，李薇莎，等，2015. 串珠石斛组织培养与快速繁殖技术研究[J]. 安徽农业科学，43（30）：33-34+69.

俞涵曦，王晶晶，林蔚，等，2020. 串珠石斛组培快繁技术[J]. 亚热带农业研究，16（1）：24-28.

17 大苞鞘石斛

【拉丁学名】*Dendrobium wardianum* R. Warner

【别　　称】腾冲石斛、扁黄草（药用名）。

【分布范围】国内主要分布于云南东南部至西部（金平、勐腊、镇康、腾冲、盈江）；国外分布于不丹、印度东北部、缅甸、泰国、越南等地（李安华 等，2012）。生于海拔1 350～1 900m的山地疏林中树干上（王伟 等，2017）。

【形态特征】

茎：茎斜立或下垂，肉质状肥厚，圆柱形，通常长16～46cm，粗7～15mm，不分枝，具多节；节间多少肿胀呈棒状，长2～4cm，干后硫黄色带污黑。

叶：叶薄革质，二列，狭长圆形，长5.5～15cm，宽1.7～2cm，先端急尖，基部具鞘；叶鞘紧抱于茎，干后鞘口常张开。

花：总状花序，从落了叶的老茎中部以上部分发出，具1～3朵花；花序柄粗短，长2～5mm，基部具3～4枚宽卵形的鞘；花苞片纸质，大型，宽卵形，长2～3cm，宽1.5cm，先端近圆形；花梗和子房白色带淡紫红色，长约5mm；花大，开展，白色带紫色先端；中萼片长圆形，长4.5cm，宽1.8cm，先端钝，具8～9条主脉和许多近横生的支脉；侧萼片与中萼片近等大，先端钝，基部稍歪斜，具8～9条主脉和许多近横生的支脉；萼囊近球形，长约5mm；花瓣宽长圆形，与中萼片等长而较宽，达2.8cm，先端钝，基部具短爪，具5条主脉和许多支脉；唇瓣白色带紫色先端，宽卵形，长约3.5cm，宽3.2cm，中部以下两侧围抱蕊柱，先端圆形，基部金黄色并且具短爪，两面密布短毛，唇盘两侧各具1个暗紫色斑块；蕊柱长约5mm，基部扩大；药帽宽圆锥形，无毛，前端边缘具不整齐的齿；花期3—5月。

果实与种子：果实卵状长圆形，长4～5mm，宽约3mm；果棱翅状，侧棱较宽；油管在棱槽间1～3条，合生面上4条；心皮柄开裂。果期8月。种子包裹于具有三棱或六棱的蒴果内，种子淡黄色，呈狭长的纤维状（陈娜 等，2013）。

【功效应用】

性味功效：味甘，性微寒；归胃经。

临床应用：具有滋阴养胃、清热生津止渴及润肺止咳、明目强身的功效（章金辉 等，2015）。

【图示鉴别】

主要参考文献

陈娜，方炎明，程磊，2013. 大苞鞘石斛种子萌发过程中形态变化研究[J]. 安徽农业科学，41（3）：1038-1040.

李安华，周志宏，沈妍，等，2012. 大苞鞘石斛化学成分研究[J]. 天然产物研究与开发，24（4）：479-480.

王伟，卢珊，葛冰，等，2017. 大苞鞘石斛组织培养快繁研究[J]. 热带作物学报，38（4）：652-658.

章金辉，王再花，李杰，等，2015. 大苞鞘石斛与铁皮石斛主要活性成分比较分析[J]. 热带作物学报，36（12）：2192-2197.

18 大明石斛

【拉丁学名】*Dendrobium speciosum*

【别　　称】无。

【分布范围】分布于澳大利亚及南回归线附近。附生在热带雨林的树枝上和开阔森林的沙地岩石上。

【形态特征】

茎：假鳞茎直立或弯曲，基部粗，至先端渐细。每茎能开100多枚花。

叶：每个假鳞茎会长出厚实的羽状叶。

花：总状花序，花为白色或淡黄色。白色唇瓣上有紫色斑点，并有红色和紫色脉纹。花多达50朵，小花密生，花瓣黄绿色。花大小各异，由于物质环境不同可能会适量开放或大面积开放，竖直高度4.2~8cm，水平宽度4.3~7.8cm，唇瓣前裂片和中裂片散布有不同形态的紫色斑点和小条带。背萼片长2.5~4.6cm，基部宽0.4~1.0cm，至先端渐缩为钝圆形；侧萼片长1.8~3.9cm，基部宽0.7~1.2cm，长钩形，先端钝。花瓣长2.2~4.1cm，宽2~5mm，微钩曲，先端急尖；唇瓣长1.1~1.7cm，平展后宽0.8~1.5cm，向内弯曲，近似三角形；前裂片长0.6~0.9cm，宽0.8~1.5cm，向内弯曲，近似三角形；中裂片有短爪，长0.3~0.8cm，平展后宽0.6~1.2cm，弯管形，先端短急尖；胼胝体微微抬起，有2脊，黄色至橙色。花柱长4~5mm，柱基垂直于花柱，长5~6mm；萼囊二裂，圆形，从子房至先端长6~7mm；花期8—10月，在维多利亚州东部可至11月。

果实与种子：蒴果。

【功效应用】

性味功效：味甘、淡，性微寒（凉）；归胃、肺、肾经。

临床应用：益胃生津，滋阴清热。用于阴伤津亏，口干烦渴，食少干呕，病后虚热，目暗不明。

【图示鉴别】

19 滇金石斛

【拉丁学名】*Flickingeria albopurpurea* Seidenf.

【别　　称】金果石斛。

【分布范围】国内分布于云南东南部（勐腊、景洪）（汪元娇 等，2017）；国外分布于泰国、越南、老挝。生于海拔800～1 200m的山地疏林中树干上或林下岩石上。

【形态特征】

根：根状茎匍匐，粗4～8mm，节间长3～7mm，每相距3～6个节间发出1个根状茎。

茎：茎黄色或黄褐色，通常下垂，多分枝；第一级分枝之下的茎长2～12cm，具2～4个节间。假鳞茎金黄色，稍扁纺锤形，长3～8cm，粗7～20mm，具1个节间，顶生1枚叶。

叶：叶革质，长圆形或长圆状披针形，长9～19.5cm，宽2～3.6cm，先端钝并且微2裂，基部收狭为很短的柄。

花：花序出自叶腋和叶基部的远轴面一侧，具1～2朵花；花序柄几乎不可见，被覆数枚鳞片状鞘；花梗和子房淡黄色，长5mm；花质地薄，开放仅半天则凋谢，萼片和花瓣白色；中萼片长圆形，长10mm，宽3.5mm，先端锐尖，基部稍收狭，具3条主脉和多数横脉以及支脉；侧萼片斜卵状披针形，长10mm，中部宽3.5mm，先端锐尖，基部歪斜而较宽，具3条主脉和多数横脉以及支脉；萼囊与子房交成直角，长约5mm，末端钝，淡黄色；花瓣狭长圆形，长9mm，宽2.2mm，先端急尖，具3条主脉和少数横脉以及支脉；唇瓣白色，长1.2mm，3裂；侧裂片（后唇）内面密布紫红色斑点，直立，近卵形，先端圆钝，摊平后两侧裂片先端之间的宽为7mm；中裂片（前唇）长约5mm，上部扩大，呈扇形，宽7mm，先端稍凹缺，凹口中央具1个短凸，后侧边缘折皱状；唇盘从后唇至前唇基部具2条密布紫红色斑点的褶脊，褶脊在后唇上面平直而在前唇上面呈深紫色并且变宽成皱波状；蕊柱粗短，正面白色并且密布紫红色斑点，长约3mm，具长约5mm的蕊柱足；药帽白色，半球形，前端近半圆形，其边缘具微细的齿；花期6—7月（吉占和和陈心启，1995）。

果实与种子：蒴果。

【功效应用】

性味功效：味甘，性寒；归胃、肺经。

临床应用：养阴清热，主治热病伤津，唇齿干燥，潮热，盗汗，关节炎。具有抗氧化，抗血小板凝聚和抑制糖蛋白等作用（费娇冬，2012）。

【图示鉴别】

主要参考文献

费娇冬，2012.南药流苏金石斛化学成分及质量标准研究[D].北京：北京化工大学.

吉占和，陈心启，1995.国产金石斛属植物小志[J].植物分类学报（2）：198-205.

汪元娇，李涛，何璇，2017.滇金石斛的生药学鉴别[J].华西药学杂志，32（1）：57-59.

20 叠鞘石斛

【拉丁学名】 *Dendrobium denneanum* Kerr

【别　　称】 黄草、栽秧花、紫斑金兰（杨玉玲 等，2020）、迭鞘石斛（冯煜 等，2015）。

【分布范围】 国内分布海南（坝王岭）、广西西南部至西北部（凌云、乐业、凤山、靖西、德保、那坡）、贵州南部至西南部（兴义、罗甸、平塘、安龙、关岭、惠水）、云南东南部至西北部（屏边、砚山、建水、勐海、凤庆、沧源、澜沧、耿马、镇康、腾冲、贡山、丽江、维西、德钦等地）（李兆云 等，2021）；国外分布于印度、尼泊尔、不丹、缅甸、泰国、老挝、越南。生于海拔600~2 500m的开阔林下。

【形态特征】

茎：茎纤细，圆柱形，通常长25~35cm，粗2~4mm，不分枝，具多数节；节间长2.5~4cm，干后淡黄色或黄褐色。

叶：叶革质，线形或狭长圆形，长8~10cm，宽0.4~1.4cm，先端钝并且微凹或有时近锐尖而一侧稍钩转，基部具鞘；叶鞘紧抱于茎。

花：总状花序侧生于上一年生落了叶的茎上端，长约1cm，通常1~2朵花，有时3

朵；花序柄近直立，长0.5cm，基部套叠3～4枚鞘；鞘纸质，浅白色，杯状或筒状，基部的较短，向上逐渐变长，长5～20mm；花苞片膜质，浅白色，舟状，长1.2～1.3cm，宽约5mm，先端钝；花梗和子房长约3cm；花橘黄色，开展；中萼片长圆状椭圆形，长2.3～2.5cm，宽1.1～1.4cm，先端钝，全缘，具5条脉；侧萼片长圆形，等长于中萼片而稍较狭，先端钝，基部稍歪斜，具5条脉；萼囊圆锥形，长约6mm；花瓣椭圆形或宽椭圆状倒卵形，长2.4～2.6cm，宽1.4～1.7cm，先端钝，全缘，具3条脉，侧边的主脉具分枝；唇瓣近圆形，长2.5cm，宽约2.2cm，基部具长约3mm的爪并且其内面有时具数条红色条纹，中部以下两侧围抱蕊柱，上面密布茸毛，边缘具不整齐的细齿，唇盘无任何斑块；蕊柱长约4mm，具长约3mm的蕊柱足；药帽狭圆锥形，长约4mm，光滑，前端近截形；花期5—6月。

果实与种子：蒴果。

【功效应用】

性味归经：味甘，性微寒；归胃、肾经。

临床应用：《本草纲目拾遗》载，叠鞘石斛能"解暑"，结合本品滋阴退热之功，常以之与清暑益气生津之品配伍，用于暑热症的治疗（徐悦 等，2019）。叠鞘石斛为中医常用的滋阴除热，养胃生津之要药。主要用于胃阴虚症、肾阴虚症、虚热症等疾患（牟兰 等，2019）。此外，具有抗氧化、抗肿瘤、降血糖、增强免疫力等功效，其抗凝、抗炎作用明显。叠鞘石斛的石斛酚可通过抑制醛糖还原酶和可诱导的氮氧化物合成酶基因的表达抑制乳糖诱导的白内障的形成，保持晶体透明度（杨玉玲 等，2020）。

【图示鉴别】

主要参考文献

冯煜，邓晓东，陈泓羽，等，2015. 叠鞘石斛化学成分及功效研究进展[J]. 成都医学院学报，10（5）：612-615+622.

李兆云，李辉，杨兰芬，等，2021. 不同产地叠鞘石斛氨基酸组成及营养价值评价[J]. 化工管理（15）：38-39.

牟兰，田孟良，刘建桥，等，2019. 响应面法优化叠鞘石斛多糖超声提取工艺[J]. 中国抗生素杂志，44（10）：1156-1161.

徐悦，刘宏程，李鲜，2019. 石斛化学成分、指纹图谱及药理活性研究进展[J]. 中国中医药信息杂志，26（2）：129-132.

杨玉玲，黄玉玲，李玲，等，2020. 叠鞘石斛研究进展[J]. 热带农业科学，40（6）：50-58.

21 兜唇石斛

【拉丁学名】*Dendrobium aphyllum*（Roxb.）C. E. C. Fisch.

【别　　称】柔毛拖鞋兰、无叶石斛大光节、水草石斛、瀑布石斛、倒垂春石斛、天宫石斛、天弓石斛、迎春石斛。

【分布范围】国内分布于广西西北部（隆林、西林、乐业）、贵州西南部（兴义）、云南东南部至西部（富宁、建水、金平、勐腊、勐海、泸水等地）；国外分布于印度（德干高原、西北部和东北部）、尼泊尔、不丹、缅甸、老挝、越南、马来西亚（任杰 等，2020）。生于海拔400～1 500m的疏林中树丛或山谷岩石上。

【形态特征】

根：气生根，肉质，白色或淡黄色，被茸毛，每丛植株具数十至上百条气生根（李桂琳 等，2016）。

茎：茎下垂，肉质，细圆柱形，长30～60（～90）cm，粗4～7（～10）mm，不分枝，具多数节；节间长2～3.5cm。

叶：叶纸质，二列，互生于整个茎上，披针形或卵状披针形，长6～8cm，宽2～3cm，先端渐尖，基部具鞘；叶鞘纸质，干后浅白色，鞘口呈杯状张开。

花：花序柄长2～5mm，基部被3～4枚鞘；鞘膜质，长2～3mm；花苞片浅白色，膜质，卵形，长约3mm，先端急尖；花梗和子房暗褐色带绿色，长2～2.5cm；花开展，下垂；萼片和花瓣白色，上部带淡紫红色或浅紫红色或有时全体淡紫红色；中萼片近披针形，长2.3cm，宽5～6mm，先端近锐尖，具5条脉；侧萼片相似于中萼片而等大，先端急尖，具5条脉，基部歪斜；萼囊狭圆锥形，长约5mm，末端钝；花瓣椭圆形，长2.3cm，宽9～10mm，先端钝，全缘，具5条脉；唇瓣宽倒卵形或近圆形，长、宽约

2.5cm，两侧向上围抱蕊柱而形成喇叭状，基部两侧具紫红色条纹并且收狭为短爪，中部以上部分淡黄色，中部以下部分浅粉红色，边缘具不整齐的细齿，两面密布短柔毛；蕊柱白色，其前面两侧具红色条纹，长约3mm；药帽白色，近圆锥状，顶端稍凹缺，密布细乳突状毛，前端边缘宽凹缺；花期3—4月。

果实与种子：蒴果，狭倒卵形，长约4cm，粗1.2cm，具长1～1.5cm的柄；果期6—7月。

【功效应用】

性味功效：味甘、淡，性寒；归胃、肾经。

临床应用：具有养阴益胃、生津止渴、清热的功效（刘扬 等，2020）；具有镇心安神、治疗肺结核、抗炎、延缓衰老、增强免疫力等功效（陈梅烹 等，2020）；能清热除烦，清肝息风，利尿解毒；治热病津伤之烦渴，肝阳上亢证，食物中毒。主治咳嗽、咽喉痛、口干舌燥、烧伤烫伤。

【图示鉴别】

主要参考文献

陈梅烹，陈冠铭，李宏杨，等，2020. 兜唇石斛贴树仿野生栽培技术[J]. 热带农业工程，44（3）：61-63.

李桂琳，李泽生，周侯光，等，2016. 兜唇石斛植物学特征和生长习性研究[J]. 热带农业科技，39（1）：20-22+32.

刘扬，李宏杨，任杰，等，2020. 兜唇石斛种子无菌播种与快速繁殖[J]. 热带农业科学，40

（5）：34-41.

任杰，陈冠铭，李宏杨，等，2020. 兜唇石斛栽培繁殖与药理研究进展[J]. 特种经济动植物，23（6）：26-30.

22 独角石斛

【拉丁学名】*Dendrobium unicum* Seidenf.

【别　　称】牛角石斛。

【分布范围】主要分布于越南、老挝、缅甸和泰国。生于海拔800～1 550m常绿、半落叶和落叶干旱的森林和稀树林地，附生于岩石和小树上。

【形态特征】

茎：茎非肉质，假鳞茎呈棒状，长15～20cm。

叶：茎顶端有1～5片叶，叶披针形，革质，长8cm，宽1cm（龚建英 等，2013）。

花：总状花序，有花1～4朵，花瓣和萼片5瓣卷起，长椭圆形向后卷曲，亮红色至橙色，长3～5cm，外形如独角兽；淡橙色唇瓣细长成舟形，整个露出而倒挂；花带有紫橙色脉纹，并有3条隆起纹；无香味；花期在冬末至春、初夏，花期长。

果实和种子：蒴果。

【功效应用】

性味功效：味甘、淡，性寒；归胃经。

临床应用：具益胃生津、养阴清热、镇痛之功效。具有抗肿瘤，增强免疫力，抗血小板凝聚等作用。

【图示鉴别】

主要参考文献

龚建英，王华新，孙利娜，等，2013. 九种引种石斛生物学特性及栽培适应性研究[J]. 北方园艺（20）：75-78.

23 短棒石斛

【拉丁学名】*Dendrobium capillipes* Rchb. f.

【别　　称】丝梗石斛。

【分布范围】国内分布于云南南部（勐腊、景洪、勐海、思茅、关坪）；国外分布于印度东北部、缅甸、泰国、老挝、越南。生长于海拔900～1 450m的常绿阔叶林内树干上（卢思聪，2013）。

【形态特征】

茎：茎肉质状，近扁的纺锤形，长8～15cm，中部粗约1.5cm，不分枝，具多数钝的纵条棱和少数节间。

叶：叶2～4枚近茎端着生，革质，狭长圆形，通常长10～12cm，宽1.0～1.5cm，先端稍钝并且具斜凹缺，基部扩大为抱茎的鞘。

花：总状花序通常从落了叶的老茎中部发出，近直立，长12～15cm，疏生2至数朵花；花序柄基部被2～3枚膜质鞘；花苞片浅白色，小，卵形，长约5mm，宽3mm，先端锐尖；花梗和子房淡黄绿色，长约2cm，花金黄色（肖群瑶，2020），开展；中萼片卵状披针形，长1.2cm，中部宽5mm，先端急尖，具3条脉；侧萼片与中萼片近等大；萼囊近长圆形，长约4mm，末端圆钝；花瓣卵状椭圆形，长1.5cm，宽9mm，先端稍钝，具4条脉；唇瓣的颜色比萼片和花瓣深，近肾形，长2cm，宽2.5cm，先端微凹，基部两侧围抱蕊柱并且两侧具紫红色条纹，边缘波状，两面密被短柔毛；蕊柱金黄色，长约4mm；药帽多少呈塔状，前端边缘近截形并且有缺刻；药床宽阔，其两侧上缘具不整齐的细缺刻；花期3—5月。

果实与种子：蒴果。

【功效应用】

性味功效：味甘、淡，性寒；归胃、肺经。

临床应用：含有天然多糖、黏液蛋白和一定量的天然胶质，具有滋阴润燥、化痰止咳、养颜抗衰等多种保健作用。其多糖和黏液蛋白能增强免疫球蛋白合成，提升免疫系统功能，从而提高机体抗病能力。在美容养颜方面，可改善皮肤弹性、延缓皱纹生成；在心血管系统方面，能净化血液、加快循环、增强心脏功能，具有抗凝血、预防血栓、高血脂和高血压等作用。此外，还具有消炎杀菌、清热解毒的功效，对气管炎、肺炎、胃炎、胃溃疡等常见疾病也有一定治疗效果。

【图示鉴别】

主要文献

卢思聪,2013.原生石斛别样美[J].中国花卉盆景(2):4-7.

肖群瑶,2020.金钗石斛和短棒石斛中生物碱与多糖活性成分及生长积累规律研究[D].北京:中国林业科学研究院.

24 反瓣石斛

【拉丁学名】*Dendrobium ellipsophyllum* Tang et F. T. Wang

【别　　称】黄毛石斛。

【分布范围】国内主要分布于中国云南东南部(勐腊、勐海);国外分布于缅甸、老挝、柬埔寨、越南、泰国等地。生于海拔1 100m的山地阔叶林中树干上。

【形态特征】

茎:茎直立或斜立,圆柱形,长约50cm,粗约5mm,上下等粗,具纵条棱,不分枝,具多数节;节间长约2cm,被叶鞘所包裹。

叶:叶二列,紧密互生于整个茎上,舌状披针形,长4~5cm,宽15~19mm,先端钝并且不等侧2裂,基部心形抱茎并且下延为紧抱于茎的鞘。

花:花白色,常单朵从具叶的老茎上部发出,与叶对生,具香气;花苞片小;花梗连同子房纤细,下弯,长约2cm;中萼片反卷,卵状长圆形,长约8mm,宽约5mm,先端急尖;侧萼片反卷,长圆状披针形,长8mm,宽5mm,先端急尖;萼囊角状,长约

7mm；花瓣反卷，狭披针形，长7mm，宽约4mm，先端急尖；唇瓣肉质，比萼片大，3裂，沿中轴线多少下弯而折叠；侧裂片小，三角形，长约2mm，先端锐尖；中裂片较大，近横长圆形或圆形，长10mm，宽约15mm，先端近截形而具宽凹缺，唇盘中部以上黄色，中央具3条褐紫色的龙骨脊；花期6月。

果实和种子：蒴果。

【功效应用】

性味功效：味甘、淡，性微寒；归胃经。

临床应用：益胃生津，滋阴清热（李涛 等，2017）。用于阴伤津亏，口干烦渴，食少干呕，病后虚热，目暗不明。

【图示鉴别】

主要参考文献

李涛，汪元娇，苏趁，等，2017. 反瓣石斛的生药学鉴定[J]. 华西药学杂志，32（6）：613-614.

25 高山石斛

【拉丁学名】*Dendrobium wattii*（Hook. f.）Rchb. f.

【别　　称】瓦特石斛。

【分布范围】国内主要分布于云南南部（王一诺 等，2017）；国外分布于印度东北部、缅甸、泰国、老挝。生于海拔约2 000m的密林中树干上。

【形态特征】

茎：茎质地坚硬，圆柱形，上下等粗，长12~60cm，粗4~7mm，不分枝，具多个节，节间长3~5cm，具纵条棱。

叶：叶数至10余枚，二列，互生于中部以上的茎上，革质，长圆形，长5~8cm，宽1.2~2.3cm，先端钝并且稍不等侧2裂，基部下延为抱茎的鞘，幼时在下面被黑色硬毛，叶鞘亦密被黑色硬毛。

花：总状花序出自具叶的茎顶端，具1~2朵花；花序柄短，长约5mm，基部被3~4枚、宽卵形、长5~10mm的鞘；花苞卵状三角形，长7~13mm，宽6~7mm，先端锐尖，下面密被黑色硬毛；花梗和子房长3~4cm；花除唇盘基部橘红色外，其余均为白色，开展；中萼片长圆形，长2.5~3cm，宽7~10mm，先端急尖，具5~6条脉；侧萼片斜披针形，上侧边缘与中萼片等长，下侧边缘长4~5cm，宽8~11mm，先端急尖，具7~8条脉；萼囊狭长，劲直，呈角状，长约2.5cm；花瓣倒卵形，长2.5~3.7cm，宽1.2~2.2cm，先端圆钝并且具短尖，具7~8条脉；唇瓣长3.5cm，3裂；侧裂片倒卵形，围抱蕊柱，前端边缘稍波状；中裂片近圆形，比两侧裂片先端之间的宽小得多，宽1.1~1.5cm，先端2裂，边缘具不整齐的锯齿；唇盘从唇瓣基部至中裂片基部具4~5条并行的小龙骨脊；蕊柱长约6mm，具长约2mm三角形的蕊柱齿；药帽近半球形，前端边缘具细齿，顶端稍凹的。花期8—11月。

果实与种子：蒴果。

【功效应用】

性味功效：味甘，性微寒；归胃、肾经。

临床应用：具有益胃生津、滋阴清热的功效，常用于治疗热病津伤、口干烦渴、胃阴不足、食少干呕、病后虚热不退、阴虚火旺、骨蒸劳热、目暗不明、筋骨痿软等病症。

【图示鉴别】

主要参考文献

王一诺，黄雪彦，李磊，等，2017. 高山石斛再生体系的建立[J]. 江苏农业科学，45（1）：50-52.

26 钩状石斛

【拉丁学名】*Dendrobium aduncum* Wall. ex Lindl.

【别　　称】红蓝草（毕志明 等，2006）、紫皮兰、黄草石斛、铁皮兰、石金钗草（赖碧丹 等，2018）、网脉唇石斛（李璐，2023）。

【分布范围】国内分布于湖南东北部（桃源）、广东南部（罗浮山）、香港、海南（三亚、保亭、陵水、琼中）、广西（龙州、上思、百色、东兰、永福等地）、贵州西南部至东南部（兴义、独山、罗甸、安龙、黎平）、云南东南部（马关）（杨丹 等，2019）。国外分布于不丹、印度东北部、缅甸、泰国、越南等地。生于海拔700～1 000m的山地林中树干上。

【形态特征】

茎：茎下垂，圆柱形，长50～100cm，粗2～5mm，有时上部多少弯曲，不分枝，具多个节，节间长3～3.5cm，干后淡黄色。

叶：叶长圆形或狭椭圆形，长7～10.5cm，宽1～3.5cm，先端急尖并且钩转，基部具抱茎的鞘（刘仁林，2014）。

花：总状花序通常数个，出自落了叶或具叶的老茎上部，花序轴纤细，长1.5～4cm，多少回折状弯曲，疏生1～6朵花；花序柄长5～10mm，基部被3～4枚长2～3mm的膜质鞘；花苞片膜质，卵状披针形，长5～7mm，先端急尖；花梗和子房长约1.5cm；花开展，萼片和花瓣淡粉红色；中萼片长圆状披针形，长1.6～2cm，宽7mm，先端锐尖，具5条脉；侧萼片斜卵状三角形，与中萼片等长而宽得多，先端急尖，具5条脉，基部歪斜；萼囊明显坛状，长约1cm；花瓣长圆形，长1.4～1.8cm，宽7mm，先端急尖，具5条脉；唇瓣白色，朝上，凹陷呈舟状，展开时为宽卵形，长1.5～1.7cm，前部骤然收狭而先端为短尾状并且反卷，基部具长约5mm的爪，上面除爪和唇盘两侧外密布白色短毛，近基部具1个绿色方形的胼胝体；蕊柱白色，长约4mm，下部扩大，顶端两侧具耳状的蕊柱齿，正面密布紫色长毛；蕊柱足长而宽，长约1cm，向前弯曲，末端与唇瓣相连接处具1个关节，内面有时疏生毛；药帽深紫色，近半球形，密布乳突状毛，顶端稍凹的，前端边缘具不整齐的齿；花期5—6月。

果实与种子：蒴果，种子不含胚乳。

【功效应用】

性味功效：味甘、淡，性微寒；归胃经。

临床应用：滋阴，清热，益胃，生津，止渴。用于治疗热病伤津，口干烦渴，病后虚热，食欲不振（罗玉婷 等，2014）。彝药中，全草治四肢骨折，瘀血肿痛。

【图示鉴别】

主要参考文献

毕志明，麦建峰，朱琳，等，2006. 钩状石斛化学成分的研究[J]. 中国药学杂志（21）：1618-1620.

赖碧丹，邓征宇，刘震，等，2018. 野生钩状石斛的引种栽培及生物学特性观察[J]. 广西农学报，33（2）：15-18.

李璐，2023. 中国石斛属花形态图志[M]. 昆明：云南科技出版社.

刘仁林，2014. 钩状石斛[J]. 江西林业科技，42（5）：2.

罗玉婷，蓝玉甜，黄岚，等，2014. 钩状石斛组织培养技术研究[J]. 安徽农业科学，42（21）：6931-6933.

杨丹，莫绪，蒋南洋，等，2019. 钩状石斛茎、叶低极性成分GC-MS对比分析[J]. 中国民族民间医药，28（7）：27-30.

27 鼓槌石斛

【拉丁学名】*Dendrobium chrysotoxum* Lindl.

【别　　称】石斛兰、金兰花、天籽兰花、金弓石斛（孙永玉 等，2020）、小爪黄草（马国祥 等，1995）、芭蕉果石斛、粗黄草（李薇莎 等，2015）。

【分布范围】国内分布于广西、贵州、云南，云南以西双版纳、普洱、德宏、临沧4地最为集中，保山、红河、文山和大理的部分县也有少量分布（杜溶讫 等，2018）；国外主要分布在印度、缅甸、泰国、老挝、越南等地（孙永玉 等，2020）。生于海拔520～1 620m，附生于热带和亚热带地区阳光充足的常绿阔叶林中树干上或疏林下岩石上（唐玲 等，2012）。

【形态特征】

茎：茎直立，肉质，纺锤形，长6～30cm，中部粗1.5～5cm，具2～5节间，具多数圆钝的条棱，干后金黄色，近顶端具2～5枚叶。

叶：叶革质，长圆形，长达19cm，宽2～3.5cm或更宽，先端急尖而钩转，基部收狭，但不下延为抱茎的鞘。

花：总状花序近茎顶端发出，斜出或稍下垂，长达20cm；花序轴粗壮，疏生多数花；花序柄基部具4～5枚鞘；花苞片小，膜质，卵状披针形，长2～3mm，先端急尖；花梗和子房黄色，长达5cm；花质地厚，金黄色，稍带香气；中萼片长圆形，长1.2～2cm，中部宽5～9mm，先端稍钝，具7条脉；侧萼片与中萼片近等大；萼囊近球形，宽约4mm；花瓣倒卵形，等长于中萼片，宽约为萼片的2倍，先端近圆形，具约10条脉；唇瓣的颜色比萼片和花瓣深，近肾状圆形，长约2cm，宽2.3cm，先端浅2裂，基部两侧多少具红色条纹，边缘波状，上面密被短茸毛；唇盘通常呈"∧"状隆起，有时具"U"形的栗色斑块；蕊柱长约5mm；药帽淡黄色，尖塔状；花期3—5月。

果实与种子：蒴果。

【功效应用】

性味归经：味甘、淡，性微寒；归胃经。

临床应用：用于热病津伤，口干烦渴，胃阴不足，食少干呕，病后虚热不退，阴虚火旺，骨蒸劳热，目暗不明，筋骨痿软，可提高免疫力，安神，缓解眼疲劳。茎可入药，具有生津益胃、清热养阴等功效（高燕 等，2018）；茎、花晾干后泡水喝，具有美容养颜、补气血不足、安神、明目、抗癌、降"三高"、抗HIV活性，对神经系统方面活性功效作用非常好（肖春宏 等，2014）。鼓槌石斛中含有毛兰素、鼓槌菲、生物碱、多糖等抗肿瘤活性成分（周灵昌 等，2018），现代药理学证明鼓槌石斛有抗肝损伤，抗糖尿病，抗氧化和滋阴，抗血栓，保护肠胃的作用（高燕 等，2018）。

【图示鉴别】

主要参考文献

杜溶讫，于增金，殷彪，等，2018.鼓槌石斛研究进展[J].安徽农业科学，46（23）：6-8.

高燕，李桂琳，白燕冰，等，2017.鼓槌石斛盆栽生产技术规范[J].热带农业科技，40（2）：30-32.

高燕，李桂琳，周侯光，等，2018.鼓槌石斛的种源鉴定及种植情况[J].北方园艺（10）：149-156.

李薇莎，姚春，耿秀英，等，2015.野生鼓槌石斛的有性扩繁方法[J].安徽农业科学，43（17）：66-67+77.

马国祥，徐国钧，徐珞珊，等，1995.商品石斛的调查及鉴定（Ⅲ）[J].中草药（7）：370-372+393.

孙永玉，童清，胥汝宇，等，2020.鼓槌石斛几种常见栽培模式和催花处理技术[J].农业与技术，40（19）：77-78.

唐玲，李戈，唐德英，等，2012.鼓槌石斛的资源现状与保护利用研究[J].中国野生植物资源，31（4）：61-63.

肖春宏，黄飞燕，杨波，2014.鼓槌石斛研究进展[J].山西农业科学，42（6）：647-649.

周灵昌，钟华，陈伟波，等，2018.鼓槌石斛生活习性及培育现状研究[J].绿色科技（9）：70-72.

28 黑喉石斛

【拉丁学名】*Dendrobium ochreatum* Lindl.

【别　　称】无。

【分布范围】主要分布于印度阿萨姆邦、孟加拉国、尼泊尔、缅甸、泰国、老挝等地（杜致辉 等，2021）。生于海拔1 200～1 600m的热带雨林中。

【形态特征】

茎：茎呈圆柱形或扁圆柱形，稍弯曲，不分枝，长4.5～28cm，直径0.1～1.2cm，有时中部节上一侧常具1个交互存在的黄棕色花梗部分残留，具7～20节，节间长0.2～0.4cm，顶端节间稍短；表面棕黄色或棕黑色，具细密浅纵皱纹，茎表面部分常包裹残留叶鞘，残留叶鞘上宽下窄，常呈喇叭形，残留叶鞘灰白色或棕黄色，有时脱落后紧贴茎上呈灰黑色。质轻而脆，断面灰白色（李涛 等，2017），有纤维性。

叶：叶革质，长椭圆形，互生于茎上，先端钝并微凹。

花：当年生嫩茎抽出花序并开花（杜致辉 等，2021），花期4—5月，花大且颜色艳丽，具有良好的观赏价值。在自然条件下从播种到开花需要3年左右的时间。

果实与种子：蒴果。

【功效应用】

性味功效：味苦，性微寒；归胃、肺、肾经。

临床应用：益胃生津，滋阴清热。用于阴伤津亏，口干烦渴，食少干呕，病后虚热，目暗不明，润肺益肾，明目强腰。增强免疫功能，促进消化；还可以治疗胃病，护肝利胆，抗风湿，降低血糖、血脂，抗肿瘤，保护视力，滋养肌肤，抗衰老等。

【图示鉴别】

主要参考文献

杜致辉，杨澜，张朝君，等，2021. 黑喉石斛叶绿体基因组特征及比较分析[J]. 热带作物学报，42（11）：1-15.

李涛，张训，汪元娇，2017. 不同品种石斛药材鉴别特征研究[J]. 亚太传统医药，13（8）：39-41.

29 黑毛石斛

【拉丁学名】 *Dendrobium williamsonii* Day & Rchb. f.

【别　　称】 无。

【分布范围】 国内主要分布于海南（五指山等地）、广西西北部和北部（凌云、隆林、融水、东兰）、云南东南部和西部；国外主要分布于印度东北部、缅甸、越南。生于海拔约1 000m的林中树干上（田英男 等，2021）。

【形态特征】

茎：茎圆柱形，有时肿大呈纺锤形，长达20cm，粗4～6mm，不分枝，具数节，节间长2～3cm，干后金黄色。

叶：叶数枚，通常互生于茎的上部，革质，长圆形，长7～9.5cm，宽1～2cm，先端钝并且不等侧2裂，基部下延为抱茎的鞘，密被黑色粗毛，尤其叶鞘。

花：总状花序出自具叶的茎端，具1～2朵花；花序柄长5～10mm，基部被3～4枚短的鞘；花苞片纸质，卵形，长约5mm，先端急尖；花开展，萼片和花瓣淡黄色或白色，相似，近等大，狭卵状长圆形，长2.5~3.4cm，宽6~9mm，先端渐尖，具5条脉；中萼片的中肋在背面具矮的狭翅；侧萼片与中萼片近等大，但基部歪斜，具5条脉，在背面的中肋具矮的狭翅；萼囊劲直，角状，长1.5~2cm；唇瓣淡黄色或白色，带橘红色的唇盘，长约2.5cm，3裂；侧裂片围抱蕊柱，近倒卵形，前端边缘稍波状；中裂片近圆形或宽椭圆形，先端锐尖，边缘波状；唇盘沿脉纹疏生粗短的流苏；蕊柱长约6mm；药帽短圆锥形，前端边缘密生短髯毛；花期4—5月（赵兴蕊，2013）。

果实与种子：蒴果。

【功效应用】

性味归经：味甘、淡微，性寒；归胃、肺经。

临床应用：养阴益胃，生津止渴，清热。用于热病伤津，口干烦渴，病后虚热，阴伤目暗，食欲不振，遗精，肺结核，腰膝酸软无力。

【图示鉴别】

主要参考文献

田英男，张天泽，秦晓杰，等，2021. 黑毛石斛×鼓槌石斛杂交种组培快繁技术研究[J]. 热带作物学报，42（2）：356-361.

赵兴蕊，2013. 云南保山地区十种常见石斛的生药学研究[D]. 昆明：云南中医学院.

30 红灯笼石斛

【拉丁学名】*Dendrobium amabile*（Lour.）O′Brien

【别　　称】粉红灯笼石斛。

【分布范围】主要分布于越南、老挝。生于海拔600～1 000m的常绿阔叶林中树干上或山谷岩石上。

【形态特征】

茎：茎粗壮，通常棒状或纺锤形，长25～40cm，粗达2cm，下部常收狭为细圆柱形，不分枝，具数个节和4个纵棱，有时棱不明显，干后淡褐色并且带光泽。

叶：叶革质，长圆状披针形，长8～12cm，宽2.6～6cm，先端急尖，基部不下延为抱茎的鞘。

花：总状花序下垂开放，花瓣白或粉红色，中心黄色形似荷包蛋；唇瓣大多有细毛；具多花成串的特性，花色清新脱俗；开花期短，一个花序大概只有一个星期多的寿命；花期4—6月，花有淡淡清香。

果实和种子：蒴果。

【功效应用】

性味功效：味微甘、淡，性微寒；归胃、肾经。

临床应用：滋阴补肾、清热除烦、益胃生津，能利咽润喉、解暑、养胃。

【图示鉴别】

31 红花石斛

【拉丁学名】 *Dendrobium goldschmidtianum* Kraenzl.

【别　　称】 红石斛。

【分布范围】 国内分布于台湾（兰屿岛）；国外分布于菲律宾。生于海拔200～400m树干上。

【形态特征】

茎：茎直立或悬垂，圆柱形，有时中部增粗而稍呈纺锤形，长40～60cm，粗5～10mm，基部收窄，不分枝，具多个节，节间倒圆锥状圆柱形，长1～2cm。

叶：叶薄革质，披针形或卵状披针形，长6～10cm，宽1.2～2cm，先端渐尖，基部具鞘；叶鞘绿色带紫红色，紧抱于茎。

花：总状花序出自落了叶的老茎上，长5～25mm，呈簇生状，密生6～10朵花；花苞片膜质，卵状披针形，长约3mm，宽2.5mm，先端急尖；花梗和子房褐绿色，长约1.3cm；花鲜红色，不甚张开；中萼片椭圆形，长约1cm，宽5mm，先端钝，具5条脉；侧萼片斜卵形，与中萼片等大，先端锐尖，基部歪斜，具5条脉；萼囊狭圆锥形，长约1cm。花瓣斜倒卵状长圆形，等长于中萼片而稍较狭，先端锐尖，基部收狭，具3条脉；唇瓣匙形，长1.5～2.2cm，宽7～8.5mm，先端稍钝，基部具狭的爪，全缘；蕊柱黄色，长约2mm；蕊柱足黄绿色，长约1cm；药帽黄色，圆锥形，前端边缘具细乳突状毛；花期3—11月。

果实与种子：蒴果。

【功效应用】

性味功效：味甘，性微寒；归胃、肾、肺经。

临床应用：益胃生津，滋阴清热。有一定解热镇痛作用；能促进胃液分泌，助消化；有增强新陈代谢、抗衰老等作用。用于低热烦渴，口渴舌干，咽喉肿痛，甚至一些肾脏方面的疾病，都有不错的药用效果，副作用也极小，适合经常食用。

【图示鉴别】

32 红牙刷石斛

【拉丁学名】*Dendrobium secundum*（Blume）Lindl. ex Wall.

【别　　称】牙刷石斛、毛刷石斛。

【分布范围】分布于缅甸、泰国、印度、菲律宾、老挝、越南等地。生于海拔800～1 100m的常绿阔叶林中树干上或山谷岩石上。

【形态特征】

茎：粗壮，棒状直立，长15～25cm，粗2cm，下部常收狭为细圆柱形，不分枝，有时棱不明显，黑淡褐色。

叶：叶长3～4cm，先端急尖，基部不下延为抱茎的鞘。

花：花小，开展；花序水平伸展，着生数朵花，花均向一个方向生长；花和子房都是粉红色，整个花序似牙刷；萼囊较长，与蕊柱呈钝角；花瓣和萼片大小相似，均为长卵形，尖端全缘，钝，向上生长不弯曲；唇瓣橙色，整体形似舌状；合蕊柱粉色，细长月形；花期4—6月。

果实与种子：蒴果。

【功效应用】

性味功效：味甘，性寒；归胃、肾经。

临床应用：内含主要成分为多糖、黄酮类化合物、苦苷类化合物等，可提高免疫力、抗炎、抗氧化、抗肿瘤、保护肝脏以及护肤美容等。

【图示鉴别】

33 喉红石斛

【拉丁学名】*Dendrobium christyanum* Rchb. f.

【别　　称】毛鞘石斛、珍珠石斛。

【分布范围】国内主要分布在云南的腾冲、景东等地；国外分布于缅甸、泰国和越南。生于海拔850m左右的山地林缘树干上。

【形态特征】

茎：茎丛生，直立，粗短，近棒状纺锤形，长5~8cm，粗6~9mm，具许多波状纵条棱和2~5节，节间长5~10mm。

叶：叶2~4枚，生于近茎顶端，革质，卵状披针形、长圆形或舌形，长1.5~5.0cm，宽0.8~1.8cm，先端钝并有不等侧2裂，基部下延为抱茎的鞘；叶两面和叶鞘均密被黑色短毛。

花：总状花序顶生或从茎的近顶端发出，具1~2朵花；花序柄长3mm；花苞片膜质，卵状披针形，长5~8mm；花梗和子房长约2.5cm；花开展，直径4~4.5cm，除唇盘中央橘红色和侧裂片及中裂片上有黄色晕外，其余均为白色；中萼片卵状披针形或卵圆形，长2cm，宽8~10mm，先端急尖，7条脉；侧萼片斜卵状披针形，长2.4cm，宽1cm，先端急尖，具7条脉；萼囊宽圆锥形，长1cm；花瓣椭圆状矩圆形，长2.5cm，宽1.2cm，具5条脉；唇瓣近提琴形，长2.5cm，3裂；侧裂片近半卵形；中裂片近肾形，下弯，先端浅2裂，边缘波状；唇盘上具3条粗糙的纵褶片，在脊突上和脊突之间具有不规则的疣突；蕊柱弧形，长1cm，橘红色；蕊柱长约6mm，顶端2裂，边缘波状；药帽圆锥形，上面密被疣状乳突（蒋宏和杨硕，2005）。花期4—6月。

果实与种子：蒴果。

【功效应用】

性味归经：味甘，性微寒；归胃经。

临床应用：能促进胃液分泌，助消化；有增强新陈代谢、抗衰老和一定解热镇痛作用。

【图示鉴别】

主要参考文献

蒋宏，杨硕，2005. 中国石斛属（兰科）一未详知种——喉红石斛[J]. 云南植物研究（2）：134-136.

34 狐尾石斛

【拉丁学名】*Dendrobium speciosum* Sm.

【别　　称】北石斛、凤尾兰。

【分布范围】国内分布于江南、华南和云南等南方区域；国外分布于东南亚地区和澳大利亚东部。常生长在树上或岩石上。

【形态特征】

茎：植株丛生，茎长纺锤形，长10～90cm，具纵沟。

叶：叶卵形或椭圆形，硬革质，长4～25cm，生于茎顶，直立或下垂。

花：花序长5～6cm，密生小花，像浓密的狐狸尾巴；上面着生2.5～5cm羽毛状白色、淡黄色花，芳香。花期为冬、春季，可开几周。

果实与种子：蒴果。

【功效应用】

性味功效：味甘，性微寒；归胃、肾经。

临床应用：滋养胃阴，生津止渴，清胃热，滋肾阴，降虚火。可用于肺热痰热、肺燥咳嗽、内热烦渴等症。具有抗菌消毒作用，能够帮助预防各种呼吸道、消化道感染；其花药用部分多数是花苞，常用于药材制剂，对于各种感染、炎症等疾病有一定的治疗作用。

【图示鉴别】

35 黄贝壳石斛

【拉丁学名】*Dendrobium polyathum*

【别　　称】无。

【分布范围】国内主要分布于云南、广西、贵州等地；国外分布于越南、菲律宾、泰国等地。生长于海拔900～1 200m的林缘树上，野生资源多在疏松且厚的树皮或树干上生长。

【形态特征】

茎：茎丛生，直立，粗短，近棒状纺锤形，长15～30cm，粗6～15mm，具许多波状纵条棱和多节，节间长5～10mm。

叶：叶多枚，生于茎中顶端，长23～40cm，先端钝并且不等侧2裂，基部下延为抱茎的鞘。

花：花期为3—5月。

果实与种子：蒴果。

【功效应用】

性味功效：味甘、淡，性寒；归胃、肾、肝经。

临床应用：具有开胃、健脾、补肾、平肝、降压等功效；可以滋阴补血，可以缓解人体阴虚阳亢时所患上的失眠、头晕、耳鸣、心烦等症；能促进血液循环，对暗疮、痘痘有一定缓解作用；可益消化，帮助胃肠道舒张，加速胃肠道排空，减轻胃肠道不适。

【图示鉴别】

36 黄喉石斛

【拉丁学名】*Dendrobium signatum* Rchb. f.

【别　　称】无。

【分布范围】国内分布于云南、广西等地；国外分布于越南。生长于海拔850～1 300m的树皮或树干上。

【形态特征】

茎：茎丛生，直立，粗短，近棒状纺锤形，长10～20cm，粗6～15mm，具许多波状纵条棱和多节，节间长5～10mm。

叶：叶多枚，生于茎中顶端，长3～6cm，先端钝并且不等侧2裂，基部下延为抱茎的鞘。

花：花多、淡香、色靓而颇受花卉爱好者青睐（马良 等，2019）。花期3—6月。

果实和种子：蒴果。

【功效应用】

性味功效：味微甘、淡，性寒；归胃、肺、肾经。

临床应用：具有清热解毒、消炎止痛、镇咳平喘、滋阴润肺、明目养颜、提高免疫力等作用，可以用于治疗肺热咳嗽、痰火壅盛、干眼症、糖尿病等疾病，对于上呼吸道感染、支气管炎、咳嗽等疾病有良好的疗效。

【图示鉴别】

主要参考文献

马良，陈松泉，庄莉彬，2019. 35种石斛兰观赏价值评价[J]. 亚热带植物科学，48（3）：269-273.

37 黄花石斛

【拉丁学名】*Dendrobium dixanthum* Rchb. f.

【别　　称】无。

【分布范围】国内主要分布于云南南部（勐腊、景洪、思茅），在云南省红河州石屏县的宝秀镇小官山，于海拔1 500m以上有野生分布，其生境有附石型、地生型两种（苏忠和王成彬，2014）。国外分布于缅甸、泰国、老挝等地。生于海拔800~1 200m的山地林中树干上。

【形态特征】

茎：茎直立或下垂，细圆柱形，长50~100cm，粗3~6mm，不分枝，具多节，节间长2.5~3cm，干后淡黄色，具多数纵条棱。

叶：叶革质，卵状披针形，长8~11（~13）cm，宽约1cm，先端长渐尖，基部具抱茎的鞘。

花：总状花序常2~4个，从上年生落叶的茎上发出，具2~5朵花；花序柄纤细，长1~2cm，基部被2~3枚短的膜质鞘；花苞片膜质，卵形，长约2mm，先端锐尖；花梗和子房纤细，长约2cm；花黄色，开展，质地薄；中萼片长圆状披针形，长约2.3cm，宽6mm，先端急尖，具5条脉；侧萼片与中萼片相似，等大，基部稍歪斜；萼囊近圆筒形，长4mm；花瓣近长圆形，长2.3cm，宽1cm，先端急尖，基部收狭，边缘具不规则的细齿，具5条脉；唇瓣深黄色，基部两侧具紫红色条纹，近圆形，长2.2cm，宽2.5cm，先端凹缺，边缘具啮蚀状细齿，上面密布短毛；蕊柱很短，长5mm，具长约4mm的蕊柱足；药帽圆锥形，顶端钝，密布细乳突，前端边缘具不整齐的齿；花期3月。

果实与种子：蒴果，长圆柱形，长6~7cm，粗5~6mm，具长约1cm的柄；果期7月。

【功效应用】

性味功效：味甘，性微寒；归胃、肾经。

临床应用：具有除痹，下气，补五脏虚劳，羸瘦，强阴等功效（林萍 等，2003）。还可养胃生津、滋阴除热，治热病伤津、胃阴不足、口渴、阴虚、虚热。

【图示鉴别】

主要参考文献

林萍，毕志明，徐红，等，2003.石斛属植物药理活性研究进展[J].中草药（11）：116-119.

苏忠，王成彬，2014.黄花石斛组织培养繁殖技术研究[J].林业调查规划，39（3）：160-162.

38 黄石斛

【拉丁学名】*Dendrobium Catenatum* Lindl.

【别　　称】无。

【分布范围】国内主要分布于江西南部（龙南）、台湾（台东、花莲）、贵州（梵净山、正安、从江、榕江、黎平、独山、罗甸、长顺、安龙、兴义、金沙、威宁、习水）、安徽西南部、福建西部、广东、海南、广西西北部、四川、云南东南部等；国外分布于日本。生于海拔300～1 200m的山地林中树干上或山谷岩壁上。

【形态特征】

茎：茎直立或下垂，多少肉质，细圆柱形，长20～25（～50）cm，粗3～7mm，不分枝，具多数节，节间长2～4cm，干后淡黄色。

叶：叶互生，二列，只有3～5枚，革质，长圆状披针形，长4～7cm，通常宽10～15mm，先端近急尖，基部稍歪斜并且扩大为抱茎的鞘，边缘和中肋常带淡紫色；叶鞘常具紫斑，老时其上缘与茎松离并张开与节留下一个环状铁青的间隙。

花：总状花序通常自落叶的老茎上部抽出，花序轴回折状弯曲，具2～3朵花，基部具2～3枚短鞘；花序柄长5～10mm。花苞片狭披针形，长3～6mm，先端锐尖。花初为黄绿色，萼片与花瓣近似，后转为乳黄色，花开展。中萼片卵状长圆形，长1.5～1.7cm，宽5～6mm，具5脉，先端急尖或稍钝；侧萼片斜三角形，与中萼片等长。花瓣长圆形，长1.4～1.6cm，宽4～6mm，具5～7脉，先端锐尖。唇瓣白色，椭圆状菱形，不裂，长1.3～1.7cm，宽8～11mm，前部外弯，先端锐尖，中部以下两侧具紫红色条纹，边缘多少波状；唇盘密布短毛，前方具一横向褐色斑块，中上部有1紫红色斑，基部具1绿色或黄色胼胝体。蕊柱黄绿色，长约2mm，前面两侧具紫色斑点，先端两侧各具1紫色斑点；蕊柱足长约1cm，黄绿色并带紫红色条纹，疏生毛。药帽白色，长卵状三角形，近光滑，顶端近锐尖并具2裂。花梗和子房长2～4cm。花期4—5月。

果实与种子：蒴果。

【功效应用】

性味功效：味甘，性微寒；归于胃、肾经。

临床应用：具有滋阴补肾、养胃生津、清热润燥、补气养血等功效，可增强肝、肾功能，改善体内代谢，延缓衰老，提升机体抗病能力。常用于治疗阴虚内热所致的口干咽燥、胃阴不足、津液亏损等症，兼可清胃热、滋肾阴、清虚热。现代应用此药，可以用来促进胃液分泌、改善消化功能、降血糖、降血脂、抗氧化、抗炎、抑制血栓形成、增强免疫等多种药理作用,并表现出一定的抗肿瘤活性。临床上可用于干眼症、青光眼、白内障、糖尿病、高血脂、高血压、慢性萎缩性胃炎、小儿厌食、声音嘶哑等疾病的辅助治疗。

【图示鉴别】

39 霍山石斛

【拉丁学名】*Dendrobium huoshanense* C. Z. Tang et S. J. Cheng

【别　　称】霍山米斛、米斛、米石斛、龙头凤尾草、万丈须、千年润、不死草、青苔(杨旭志,1996)。

【分布范围】分布于河南西南部(南召)、安徽西南部(霍山)。生于海拔250~1 200m的悬崖峭壁间、山地林中树干上和山谷岩石上。

【形态特征】

茎:茎直立,肉质,长3~9cm,从基部上方向上逐渐变细,基部上方粗3~18mm,不分枝,具3~7节,节间长3~8mm,淡黄绿色,有时带淡紫红色斑点,干后淡黄色。

叶:叶革质,2~3枚互生于茎的上部,斜出,叶尖前1/3向背面30°卷曲,舌状长圆形,长9~21mm,宽5~7mm,先端钝并且微凹,基部具抱茎的鞘;叶鞘膜质,宿存。

花:总状花序1~3个,从落了叶的老茎上部发出,具1~2朵花;花序柄长2~3mm,基部被1~2枚鞘;鞘纸质,卵状披针形,长3~4mm,先端锐尖;花苞片浅白色带栗色,卵形,长3~4mm,先端锐尖;花梗和子房浅黄绿色,长2~2.7cm;花淡黄绿色,开展;中萼片卵状披针形,长12~14mm,宽4~5mm,先端钝,具5条脉;侧萼片镰状披针形,长12~14mm,宽5~7mm,先端钝,基部歪斜;萼囊近矩形,长5~7mm,末端近圆形;花瓣卵状长圆形,通常长12~15mm,宽6~7mm,先端钝,具5条脉;唇瓣近菱形,长和宽约相等,为1~1.5cm,基部楔形并且具1个胼胝体,上部稍3裂,两侧裂片之间密生短毛,近基部处密生长白毛;中裂片半圆状三角形,先端近钝尖,基部密生长白毛并且具1个黄色横椭圆形的斑块;蕊柱淡绿色,长约4mm,具长7mm的蕊柱足;蕊柱足基部黄色,密生长白毛,两侧偶然具齿突;药帽绿白色,近半球形,长1.5mm,顶端微凹;花期5月。

果实：蒴果。

【功效应用】

性味功效：味甘、淡、微咸，性寒；归胃、肾，肺经。

临床应用：滋阴生津、补虚益精，清胃下气、除热开胃，甘芳降气。长于清胃热，唯胃肾有虚热者宜之，虚而无火者忌用；能定惊疗风、镇涎痰，解暑。

【图示鉴别】

主要参考文献

杨旭志，1996. 米石斛外敷治关节病变[J]. 上海中医药杂志（12）：25.

40 夹江石斛

【拉丁学名】*Dendrobium jiajiangense* Z. Y. Zhu，S. J. Zhu & H. B. Wang

【别　　称】夹江叠鞘石斛。

【分布范围】四川（夹江），中国国家地理标志产品。

【形态特征】

茎：茎纤细，圆柱形，长35～60cm，粗2～5mm，具纵条棱，通常不分枝，节间具白膜质的膜，绿色或淡黄绿色，具纵向沟纹。

叶：呈螺旋形或弹簧状，通常3～6个旋纹，茎拉直后长5～10cm，直径0.2～1.2cm；表面黄绿色，具光泽，光滑或有纵沟纹；节明显，稍膨大，色较深；质坚脆，易折断，断面浅黄褐色，有短纤维状维管束外露。

花：总状花序长约6cm，侧生于上年生落叶的茎上部，具1～2朵花，稀3朵；花序柄长3～3.5cm，基部具3～4枚套叠的鞘，鞘淡紫红色，厚纸质，杯状或筒状，长4～15mm，具多数突起脉纹，基部的较短，向上逐渐变长；花苞片淡紫红色，厚纸质，舟状，长15～20mm，直径约5mm，先端钝；花梗与子房长1～2.5cm；花芳香，橙黄色开展；中萼片长圆形或长圆状椭圆形，长2.4～2.6cm，宽1～1.1cm，先端钝，全缘，具6～7脉，侧萼片与中裂片同形而稍狭小，先端钝，基部稍歪斜，具6～7脉；萼囊圆锥形，长3～4mm；花瓣阔椭圆形或阔椭圆状卵形，长1.4～2.2cm，宽11～1.7cm，先端圆钝，全缘，具3脉，最外侧的脉具分枝；唇瓣阔卵形，连爪长1.7～2.1cm，宽2.1～2.2cm，基部具3～4mm的爪，内面具紫红色条纹，中部以下两侧围抱蕊柱，上面密被茸毛，边缘具不规则小齿；唇盘两侧无斑块或有时具淡橙黄色斑块，蕊柱长4～5mm，具长约3mm的蕊柱足；药帽淡白色，长圆锥形，前端边缘齿状；子房长6～7mm，稍弯曲，基部细，无毛；花期5—6月（祝正银 等，2018）。

果实与种子：蒴果。

【功效应用】

性味功效：味微苦而回甘，性微寒；归胃经。

临床应用：中医常用的滋阴除热，养胃生津之要药。主要用于胃阴虚症、肾阴虚症、虚热症等疾患。

【图示鉴别】

主要参考文献

祝正银，祝世杰，江海博，2008. 四川石斛属一新种[J]. 植物研究（4）：385-386.

41 尖刀唇石斛

【拉丁学名】*Dendrobium heterocarpum* Lindl.

【别　　称】无。

【分布范围】国内分布于云南南部至西部（勐腊、芒市、腾冲、镇康）；国外主要分布于斯里兰卡、印度、尼泊尔、不丹、缅甸、泰国、老挝、越南、菲律宾、马来西亚、印度尼西亚（杨晓蓓 等，2019）。生于海拔1 500～1 750m的山地疏林中树干上。

【形态特征】

茎：茎常斜立，厚肉质，基部收狭，向上增粗，多少呈棒状，长5～27cm，粗1～1.5cm，不分枝，具数节，节多少肿大，节间长2～3cm，鲜时金黄色，干后硫黄色带污黑色（李桂琳 等，2016）。

叶：叶革质，长圆状披针形（马良 等，2019），通常长7～10cm，宽1.2～2cm，先端急尖或稍钝，基部具抱茎的膜质鞘。

花：总状花序出自落了叶的老茎上端，具1～4朵花；花序柄长2～3mm，基部被2～3枚膜质鞘；花苞片浅白色，膜质，宽卵形，长4～9mm，先端钝；花开展，具香气，萼片和花瓣银白色或奶黄色；花梗连同子房与萼片同色，长约2cm；中萼片长圆形，长2.7～3cm，宽约8mm，先端钝，具5条主脉和多数支脉；侧萼片斜卵状披针形，与中萼片等大，先端近锐尖，基部稍歪斜，具7条主脉和许多支脉；萼囊圆锥形，长约7mm；花瓣卵状长圆形，长2.5～2.8cm，宽9～10mm，先端锐尖，边缘全缘，具5条主脉和多数支脉；唇瓣卵状披针形，与萼片近等长，不明显3裂；侧裂片黄色带红色条纹，直立，中部向下反卷；中裂片银白色或奶黄色，先端锐尖，边缘全缘，上面密布红褐色短毛；蕊柱白色，长约3mm，前面（腹面）两侧具紫红色而内面为黄色，基部稍扩大，具黄色的蕊柱足；药帽圆锥形，长约2.5mm，密布细乳突，前端边缘具细齿；花期3—4月。

果实与种子：蒴果；着生在茎节上，长纺锤形，绿黄色，果脐圆形（李桂琳 等，2016）。

【功效应用】

性味功效：味苦，性寒；归胃经（李涛和何璇，2016）。

临床应用：对人体有驱解虚热、益精强阴等疗效。

【图示鉴别】

主要参考文献

李桂琳，李泽生，周侯光，等，2016. 尖刀唇石斛资源鉴定评价研究[J]. 中国热带农业（3）：52-55.

李涛，何璇，2016. 石斛属27种药用植物的性状鉴定特征比较[J]. 华西药学杂志，31（1）：54-57.

马良，陈松泉，庄莉彬，2019. 35种石斛兰观赏价值评价[J]. 亚热带植物科学，48（3）：269-273.

杨晓蓓，颜莎，胡江苗，等，2019. 尖刀唇石斛化学成分研究[J]. 天然产物研究与开发，31（10）：1745-1752.

42 剑叶石斛

【拉丁学名】*Dendrobium spatella* Rchb. f.

【别　　称】无。

【分布范围】国内主要分布于福建南部（南靖）、香港、海南（三亚、保亭、乐东等）、广西西南部（大新）、云南南部（勐腊、景洪、勐海）；国外分布于印度东北部、缅甸、老挝、越南、柬埔寨、泰国。生于海拔260～270m的山地林缘树干上和林下岩石上。

【形态特征】

根：气生根系，生长速度快，生存能力非常强。

茎：茎直立，近木质，扁三棱形，长达60cm，粗约4mm，基部收狭，向上变细，不分枝，具多个节，节间长约1cm。

叶：叶二列，斜立，稍疏松地套叠或互生，厚革质或肉质，两侧压扁呈短剑状或匕首状，长25～40mm，宽4～6mm，先端急尖，基部扩大呈紧抱于茎的鞘，向上叶逐渐退化而成鞘状。

花：花序侧生于无叶的茎上部，具1～2朵花，几无花序柄；花苞片很小，长约1mm；花梗和子房长约6mm；花很小，白色；中萼片近卵形，长3～5mm，宽

1.6~2mm，先端钝，具3条脉；侧萼片斜卵状三角形，近蕊柱一侧边缘长3.5~6mm，先端急尖，基部很歪斜，具5条脉；萼囊狭窄，长5~7mm；花瓣长圆形，与中萼片等长而较窄，先端圆钝；唇瓣白色带微红色，贴生于蕊柱足末端，近匙形，长8~10mm，宽4~6mm，先端圆形，前端边缘具圆钝的齿，唇盘中央具3~5条纵贯的脊突；蕊柱很短，药帽前端边缘具微齿；花期3—9月。

果实与种子：蒴果，椭圆形，长4~7mm；果期10—11月。

【功效应用】

性味功效：味甘，性寒；入脾、胃、肾经。

临床应用：退虚热，生津解渴，滋阴益肾。治病后虚热，口干烦渴，腰膝无力。

【图示鉴别】

43 金钗石斛

【拉丁学名】*Dendrobium nobile* Lindl.

【别　　称】金钗石、扁金钗、扁黄草、扁草、吊兰花。

【分布范围】国内分布于贵州西南部至北部、云南东南部至西北部、广西大部分地区、四川南部、西藏南部、湖北南部、海南、香港和台湾（张进强 等，2020）；国外分布于印度、尼泊尔、不丹、缅甸、泰国、老挝和越南。生于海拔480~1 700m的山地林中树干上或山谷岩石上。

【形态特征】

茎：茎下部圆柱形，中部及上部扁圆形，稍曲折略呈"之"字状，长18~50cm，直径4~12mm，节间长1.5~6cm；表面金黄色或绿黄色，基部有光泽，具纵沟及纵纹，节膨大，棕色，节上有互生花序柄及残存膜质叶鞘；质轻而脆，鲜品味苦。

叶：单叶互生，无柄，狭长椭圆形，叶鞘抱茎。

花：总状花序从具叶或落了叶的老茎中部以上部分发出，长2~4cm，具1~4朵花，花大，下垂，直径达8cm；花序柄长5~15mm，基部被数枚筒状鞘；花苞片膜质，卵状披针形，长6~13mm，花期有叶或无叶；花被片白色带浅紫色，先端紫红色；唇瓣倒卵状矩圆形，长4~4.5cm，宽3~3.5cm，先端圆形，唇盘上面具1紫斑；花药2室，花粉块为4个；花期4—6月。

果实与种子：蒴果，椭圆形，具棱4~6条；种子细小；果期7—8月。

【功效应用】

性味功效：味甘、淡、微咸，性寒；归胃、肾经。

临床应用：有滋阴清热、养胃生津、润肺止咳、益肾明目的作用，且其气味轻清、甘滋轻灵、补而不腻，可以兼顾脾胃运化水液不足之弊端。麦冬能养阴生津、润肺清心，被用于治疗热伤津液等，二者配合，药性协调而平和，滋阴润燥之力更胜（陈默 等，2021）。还有强阴益精、定志除惊、轻身延年、补肾益力等功效，用于热病伤津、口渴舌燥、病后虚热、胃病、干呕、舌光少苔。有抗肿瘤、降血脂、保护神经、抗炎、保肝活性、抗白内障、降血糖、抗肿瘤作用（李志平 等，2019；张一新 等，2019；周威 等，2017）。

许多中成药如脉络宁注射液、石斛明目丸、石斛清胃散等以金钗石斛为主用以治疗血栓、眼疾、腹泻等疾病（钱桂敏和章华泼，2011）；金钗石斛生物碱对乳腺癌肿瘤细胞生长具有抑制作用，且具有明显的促凋亡效应（安欣 等，2015）。

【图示鉴别】

主要参考文献

安欣，任建武，李虹阳，等，2015. 金钗石斛生物碱对mcf-7细胞线粒体凋亡通路研究[J]. 江西农业大学学报，37（5）：920-926.

陈默，赵亚，孙懿，2021. 金钗石斛、麦冬及其复配提取物对皮肤保湿相关基因表达的影响[J]. 香料香精化妆品（1）：43-48.

李志平，郑若男，柯伙钊，等，2019. 金钗石斛生物碱的研究现状[J]. 科技经济导刊，27（28）：96-98.

钱桂敏，章华泼，2011. 金钗石斛化学成分及药理作用研究进展[J]. 中国中医药现代远程教育，9（4）：194-196.

张进强，周涛，肖承鸿，等，2020. 金钗石斛拟境栽培技术评价与原理分析[J]. 中国中药杂志，45（9）：2042-2045.

张一新，刘浩，凌蕾，等，2019. 金钗石斛生物碱药理作用研究进展[J]. 上海中医药杂志，53（2）：95-96+100.

周威，夏杰，孙文博，等，2017. 金钗石斛的化学成分和药理作用研究现状[J]. 中国新药杂志，26（22）：2693-2700.

44 晶帽石斛

【拉丁学名】*Dendrobium crystallinum* Rchb. f.

【别　　称】无。

【分布范围】国内分布于云南南部（勐腊、勐海、景洪、沧澜）；国外分布于缅甸、泰国、老挝、柬埔寨、越南（杨丹 等，2017）。生于海拔540～1 700m的山地林缘或疏林中树干上。

【形态特征】

茎：茎直立或斜立，稍肉质，圆柱形，长60～70cm，粗5～7mm，不分枝，具多节，节间长3～4cm（吴佩珂 等，2020）。

叶：叶纸质，长圆状披针形，长9.5～17.5cm，宽1.5～2.7cm，先端长渐尖，基部具抱茎的鞘，具数条两面隆起的脉。

花：总状花序数个，出自上年生落叶的老茎上部，具1～2朵花；花序柄短，长6～8mm，基部被3～4枚长3～5mm的鞘；花苞片浅白色，膜质，长圆形，长1～1.5cm，先端锐尖；花梗和子房长3～4cm；花大，开展；萼片和花瓣乳白色，上部紫红色；中萼片狭长圆状披针形，长3.2cm，宽7mm，先端渐尖，具5条脉；侧萼片相似于中萼片，等大，先端渐尖，基部稍歪斜，具5条脉；萼囊小，长圆锥形，长4mm，宽2mm；花瓣长圆形，长3.2cm，宽1.2cm，先端急尖，边缘多少波状，具7条脉；唇瓣橘黄色，上部紫红色，近圆形，长2.5cm，全缘，两面密被短茸毛；蕊柱长4mm；药帽狭圆锥形，密布白色晶体状乳突，前端边缘具不整齐的齿；花期5—7月。

果实与种子：蒴果，长圆柱形，长6cm，粗1.7cm；果期7—8月。

【功效应用】

性味归经：味微苦，性平；归胃、肺经。

临床应用：清热除烦，清肝息风，利尿解毒；养阴生津，润肺明目，抗癌防老（丁鸽 等，2015）。

【图示鉴别】

主要参考文献

丁鸽，张代臻，丁小余，2015. 晶帽石斛多态性微卫星开发及种质鉴定[J]. 贵州农业科学，43（10）：170-172+176.

吴佩珂，林蔚，李菁，等，2020. 大晶帽石斛再生体系建立研究[J]. 现代农业科技（9）：141-142+145.

杨丹，程忠泉，丁中涛，等，2017. 晶帽石斛的化学成分研究[J]. 广西植物，37（9）：1182-1186.

45 具槽石斛

【拉丁学名】*Dendrobium sulcatum* Lindl.

【别　　称】无。

【分布范围】国内分布于云南南部（勐腊）；国外主要分布于印度东北部、缅甸、泰国、老挝。生于海拔700~800m的密林中树干上。

【形态特征】

根：气生根系，根部通透性好。

茎：茎通常直立，肉质，扁棒状，长24~38cm，从基部向上逐渐增粗，上部最粗处约1.5cm，下部收狭为细圆柱形，粗3~4mm，不分枝，具纵条纹和数个节，节间长2~5cm，被膜质鞘，干后黄褐色带光泽。

叶：叶纸质，数枚，互生于茎的近顶端，常斜举，长圆形，长18~21cm，宽4.5cm，先端急尖或有时等侧2尖裂，基部稍收狭，但下延为抱茎的鞘。

花：总状花序从当年生具叶的茎上端发出，长8~15cm，下垂，密生少数至多数花；花序柄基部有3~4枚覆瓦状的鞘；花苞片很小，狭卵状披针形，长约5mm；花梗和子房长约2.5cm；花质地薄，白天张开，晚间闭合，奶黄色；中萼片长圆形，长约2.5cm，宽9mm，先端近锐尖，具5~6条脉，侧萼片与中萼片近等大；萼囊圆锥形，宽而钝，长约5mm；花瓣近倒卵形，长2.4cm，宽1.1cm，先端锐尖，基部收狭为短爪，具5条脉；唇瓣的颜色较深，呈橘黄色，近基部两侧各具1个褐色斑块，近圆形，长、宽约2cm，两侧围抱蕊柱而使整个唇瓣呈兜状，先端微凹，基部具短爪，唇盘上面的前半部密被短柔毛，边缘具睫状毛；蕊柱长约5mm；药帽为前后压扁的半球形或圆锥形，顶端稍凹，光滑，前端边缘多少不整齐；花期6月。

果实与种子：蒴果。

【功效应用】

性味功效：味甘，性微寒；归胃、肾经。

临床应用：对肝脏有保护作用，有助于促进肝细胞的再生和修复。此外，还可以清热解毒、增强人体免疫力、缓解疲劳等。

【图示鉴别】

46 聚石斛

【拉丁学名】*Dendrobium lindleyi* Steud.

【别　　称】龟背石斛、上树虾公、鸡背石斛、鸭钗石斛。

【分布范围】国内分布于广东（信宜、恩平、罗浮山）、海南（三亚、陵水、白沙、琼中、澄迈）、广西（大新、龙州、玉林、百色）、云南（勐海、红河）、贵州西南部（册亨）、湖南、香港和台湾；国外分布于不丹、印度阿萨姆、缅甸、泰国、老挝、越南等地。生于海拔270～1 400m的石灰岩山次生常绿阔叶林中树干上（黄少华，1993）。

【形态特征】

茎：茎假鳞茎状，密集或丛生，多少两侧压扁状，纺锤形或卵状长圆形，通常2～5节，长1～5cm，粗5～15mm，顶生1枚叶，基部收狭，老茎花后逐渐萎缩变小（李宏杨 等，2017），干后淡黄褐色具光泽；节间长1～2cm，被白色膜质鞘。

叶：叶革质，长圆形，长3～8cm，宽6～30mm，先端钝并微凹，基部收狭但不下延为鞘，边缘多少波状。

花：总状花序从茎上端发出，远比茎长，长达28cm，疏生数朵至10余朵花；花苞片小，狭卵状披针形，长约2mm；花梗和子房黄绿色带淡紫色，长3～5cm；花橘黄色，开展，质薄；中萼片卵状披针形，长约2cm，宽7～8mm，先端稍钝；侧萼片与中萼片近等大；萼囊近球形，长约5mm；花瓣宽椭圆形，长2cm，宽1cm，先端圆钝；唇瓣横长圆形或近肾形，长约1.5cm，宽2cm，不裂，中部以下两侧围抱蕊柱，先端通常凹缺，唇盘在中部以下密被短柔毛；蕊柱粗短，长约4mm；药帽半球形，光滑，前端边缘不整齐；花期5—6月。

果实和种子：蒴果。

【功效应用】

性味功效：味甘、淡，性平；归胃、肾经。

临床应用：具有滋阴补肾、清热除烦、益胃生津的功效（李宏杨 等，2017）；可以抑制心血管疾病，能降低血糖，还具有一定的抗癌功效；能利咽润喉、解暑、养胃。还可治皮肤恶疮、支气管炎、咳嗽、类风湿病和肺结核等症。

【图示鉴别】

主要参考文献

黄少华，1993. 石斛侏儒——聚石斛[J]. 中国花卉盆景（5）：9.

李宏杨，刘扬，陈冠铭，2017. 聚石斛的生物学特性和栽培技术[J]. 中国热带农业（1）：72-73.

47 喇叭唇石斛

【拉丁学名】*Dendrobium lituiflorum* Lindl.

【别　　称】无。

【分布范围】国内分布于广西西南部和西部（德保、靖西、田林）、云南西南部（镇康）；国外分布于印度东北部、缅甸、泰国、老挝。生于海拔800~1 600m的山地阔叶林中树干上，野生资源多在疏松且厚的树皮或树干上生长，有的也生长于石缝中。

【形态特征】

茎：茎下垂，稍肉质，圆柱形，长30~40cm或更长，粗7~10mm，不分枝，具多节，节间长3~3.5cm。

叶：叶纸质，狭长圆形，长7.5~18cm，宽12~15mm，先端渐尖并且一侧稍钩转，基部具鞘。

花：总状花序多个，出自落了叶的老茎上，每个通常1~2朵花；花序柄几乎与茎交成直角，长5~10mm，基部被3枚鞘；鞘浅白色，纸质，长达1.5cm，先端钝；花苞片浅白色，卵形，长1~13mm，先端近锐尖；花梗和子房紫色，长2.5cm；花大，紫色，膜质，开展；中萼片长圆状披针形，长3.5cm，宽7mm，先端急尖，具7条脉；侧萼片相似于中萼片而等大，基部稍歪斜，具7条脉；萼囊小，近球形，长约4mm；花瓣近椭圆形，长约4cm，宽1.5cm，先端锐尖，全缘，具7条脉；唇瓣周边为紫色，内面有一条白色环带围绕的深紫色斑块，近倒卵形，比花瓣短，中部以下两侧围抱蕊柱而形成喇叭形，边缘具不规则的细齿，上面密布短毛；蕊柱长4mm，基部扩大；药帽圆锥形，顶端多少平截而凹陷，被细乳突，前端边缘全缘；花期3月（常俊 等，2004）。

果实与种子：蒴果。

【功效应用】

性味功效：味甘、淡，性寒；归胃、肾、肝经。

临床应用：滋阴益胃，生津止渴，可用于热病伤津，口干烦渴，病后虚热。具有清热解毒、滋养肺阴、补肺气等功效，可用于治疗肺热咳嗽、咳血、肺虚、肺气虚弱等疾病。还可用于治疗心悸失眠、口渴多饮、脱发等症状。

【图示鉴别】

主要参考文献

常俊，丁小余，保曙琳，等，2004. 喇叭唇石斛组织培养的研究[J]. 中国中药杂志（4）：29-33.

48 流苏石斛

【拉丁学名】*Dendrobium fimbriatum* Hook.

【别　　称】旱马鞭、马鞭石斛、草石斛（刘强 等，2012）、大黄草、流苏棒（刘海 等，2014）。

【分布范围】国内分布于广西南部至西北部（天峨、环江、凌云、田林、龙州、天等、隆林、东兰、武鸣、靖西、南丹）、贵州南部至西南部（罗甸、兴义、独山）、云南东南部至西南部（西畴、蒙自、石屏、富民、思茅、勐海、沧源、镇康）；国外分布于印度、尼泊尔、不丹、缅甸、泰国、越南。生于海拔600～1 700m山地有腐殖质聚集的石灰岩或树干上（敖茂宏 等，2011）。

【形态特征】

茎：茎粗壮，斜立或下垂，质地硬，圆柱形或有时基部上方稍呈纺锤形，长50～100cm，粗8～12mm，不分枝，具多数节，干后淡黄色或淡黄褐色，节间长3.5～4.8cm，具多数纵槽（唐德英 等，2009）。

叶：叶二列，革质，长圆形或长圆状披针形，长8～15.5cm，宽2～3.6cm，先端急尖，有时稍2裂，基部具紧抱于茎的革质鞘。

花：总状花序长5～15cm，疏生6～12朵花；花序轴较细，多少弯曲；花序柄长2～4cm，基部被数枚套叠的鞘；鞘膜质，筒状，位于基部的最短，长约3mm，顶端的最长，达1cm；花苞片膜质，卵状三角形，长3～5mm，先端锐尖；花梗和子房浅绿色，长2.5～3cm；花金黄色，质地薄，开展，稍具香气；中萼片长圆形，长1.3～1.8cm，宽6～8mm，先端钝，边缘全缘，具5条脉；侧萼片卵状披针形，与中萼片等长而稍较狭，先端钝，基部歪斜，全缘，具5条脉；萼囊近圆形，长约3mm；花瓣长圆状椭圆形，长1.2～1.9cm，宽7～10mm，先端钝，边缘微啮蚀状，具5条脉；唇瓣比萼片和花瓣的颜色深，近圆形，长15～20mm，基部两侧具紫红色条纹并且收狭为长约3mm的爪，边缘具复式流苏，唇盘具1个新月形横生的深紫色斑块，上面密布短茸毛；蕊柱黄色，长约2mm，具长约4mm的蕊柱足；药帽黄色，圆锥形，光滑，前端边缘具细齿；花期4—6月。

果实与种子：蒴果。

【功效应用】

性味归经：味甘，性微寒；归胃、肾经。

临床应用：滋阴清热、生津止渴（余乐 等，2011）；用于阴伤津亏、口干烦躁、食少干呕、病后虚热、目暗不明，对心脑血管疾病、多种癌症、糖尿病、前列腺疾病等有疗效，还是防老抗衰、养颜驻容、养肝明目的上等保健药品（刘强 等，2007）。还可抗肿瘤、降低血糖、提高免疫功能等，对治疗恶性肿瘤、胃肠道疾病、糖尿病、白内障、关节炎、血栓闭塞性脉管炎及慢性咽炎等疾病具有很好的疗效（罗鸣 等，2014）。

【图示鉴别】

主要参考文献

敖茂宏，吴明开，罗晓青，等，2011. 流苏石斛扦插育苗基质与插穗部位优选研究[J]. 浙江农业科学（5）：1037-1039.

刘海，罗鸣，黄竹荣，等，2014. 流苏石斛种质资源保存及组培苗与高芽苗差异研究[J]. 种子，33（11）：61-63.

刘强，殷寿华，黄文，等，2007. 流苏石斛濒危原因及资源保护[J]. 亚热带植物科学（4）：45-47.

刘强，殷寿华，兰芹英，2012. 濒危兰科植物流苏石斛的种群数量动态[J]. 应用与环境生物学报，18（4）：565-570.

罗鸣，刘海，李娟，等，2014. 流苏石斛组培快繁与炼苗移栽[J]. 湖北农业科学，53（8）：1930-1932.

唐德英，李学兰，段立胜，2009. 流苏石斛扦插繁殖试验[J]. 中药材，32（1）：15-16.

余乐，兰芹英，汤庚国，2011. 流苏石斛种子非共生萌发的研究[J]. 福建林学院学报，31（4）：346-348.

49 龙石斛

【拉丁学名】*Dendrobium draconis* Rchb. f.

【别　　称】龙头虎旁、石钟乳、龙骨藤。

【分布范围】国内分布于广东北部（南昆山、乐昌）、海南（三亚、陵水、保亭、东方、乐东、白沙、琼中等）、广西（防城、上思、桂平、容县、金秀、融水、资源等县）、西藏东南部（墨脱）和河南等地；国外分布于缅甸、越南、尼泊尔、不丹、印度、柬埔寨、泰国等地。生于海拔420~1 000m的常绿阔叶林中树干上或山谷岩石上。

【形态特征】

茎：茎粗壮，通常棒状或纺锤形，长25~40cm，粗达2cm，下部常收狭为细圆柱形，不分枝，具数个节和4个纵棱，有时棱不明显，干后淡褐色并且带光泽。

叶：叶常3~4枚，近顶生，革质，长圆状披针形，长8~17cm，宽2.6~6cm，先端急尖，基部不下延为抱茎的鞘。

花：总状花序从上一年或2年生具叶的茎上端发出，下垂，密生许多花，花序柄基部被2~4枚鞘；花苞片纸质，倒卵形，长1.2~1.5cm，宽6~10mm，先端钝，具约10条脉，干后多少席卷；花梗和子房白绿色，长2~2.5cm；花开展，萼片和花瓣淡黄色；中萼片卵形，长1.7~2.1cm，宽8~12mm，先端钝，具5条脉，全缘；侧萼片卵状披针形，近等大于中萼片，先端近急尖，具5~6条脉，全缘；萼囊近球形，宽约5mm；花瓣近圆形，长1.5~2cm，宽1.1~1.5cm，基部收狭为短爪，中部以上边缘具啮齿，具3条主脉和许多支脉；唇瓣金黄色，圆状菱形，长1.7~2.2cm，宽达2.2cm，先端圆形，基部具短爪，中部以下两侧围抱蕊柱，上面和下面的中部以上密被短茸毛；蕊柱橘黄色，长约4mm；药帽橘黄色，呈前后压扁的半球形或圆锥形，前端边缘截形，并且具细缺刻；花期3—5月。

果实与种子：蒴果。

【功效应用】

性味功效：味甘，性微寒；归胃、肾经。

临床应用：具有益胃、润肺止咳、增强免疫活性等作用（陈小强 等，2015）；能延缓衰老，活血化瘀，提高血管弹性，增加血管通透性，预防心脑血管病；能促进肠胃收缩，加快胃液分泌，能提高肠胃的消化功能。内含有的石斛碱还是一种类似于西汀药效的天然物质，能消除胃部炎症，保护胃黏膜，对胃炎以及胃溃疡都有良好预防作用；此外，能降低血糖预防肥胖，不但能促进胰岛素分泌，还能提高人体的耐糖性。

【图示鉴别】

主要参考文献

陈小强，新楠，孙宁，等，2015. 龙石斛种子萌发及原球茎增殖的研究[J]. 种子，34（10）：34-38.

50 玫瑰石斛

【拉丁学名】*Dendrobium crepidatum* Lindl. ex Paxton

【别　　称】大黄草、马鞭草和圆石斛（李付惠 等，2011）、水打棒；苦草、长苦草、短苦草、花苦草（李振坚 等，2020）。

【分布范围】国内分布于云南南部至西南部（勐海、勐腊、镇康、沧源）、贵州西南部（兴义、罗甸）；国外分布于印度、尼泊尔、不丹、缅甸、泰国、老挝、越南。生于海拔1 000~1 800m的山地疏林中树干上或山谷岩石上。

【形态特征】

茎：茎悬垂，肉质状肥厚，青绿色，圆柱形（李涛和何璇，2016），通常长30~40cm，粗约1cm，基部稍收狭，不分枝，具多节，节间长3~4cm，被绿色和白色条纹的鞘，干后紫铜色。

叶：叶近革质，狭披针形，长5~10cm，宽1.0~1.25cm，先端渐尖，基部具抱茎的膜质鞘。

花：总状花序很短，从落叶的老茎上部发出，具1~4朵花；花序柄长约3mm，基部被3~4枚干膜质的鞘；花苞片卵形，长约4mm，先端锐尖；花梗和子房淡紫红色，长约3.5cm；花质地厚，开展；萼片和花瓣白色，中上部淡紫色，干后蜡质状；中萼片近椭圆形，长2.1cm，宽1cm，先端钝，具5条脉；侧萼片卵状长圆形，与中萼片近等大，先端钝，基部歪斜，具5条脉，在背面其中肋多少龙骨状隆起；萼囊小，近球形，长约5mm；花瓣宽倒卵形，长2.1cm，宽1.2cm，先端近圆形，具5条脉；唇瓣中部以上淡紫红色，中部以下金黄色，近圆形或宽倒卵形，长约等于宽，约2cm，中部以下两侧围抱蕊柱，上面密布短柔毛；蕊柱白色，前面具2条紫红色条纹，长约3mm；药帽近圆锥形，顶端收狭而向前弯，前端边缘具细齿；花期3—4月。

【功效应用】

性味功效：味甘、淡，性寒；归胃、肾、肝经（李付惠 等，2011）。

临床应用：养胃生津、滋阴除热。用于热病伤津或胃阴不足之舌干口渴、虚热不退、阴伤目暗、腰膝软弱无力、食欲不振等症（李振坚 等，2020）；活血化瘀，增强免疫力，可治疗血压高、胃热。

【图示鉴别】

主要参考文献

李付惠，丁长春，李蕾，2011. 玫瑰石斛的生药学鉴定[J]. 文山学院学报，24（3）：16-17+40.

李涛，何璇，2016. 石斛属27种药用植物的性状鉴定特征比较[J]. 华西药学杂志，31（1）：54-57.

李振坚，周文雅，韩彬，等，2020. 基于UPLC-Q-TOF-MS技术的玫瑰石斛生物碱研究[J]. 天然产物研究与开发，32（3）：482-488+426.

51 美花石斛

【拉丁学名】*Dendrobium loddigesii* Rolfe

【别　　称】春石斛、粉花石斛、环草石斛、耳环石斛（包英华 等，2007）。

【分布范围】国内分布于广西（那坡、融水、凌云、龙州、永福、东兰、靖西、隆林等地）、广东南部（罗浮山）、海南（白沙）、贵州（罗甸、兴义、关岭）、云南南部（思茅、勐腊）；国外分布于老挝、越南。生于海拔400～1 500m的山地林中树干上或林下岩石上。

【形态特征】

茎：茎柔弱，常下垂，细圆柱形，长10～45cm，粗约3mm，有时分枝，具多节，节间长1.5～2cm，干后金黄色。

叶：叶纸质，二列，互生于整个茎上，舌形、长圆状披针形或稍斜长圆形，通常长2～4cm，宽1～1.3cm，先端锐尖而稍钩转，基部具鞘，干后上表面的叶脉隆起呈网格状；叶鞘膜质，干后鞘口常张开。

花：花白色或紫红色，每束1～2朵侧生于具叶的老茎上部；花序柄长2～3mm，基部被1～2枚短的、杯状膜质鞘；花苞片膜质，卵形，长约2mm，先端钝；花梗和子房淡绿色，长2～3cm；中萼片卵状长圆形，长1.7～2cm，宽约7mm，先端锐尖，具5条脉；侧萼片披针形，长1.7～2cm，宽6～7mm，先端急尖，基部歪斜，具5条脉；萼囊近球形，长约5mm；花瓣椭圆形，与中萼片等长，宽8～9mm，先端稍钝，全缘，具3～5条脉；唇瓣近圆形，直径1.7～2cm，上面中央金黄色，周边淡紫红色，稍凹的，边缘具短流苏，两面密布短柔毛；蕊柱白色，正面两侧具红色条纹，长约4mm；药帽白色，近圆锥形，密布细乳突状毛，前端边缘具不整齐的齿；花期4—5月。

果实与种子：蒴果。

【功效应用】

性味归经：味甘，性微寒；归胃、肾经（张凯惠 等，2021）。

临床应用：具有滋阴清热、生津益胃、润肺止咳、延年益寿等功效，用于热病伤津、食少干呕、病后虚弱、阴伤目暗、食欲不振、遗精、腰膝酸软无力等症（卢文芸，2005）。

【图示鉴别】

主要参考文献

包英华,白音,王文全,等,2007. 美花石斛种质资源的RAPD分子鉴定[J]. 时珍国医国药(5):1034-1035.

卢文芸,2005. 环草石斛的快速繁殖及其愈伤组织次生代谢产物积累特征的研究[D]. 贵阳:贵州师范大学.

张凯惠,许立拔,冯成晶,等,2021. 美花石斛醇提物对高尿酸血症小鼠的影响[J]. 中成药,43(2):488-491.

52 密花石斛

【拉丁学名】*Dendrobium densiflorum* Lindl.

【别　　称】黄草石斛、黄草(李付惠 等,2011)。

【分布范围】国内分布于广东、广西、海南和西藏等地(李强,2012);国外分布于尼泊尔、不丹、印度东北部、缅甸、泰国。生于海拔420~1 000m的常绿阔叶林中树干上或山谷岩石上。

【形态特征】

茎:茎粗壮,通常棒状或纺锤形,长25~40cm,粗达2cm,下部常收狭为细圆柱形,不分枝,具数个节和4个纵棱,有时棱不明显,干后淡褐色并且带光泽。

叶:叶常3~4枚,近顶生,革质,长圆状披针形,长8~17cm,宽2.6~6cm,先端急尖，基部不下延为抱茎的鞘。

花：总状花序从上年或2年生具叶的茎上端发出，下垂，密生许多花，花序柄基部被2~4枚鞘；花苞片纸质，倒卵形，长1.2~1.5cm，宽6~10mm，先端钝，具约10条脉，干后多少席卷；花梗和子房白绿色，长2~2.5cm；花开展，萼片和花瓣淡黄色；中萼片卵形，长1.7~2.1cm，宽8~12mm，先端钝，具5条脉，全缘；侧萼片卵状披针形，近等大于中萼片，先端近急尖，具5~6条脉，全缘；萼囊近球形，宽约5mm；花瓣近圆形，长1.5~2cm，宽1.1~1.5cm，基部收狭为短爪，中部以上边缘具啮齿，具3条主脉和许多支脉；唇瓣金黄色，圆状菱形，长1.7~2.2cm，宽达2.2cm，先端圆形，基部具短爪，中部以下两侧围抱蕊柱，上面和下面的中部以上密被短茸毛；蕊柱橘黄色，长约4mm；药帽橘黄色，呈前后压扁的半球形或圆锥形，前端边缘截形，并且具细缺刻；花期5月（翟俊文 等，2017）。

果实与种子：蒴果。

【功效应用】

性味功效：味甘，性微寒；归胃、肾经。

临床应用：养胃生津，滋阴除热。含有酸性多糖，具有一定的免疫调节和抗肿瘤作用（李付惠 等，2011）。可用于滋阴益肾，生津止渴，蜘蛛热病，伤津，口干烦渴，病后虚弱。

【图示鉴别】

主要参考文献

李强，2012. 密花石斛多糖DDP-1-D的分离纯化及结构表征[D]. 广州：南方医科大学.

翟俊文，叶德平，叶谋鑫，等，2017. 福建省兰科植物新纪录[J]. 福建农林大学学报（自然科学版），46（1）：34-36.

李付惠，丁长春，李蕾，2011. 密花石斛的生药学鉴定[J]. 安徽农业科学，39（10）：5796-5798.

53 木石斛

【拉丁学名】*Dendrobium crumenatum* Sw.

【别　　称】鸽石斛、森斛、木斛。

【分布范围】国内分布于台湾；国外分布于缅甸、老挝、越南、柬埔寨、马来西亚、印度尼西亚、斯里兰卡、菲律宾。

【形态特征】

茎：茎稍压扁状圆柱形，长40~70cm，上部细，基部上方3~4个节间膨大呈纺锤状；膨大部分的茎粗达2cm，常具纵条棱。

叶：叶扁平，二列，互生于茎的中部，革质，卵状长圆形，长约6cm，宽2.5cm，先端钝并且不等侧2裂，基部具抱茎的鞘。

花：花出自茎上部落了叶的部分，通常单生，白色或有时先端具粉红色，有浓香气；花苞片椭圆形，长6mm，宽2.5mm；花梗和子房微红色，长15mm；花开展，仅持续1~2d；中萼片卵状披针形，长1.7~2.2cm，宽约5mm，先端稍钝；侧萼片斜卵状披针形，稍比中萼片大；萼囊长圆锥形，长达15mm；花瓣倒卵状长圆形，长17~20mm，宽达7mm，先端近锐尖；唇瓣长24~25mm，宽13~18mm，3裂；侧裂片直立，近倒卵形，先端近截形；中裂片倒卵形，长12mm，宽约10mm，先端具短尖，边缘具细圆齿并且皱波状；唇盘具5条黄色并且边缘带细齿的龙骨脊；蕊柱长约3mm，蕊柱足基部具1个黄色肉突；药帽白色；花期9月。

果实与种子：蒴果。

【功效应用】

性味功效：味甘，性微寒；归胃、肾经。

临床应用：清热解毒，具有抗菌消炎的效果，适用于一些由于感染引起的疾病。具有益气养阴的功效，可帮助人体调节阴阳平衡，改善体质；具有抗氧化、抗衰老的作用，对于保护身体健康有积极的作用。

【图示鉴别】

54 扭瓣石斛

【拉丁学名】*Dendrobium tortile* A. Cunn.

【别　　称】无。

【分布范围】分布于印度、马来西亚、缅甸、泰国、越南。生于海拔700~1 200m的常绿阔叶林中树干上或山谷岩石上。

【形态特征】

茎：茎粗壮，通常棒状长15~40cm，粗达2cm，下部常收狭为细圆柱形，不分枝，有时棱不明显，黄淡褐色。

叶：叶长3~6cm，先端急尖，基部不下延为抱茎的鞘。

花：花紫红色，唇瓣白色（马良 等，2019），部分也有差异，花瓣扭曲；花期4—6月。

果实与种子：蒴果。

【功效应用】

性味功效：味甘，性微寒；归胃、肾经。

临床应用：用于滋养胃阴，生津止渴，兼能清胃热。能滋肾阴，兼能降虚火，适用于肾阴亏虚之目暗不明、筋骨痿软及阴虚火旺、骨蒸劳热等证。

【图示鉴别】

主要参考文献

马良，陈松泉，庄莉彬，2019. 35种石斛兰观赏价值评价[J]. 亚热带植物科学，48（3）：269-273.

55 蜻蜓石斛

【拉丁学名】*Dendrobium pulchellum* Roxb. et Lindl.：Lindl.

【别　　称】无。

【分布范围】国内主要分布于云南、广东、广西、贵州、海南和香港；国外主要分布于印度、越南、缅甸、尼泊尔、泰国、印度尼西亚等地。

【形态特征】

茎：假鳞茎圆柱形，向先端变薄，长达2m，直径约1cm。

叶：叶互生，二列，长圆状披针形；叶基有叶鞘。

花：总状花序从新老假鳞茎的上节垂下，长约30cm，携带6~12朵直径6~10cm的花，因唇瓣上有两块深色的斑点，似蜻蜓眼睛而得名，花具香味；花开展，花瓣淡乳黄色或淡粉色，唇瓣带有茸毛，花瓣对称，呈现棕红色大斑点，花香淡雅（李娜 等，2021）；萼片呈卵形，先端尖，有粉红色脉络；侧边萼片在合蕊柱的基部合并，形成萼囊；花瓣椭圆形，先端钝，颜色与萼片相同；唇瓣倒卵形至圆形，凹陷，两侧有两个红褐色至深紫色的斑点，在先端有长柔毛和纤毛；蕊柱淡黄色，蕊柱齿发达，宽三角形，浅黄色；蕊柱足黄色，较短；花药帽浅黄色，光滑，近圆形盔形；花粉团4枚，蜡质，金黄色。

果实与种子：蒴果。

【功效应用】

性味功效：味甘，性微寒；归胃、肾经。

临床应用：可滋润肺热、清热生津、补肾滋阴、强筋壮骨、益气养血、调节内分泌、增强性功能、促进伤口愈合等。对于口干舌燥、咽喉痛痒、消渴症、腹泻、疲劳等症状都有很好的辅助治疗作用。具有调节血糖、提高免疫力等功效，从中提取的联苄类化合物对多种癌细胞具有显著的抑制作用（李娜 等，2021）。

【图示鉴别】

主要参考文献

李娜，杨蕾蕾，陈朋，等，2021. 蜻蜓石斛类原球茎的诱导与植株再生系统建立[J]. 植物生理学报，57（12）：2387-2392.

56 球花石斛

【拉丁学名】*Dendrobium thyrsiflorum* Rchb. f.

【别　　称】无。

【分布范围】国内分布于云南（屏边、金平、马关、勐海、思茅、墨江、景东、沧源、澜沧、墨江、腾冲）（李桂琳 等，2017）；国外分布于印度东北部、缅甸、泰国、老挝、越南。生于海拔1 100～1 800的山地林中树干上（张凯丽 等，2015）。

【形态特征】

茎：直立或斜立，圆柱形，粗壮，不分枝，具数节，黄褐色并且具光泽，有数条纵棱。

叶：叶3～4枚互生于茎的上端，革质，长圆形或长圆状披针形，先端急尖，基部下延为抱茎的鞘。

花：总状花序侧生于带有叶的老茎上端；花序呈松果状，下垂，长10～16cm，密生许多花，花开展，质地薄，萼片和花瓣白色；花瓣近圆形，长14mm，宽12mm，先端圆钝，基部具长约2mm的爪，具7条脉和许多支脉，基部以上边缘具不整齐的细齿；唇瓣金黄色，半圆状三角形，长15mm，宽19mm，先端圆钝，基部具长约3mm的爪；花期4—5月。

果实与种子：蒴果。

【功效应用】

性味功效：味甘，性微寒；归胃、肾经。

临床应用：抗凝血、降血压、缓解多种慢性疾病（崔娟，2013）。现代药理学研究表明，球花石斛中的香豆素类、肉桂酸苷类、蒽醌苷类等12个化合物，具有抗肿瘤、抗衰老、增强人体免疫力和扩张血管等作用，具有很高的开发利用价值（耿秀英 等，2012）。

【图示鉴别】

主要参考文献

崔娟，2013. 球花石斛化学成分与铁皮石斛的品质研究[D]. 合肥：安徽中医药大学.

耿秀英，白燕冰，周候光，等，2012. 球花石斛人工授粉试验[J]. 热带农业科技，35（2）：37-38.

李桂琳，周候光，白燕冰，等，2017. 球花石斛资源鉴定评价研究进展[J]. 热带农业科技，40（3）：36-42+46.

张凯丽，文小玲，孙孔春，等，2015. 云南球花石斛提取物体外自由基清除活性研究[J]. 昆明医科大学学报，36（2）：7-9.

57 曲茎石斛

【拉丁学名】*Dendrobium flexicaule* Z. H. Tsi，S. C. Sun et L. G. Xu

【别　　称】大黄草（张炳言 等，1999）、金钗（封光伟 等，2000）。

【分布范围】国内分布于河南、湖北（神农架地区）、湖南（衡山）、四川（甘洛）（刘志强 等，2002）。生于海拔1 200～2 000m的山谷岩石上。

【形态特征】

茎：茎圆柱形，稍回折状弯曲，长6～11cm，粗2～3mm，不分枝，具数节，节间长1～1.5cm，干后淡棕黄色。

叶：叶2～4枚，二列，互生于茎的上部，近革质，长圆状披针形，长约3cm，宽7～10mm，先端钝并且稍钩转，基部下延为抱茎的鞘。

花：花序从落了叶的老茎上部发出，具1～2朵花；花序柄长1～2cm，粗约1mm，基部被3～4枚长2～4mm的膜质鞘；花苞片浅白色，卵状三角形，长约3mm，先端急尖；花梗和子房黄绿色带淡紫，长3～4.5cm；花开展，中萼片背面黄绿色，上端稍带淡紫色，长圆形，长28mm，中部宽8mm，先端钝，具5条脉；侧萼片背面黄绿色，上端边缘稍带淡紫色，斜卵状披针形，与中萼片等长而较宽，先端钝，具5条脉，萼囊黄绿色，圆锥形，长约8mm，宽10mm，末端近圆形。花瓣下部黄绿色，上部近淡紫色，椭圆形，长约25mm，中部宽13mm，先端钝，具5条脉；唇瓣淡黄色，先端边缘淡紫色，中部以下边缘紫色，宽卵形，不明显3裂，长17mm，宽14mm，先端锐尖，基部楔形，上面密布短茸毛，唇盘中部前方有1个大的紫色扇形斑块，其后有1个黄色的马鞍形胼胝体；蕊柱黄绿色，长约3mm；蕊柱足长约10mm，中部具2个圆形紫色斑块并且疏生上部紫色而下部黄绿色的叉状毛，末端紫色，与唇瓣结合而形成强烈增厚的关节；蕊柱齿2个，三角形，基部外侧紫色；药帽乳白色，近菱形，长约2.5mm，基部前缘具不整齐的细齿，顶端深2裂，裂片尖齿状；花期5月。

果实与种子：蒴果。

【功效应用】

性味功效：味甘，性寒；归胃、肾经。

临床应用：养阴、生津液、滋肾阴、清虚热，主治胃津不足、口中作渴、唇燥咽干、舌红少津，或肾阴虚亏、虚热内发、腰软乏力、头晕眼花、视力减退、舌红少苔者。食之草香味浓郁，在产地有用于小儿惊风。它含有多种生物碱、多糖和17种游离氨基酸，用水煮沸后，浓郁芳香，甘甜可口（张爽，2016）。

【图示鉴别】

主要参考文献

封光伟，张丙炎，别子兴，等，2000. 伏牛山曲茎石斛栽培技术研究[J]. 河南林业科技，4（2）：6-9.

刘志强，邢红华，赵艳岭，等，2002. 曲茎石斛营养器官的解剖学研究[J]. 河南科学，4（2）：152-156.

张炳言，封光伟，何洪中，等，1999. 模拟曲茎石斛生境的栽培技术研究[J]. 中药材，4（5）：217-220.

张爽，2016. 伏牛山区环境条件对曲茎石斛生长繁殖的影响[J]. 现代园艺，4（21）：13-14.

58 曲轴石斛

【拉丁学名】*Dendrobium gibsonii* Lindl.

【别　　称】紫斑石斛。

【分布范围】国内分布于广西（凌云）、云南东南部至南部（文山、蒙自、思茅、勐腊、景洪）；国外分布于尼泊尔、不丹、印度东北部、缅甸、泰国。生于海拔800～

1 000m的山地疏林中树干上。

【形态特征】

茎：茎斜立或悬垂，质地硬，圆柱形，长35～100cm，粗7～8mm，上部有时稍弯曲，不分枝，具多节；节间长2.4～3.4cm，具纵槽，干后淡黄色。

叶：叶革质，二列，互生，长圆形或近披针形，长10～15cm，宽2.5～3.5cm，先端急尖，基部具纸质鞘。

花：总状花序出自落了叶的老茎上部，常下垂；花序轴暗紫色，常折曲，长15～20cm，疏生几朵至10余朵花；花序柄长1～2cm，基部被4～5枚筒状或杯状鞘；鞘纸质，套叠，基部的长约3mm，上端的长达1cm；花苞片披针形，凹成舟状，长5～7mm，先端急尖；花梗和子房长2.5～3.5cm；花橘黄色，开展；中萼片椭圆形，长1.4～1.6cm，宽10～11mm，先端钝，具7条脉；侧萼片长圆形，长1.4～1.6cm，宽9～10mm，先端钝，基部歪斜，具7条脉；萼囊近球形，长约4mm；花瓣近椭圆形，长1.4～1.6cm，宽8～9mm，先端钝，边缘全缘，具5条脉；唇瓣近肾形，长1.5cm，宽1.7cm，先端稍凹，基部收狭为爪；唇盘两侧各具1个圆形栗色或深紫色斑块，上面密布细乳突状毛，边缘具短流苏；蕊柱长约3mm，具长约3mm的蕊柱足；药帽淡黄色，近半球形，无毛，前端边缘微啮蚀状；花期6—7月。

果实与种子：蒴果。

【功效应用】

性味功效：味甘、微苦，性凉；归胃、肺、肾经。

临床应用：滋阴润肺，清热生津，止渴，益胃。用于热病伤津，口干烦渴，阴虚潮热，肺痨。

【图示鉴别】

59 绒毛石斛

【拉丁学名】*Dendrobium senile* C. S. P. Parish ex Rchb. f.

【别　　称】白毛石斛、绒叶石斛。

【分布范围】国内分布于云南、贵州、广西等地；国外分布于缅甸、老挝和越南等地。生于海拔200～1 500m的常绿阔叶林中树干上或山谷岩石上。

【形态特征】

茎：茎丛生，直立，假鳞茎圆柱形，粗短，长5～15cm，粗6～9mm，2～5节，节间长5～10mm。茎上布满白色茸毛。

叶：叶长圆柱椭圆形，长5～6cm，宽1～1.5cm，先端急尖，基部下延为抱茎的鞘，开花时叶片有脱落的现象。

花：花序腋生，通常有1～4朵花，直径4～5cm；萼片和花瓣黄色，花心偏绿外部黄色，略带芳香；唇瓣3浅裂，唇盘有绿色斑块和红棕色的条纹；花期很长，从每年12月持续到第二年4月。在花盛开的过程中，花的颜色会逐渐变化，初开时花呈淡绿色，随后逐渐变成黄色，十分奇妙。

果实与种子：蒴果。

【功效应用】

性味功效：味甘，性寒；归胃、肺经。

临床应用：清热解毒、滋阴润燥、养血安神等。适用于肺热燥咳、痰热壅肺、咽痛、口糜、虚火上炎、肺燥咳血等症状。

【图示鉴别】

60 桑德石斛

【拉丁学名】*Dendrobium sanderae*

【别　　称】大花桑德石斛。

【分布范围】分布于菲律宾北部吕宋岛，生于海拔1 000～1 600m的树林。

【形态特征】

茎：茎质地坚硬，圆柱形，上下等粗，长10～50cm，粗4～10mm，不分枝，具多个节，节间长3～5cm，具纵条棱。

叶：数枚至10余枚，二列互生于中部以上的茎上，革质，长圆形，长4～87cm，宽1.2～2.4cm，先端钝并且稍不等侧2裂，基部下延为抱茎的鞘，幼时在下面被黑色硬毛，叶鞘亦密被黑色硬毛。

花：除唇盘基部和喉具紫红色条纹外，均为白色，开展；中萼片长圆形，长2.5～3cm，宽7～10mm，先端急尖，具2～3条脉；侧萼片斜披针形，上侧边缘与中萼片等长，下侧边缘长4～5cm，宽6～8mm，先端急尖，具6～7条脉；萼囊狭长，劲直，呈角状，长约2.5cm；花瓣倒卵形，长2.5～3.7cm，宽1.2～2.2cm，先端圆钝并且具短尖，具6～7条脉；唇瓣长3.5cm，3裂；侧裂片倒卵形，围抱蕊柱，前端边缘稍波状；中裂片近圆形，比两侧裂片先端之间的宽小得多，宽1.1～1.5cm，先端2裂，边缘具不整齐的锯齿；唇盘从唇瓣基部至中裂片基部具4～5条并行的小龙骨脊；蕊柱长约6mm，具长约2mm的三角形蕊柱齿；药帽近半球形，前端边缘具细齿，顶端稍凹的。花期6—9月。

果实与种子：蒴果。

【功效应用】

性味功效：味甘，性微寒；归胃、肾经。

临床应用：清热养阴、生津益胃。内服可用于治疗热病伤津、病后虚热、口干烦渴、阴伤目暗等病症。

【图示鉴别】

61 少花黄绿石斛

【拉丁学名】*Dendrobium parciflorum* Rchb. f. ex Lindl.

【别　　称】舌石斛、黄绿小石斛。

【分布范围】国内分布于云南南部（景洪）；国外分布于印度东北部、缅甸、泰国、老挝、越南、孟加拉国。生于海拔750~1 500m的山地疏林中，常附生于罗汉松树干上。

【形态特征】

茎：假鳞茎，茎质地硬，直立或斜立，扁圆柱形或纺锤形，长达50cm以上，粗6~7mm，具多个节，有时分枝；节间棒状，长1.5~2cm，干后黄色，具纵条棱，有光泽。

叶：叶厚肉质，二列，两侧压扁呈半圆柱形，长1.7~3cm，宽3~4mm，先端锐尖，基部扩大呈抱茎的鞘，中部以上向外弯，叶鞘灰色。

花：花淡白色或淡黄色，芳香，质地薄，开展，每1~2朵花为1束，侧生于具叶或落了叶的老茎顶端和中部以上的节上；花序柄长2~4mm，基部被3~4枚大的鞘；花苞片膜质，卵形，长1~2mm；花梗和子房长15mm；中萼片长圆形，长12mm，宽5mm，先端锐尖，具7条脉；侧萼片卵状三角形，与中萼片等长，宽8mm，先端锐尖，基部十分歪斜，具7~8条脉；萼囊大，长2cm，宽约1cm，向前弯曲。花瓣长圆形，长12mm，宽3mm，先端钝，具3条脉；唇瓣匙形，长2.5cm，宽约1cm，先端凹缺，前部边缘波状，中央具3~4条纵贯的粗厚脉纹而终止于近唇瓣的先端，上面近先端处具黄色斑点并且密布乳突状毛；蕊柱长3mm，具长约2cm的蕊柱足；花期7—8月。

果实与种子：蒴果。

【功效应用】

性味功效：味甘、淡，性凉；归胃、肾经。

临床应用：益气生精、清热解毒、养神安神、抗衰防衰。应用于治疗关节炎、类风湿性关节炎等炎症性关节病；调节免疫功能，增强抵抗力，预防感冒、过敏等疾病；降低血糖水平，改善糖尿病症状；改善睡眠质量，以及用于抗氧化，预防心血管疾病、癌症等慢性疾病。

【图示鉴别】

62 石橄榄石斛

【拉丁学名】*Pholidota chinensis* Lindl.

【别　　称】石上仙桃、石莲、果上叶（彝族）、石上莲（惠阳、湛江）、大号石橄榄（潮汕、普宁、潮阳）、双叶石橄榄、薄叶石橄榄（潮安、南澳）、箆兰（普宁、潮阳）、大吊兰（湛江）、石穿盘（《广西中草药》）、石黄肉（《福建中草药》）、千年矮、小扣子兰（《文山中草药》）、浮石斛、川甲草、马榴根（《湖南药物志》）。

【分布范围】国内分布于浙江南部（泰顺）、福建、广东、海南、广西、贵州（兴义、遵义、黔东南、黔南）、香港、云南西北部至东南部（贡山、澜沧、景洪、勐腊、蒙自、屏边、麻栗坡、西畴）和西藏东南部（墨脱）。附生于海拔890~2 500m的林中、溪谷边或林地边缘的树干上、岩壁上或山林下具腐殖质的岩石上。

【形态特征】

茎：根状茎通常较粗壮且短，匍匐状，直径有3~8mm或更粗，覆有膜质鳞片状叶，具较密的节和较多的根，相距5~15mm或更短距离生有一假鳞茎；假鳞茎狭卵状长圆形或梭形，肉质，大小变化甚大，一般长1.6~8cm，宽5~23mm，基部收狭成柄状，其下有须根1~2条，柄在老假鳞茎尤为明显，长达1~2cm。假鳞茎干时缩成条状或纺锤状，有不规则的纵皱纹和纵沟纹，顶端有芽痕或叶痕，灰黄色或黄褐色，有时绿黄色；质韧，断面灰白色，呈短圆柱形，切口一端较粗；表面较光滑，少有沟纹，质地较松泡。叶片与假鳞茎常分离，卷曲或折叠，灰黄色。

叶：假鳞茎顶端有叶2枚，常呈倒卵状椭圆形、倒披针状椭圆形至近长圆形（王晓燕 等，2016），长5~22cm，宽2~6cm，先端渐尖、急尖或近短尾状，具3条较明显的弧形脉，干后多少带黑色；叶基部渐渐变狭窄成为叶柄，叶柄长1~5cm。

花：花葶生于幼嫩假鳞茎顶端，发出时其基部连同幼叶均为鞘所包，长12~38cm；总状花序常多少外弯，具数朵至20余朵疏离的花；花序轴稍左右曲折；苞片在花未开时二列套叠，呈长圆形至宽卵形，常多少对折，长1~1.7cm，宽6~8mm，宿存，至少在花凋谢时不脱落；花梗和子房长4~8mm；花洁白或带浅黄色，芳香；萼片有3片，中萼片椭圆形或卵状椭圆形，长7~10mm，宽4.5~6mm，凹陷成舟状，背面略有龙骨状突起；侧萼片卵状披针形，略狭于中萼片，具较明显的龙骨状突起；花瓣线状披针形，长9~10mm，宽1.5~2mm，与萼片等长，背面略有龙骨状突起；唇瓣轮廓近宽卵形，略3裂，下半部凹陷成半球形的囊，囊两侧各有1个半圆形的侧裂片，前方的中裂片卵圆形，长、宽均为4~5mm，先端具短尖，囊内无附属物；蕊柱长4~5mm，中部以上具翅，翅围绕药床；蕊喙宽舌状；花期4—5月。

果实与种子：蒴果，呈倒卵状椭圆形，长1.5~3cm，宽1~1.6cm，有6棱，3个棱上有狭翅，果形如杨桃；果梗长4~6mm，结果期9月至第二年1月。

【功效应用】

性味功效：味甘、淡，性凉；归肝、脾、肾经。

临床应用：清热养阴，化痰止咳，润肺生津，利湿，消瘀（温秀萍，2017），用于感冒，咳嗽，咽喉肿痛，支气管炎，肺炎，哮喘，肺结核，淋巴结结核，小儿疳积，胃溃疡，十二指肠溃疡，胃炎，肝炎，痢疾，吐血，瘰疬，牙痛，头痛，眩晕，梦遗，白带，小便不利等；外用治慢性骨髓炎，跌打损伤，骨折，外伤出血等。与家禽、肉类一起煲汤佐餐，其色明味香，是流行民间的一种保健、美容、四季皆宜的药膳，对胃痛等许多疾病都有预防、治疗或缓解的作用。

民间常用来治疗高血压、头晕和各种原因引起的头疼等疾病（南京中医药大学，2006），用其制成的"头痛定糖浆"临床上用于治疗神经功能性头痛、脑震荡后遗症，已应用多年，治疗效果良好（中华人民共和国卫生部药典委员会，1994）。

【图示鉴别】

主要参考文献

南京中医药大学，2006. 中药大辞典（上册）[M]. 上海：上海科学技术出版社.

王晓燕，黎理，朱华，2016. 石仙桃研究进展[J]. 亚太传统医药，12（1）：42-44.

温秀萍，2017. 观赏与药用植物石仙桃[J]. 农村百事通（14）：26.

中华人民共和国卫生部药典委员会，1994. 中华人民共和国卫生部药品标准：中药成方制剂（第九册）[S].

63 束花石斛

【拉丁学名】 *Dendrobium chrysanthum* Lindl.

【别　　称】 水打棒、金兰、大黄草。

【分布范围】 国内分布于广西西南部至西北部（德保、隆林、凌云、靖西、田林、南丹）、贵州南部至西南部（兴义、安龙、罗甸、关岭）、云南东南部至西南部（麻栗坡、砚山、屏边、石屏、绿春、勐腊、勐海、澜沧、镇康、临沧）、西藏东南部（墨脱）；国外分布于印度、尼泊尔、不丹、缅甸、泰国、老挝、越南（吴磊和刘全儒，2017）。生于海拔700～2 500m的山地密林中树干上或山谷阴湿的岩石上（徐晔春，2016）。

【形态特征】

茎：茎粗厚，肉质，下垂或弯垂，圆柱形，长50～200cm，粗5～15mm，上部有时稍回折状弯曲，不分枝，具多节，节间长3～4cm，干后浅黄色或黄褐色。

叶：叶二列，互生于整个茎上，纸质，长圆状披针形，通常长13～19cm，宽1.5～4.5cm，先端渐尖，基部具鞘；叶鞘纸质，干后鞘口常杯状张开，常浅白色。

花：伞状花序近无花序柄，每2～6朵花为一束，侧生于具叶的茎上部；花苞片膜质，卵状三角形，长约3mm；花梗和子房稍扁，长3.5～6cm，粗约2mm；花黄色，质地厚；中萼片多少凹的，长圆形或椭圆形，长15～20mm，宽9～11mm，先端钝，具7条脉；侧萼片稍凹的斜卵状三角形，长15～20mm，基部稍歪斜而较宽，宽10～12mm，先端钝，具7条脉；萼囊宽而钝，长约4mm。花瓣稍凹的倒卵形，长16～22mm，宽11～14mm，先端圆形，全缘或有时具细啮蚀状，具7条脉；唇瓣凹的，不裂，肾形或横长圆形，长约18mm，宽约22mm，先端近圆形，基部具1个长圆形的胼胝体并且骤然收狭为短爪，上面密布短毛，下面除中部以下外亦密布短毛；唇盘两侧各具1个栗色斑块，具1条宽厚的脊从基部伸向中部；蕊柱长约4mm，具长约6mm的蕊柱足；药帽圆锥形，长约2.5mm，几乎光滑的，前端边缘近全缘；花期9—10月。

果实与种子：硕果，长圆柱形，长7cm，粗约1.5cm（徐晔春，2016）。

【功效应用】

性味功效：味苦、淡，性寒；归胃、肾经（史永锋 等，2005）。

临床应用：用于热病伤津、口渴舌燥、病后虚热、胃病、干呕、舌光少苔。具有增强免疫、强阴益精、生津养胃、润肺止咳、滋阴清热、生津止渴、抗癌、清肝、明目、调节血脂、降血糖等作用。对心脑血管、消化系统和呼吸系统、眼科等有特殊功效。研究发现该植物浸膏可明显降低豚鼠肠管自发活动，使节律消失，肠管处于完全麻痹状态，并可拮抗乙酰胆碱对肠管的作用（徐国钧 等，1988）。

【图示鉴别】

主要参考文献

史永锋，付开聪，张宁，等，2005. 束花石斛快繁育苗技术的研究[J]. 中草药（3）：438-441.

吴磊，刘全儒，2017. 束花石斛[J]. 生物学通报，52（4）：23.

徐国钧，杭秉茜，李满飞，1988. 11种石斛对豚鼠离体肠管和小鼠胃肠道蠕动的影响[J]. 中草药，19（1）：21-23.

徐晔春，2016. 束花石斛[J]. 花木盆景（花卉园艺）（5）：2.

64 双花石斛

【拉丁学名】*Dendrobium furcatopedicellatum* Hayata

【别　　称】对花石斛。

【分布范围】主要产于我国台湾（中部和南部），生于山地林中。

【形态特征】

茎：茎圆柱形，直立，长30～40cm或更长，粗2mm，上部互生叶，节间长3～5cm。

叶：叶薄革质，线形，长约11cm，宽4mm，先端渐尖，基部稍收窄然后扩大为鞘，具3条脉；叶鞘筒状，长3.5cm，紧紧围抱于节间。

花：伞状花序侧生，具2朵花，呈90°角向外伸展；花序柄长13mm，基部被1～2枚鞘；花梗和子房长约1cm；花稍张开，淡黄色；萼片在中部两侧具紫色斑点，狭披针形，长约3cm，基部宽3.5mm，先端丝状卷曲；萼囊长约5mm，多少弯曲的；花瓣与萼片等长，但较窄；唇瓣3裂，侧裂片小，直立，先端钝；中裂片较大，三角状披针形，长1～1.5cm，先端反卷，边缘具流苏状的齿，唇盘被短柔毛；花期5月。

果实和种子：蒴果。

【功效应用】

性味功效：味微苦，性微寒；归胃、肾经。

临床应用：可作茶饮；亦可煲汤佐料，汤色亮丽，清香回味；味甘、微寒，上佳补品。

【图示鉴别】

65 水莲石斛

【拉丁学名】*Dendrobium* "Hibiki"

【别　　称】姬美石斛。

【分布范围】培育种，常在温室栽培种植。以长苞石斛（*Dendrobium bracteosum*）为母本、雪山石斛（*Dendrobium laevifolium*）为父本杂交获得的新品种。

【形态特征】

茎：茎假鳞茎状，密集或丛生，多少两侧压扁状，纺锤形或卵状长圆形，通常2~5节，长1~5cm，粗5~15mm，顶生1枚叶，基部收狭，干后淡黄褐色，具光泽；节间长1~2cm，被白色膜质鞘。

叶：叶革质，长圆形，长3~8cm，宽6~30mm，先端钝并微凹，基部收狭但不下延为鞘，边缘多少波状。

花：花朵呈紫红色，常盛开在老茎上，与叶片交相辉映，绚丽夺目，花期较长，一般可达40~50d，且一年中可多次开花；花期不定（莫远琪 等，2020），通常是盛夏开放，植株成熟就会开花，有时一年可以开2~3次花，花期可达40d以上，观赏价值高。

果实与种子：蒴果。

【功效应用】

性味功效：味甘，性微寒；归胃、肾经。

临床应用：补中益气，健脾和胃。

【图示鉴别】

主要参考文献

莫远琪，李汉文，江南，等，2020. 水莲石斛的组织培养与快速繁殖[J]. 热带作物学报，41（6）：1179-1188.

66 苏瓣石斛

【拉丁学名】*Dendrobium harveyanum* Rchb. f.

【别　　称】无。

【分布范围】国内分布于云南南部（勐腊）；国外分布于缅甸、泰国、越南。生于海拔1 100～1 700m的疏林中树干上。

【形态特征】

茎：纺锤形（李桂琳 等，2014），质地硬，花秆稍高，长8～16cm，粗8～12mm，通常弧形弯曲，不分枝，具3～9节，节间长1.5～2.5cm，具多数扭曲的纵条棱，干后褐黄色，具光泽。

叶：叶革质，斜立，叶少且稍大，常2～3枚互生于茎的上部，长圆形或狭卵状长圆形，长10.5～12.5cm，宽1.6～2.6cm，先端急尖，基部收狭并且具抱茎的革质鞘。

花：总状花序出自上年生具叶的近茎端，纤细，下垂，长3.5～9cm，疏生少数花，花序柄具3～4枚卵形的鞘；花苞片卵状三角形，长1mm；花梗和子房长2.5cm；花金黄色，质地薄，开展；中萼片披针形，长12mm，宽5～6mm，先端稍钝，具5～6条脉，全缘；侧萼片卵状披针形，长12mm，宽7mm，先端稍钝，具7条脉；萼囊近球形，长3mm；花瓣长圆形，长12mm，宽7mm，先端钝，具3条脉，边缘密生长流苏；唇瓣近圆形，凹的，宽约2cm，基部收狭为短爪，边缘具复式流苏，唇盘密布短茸毛；蕊柱长约4mm；药帽近圆锥形，顶端钝，几乎光滑的，前端边缘具不整齐的齿；花期3—4月。

果实与种子：蒴果。

【功效应用】

性味功效：味甘、淡，性微寒；归肺、肾经。

临床应用：具有清热解毒、消肿止痛、散瘀生新、化痰润燥的功效，具有抗炎、抗氧化、促进消化、改善睡眠、增强人体免疫力和保护肝脏等作用，对治疗肿瘤、糖尿病、肝炎、冠心病等疾病有一定效果，还可以滋补肾阴、养心安神，对肾虚、失眠等症状有缓解作用。孕妇、哺乳期妇女和儿童应禁止使用，过敏体质患者慎用，注意药物相互作用并避免长期高剂量使用。

【图示鉴别】

主要参考文献

李桂琳，白燕冰，周候光，等，2014. 云南德宏石斛观赏性评价[J]. 热带农业科技，37（4）：36-40.

67 檀香石斛

【拉丁学名】*Dendrobium anosmum* Lindl.

【别　　称】越南十八棒、卓花石斛。

【分布范围】国外分布于越南、印度尼西亚、菲律宾、新几内亚、马来西亚、老挝、斯里兰卡等地。

【形态特征】

茎：假鳞茎丛生，圆柱形，有节长达50cm或更长，直径1~2cm。

叶：叶披针形，花期无叶，为落叶种。

花：在上年生长的茎上抽生花序，2~3朵一束，花为粉红色，直径约5cm，有檀香味故名"檀香石斛"，于4—5月开花，每年只开1次（吴丽坤，2001）。

果实与种子：蒴果。

【功效应用】

性味功效：味微甘、淡，性微寒；归胃、肾经。

临床应用：健脾胃、养胃阴，有疏肝解郁、益气养阴、清热解毒、养阴润肺、缓解焦虑等作用。常食用可提高人体免疫力，预防感冒等，对经常熬夜、过度疲劳的人也有很好的滋养作用。补肾壮阳，适当食用一些檀香石斛，以达到提高脸色、增强体质的目的。此外，还有很好的抗肿瘤、消肿等作用。

【图示鉴别】

主要参考文献

吴丽坤，2001. 檀香石斛兰的栽培技术[J]. 福建热作科技，4（2）：27-28.

68 天宫石斛

【拉丁学名】*Dendrobium aphyllum*（Roxb.）C. E.

【别　　称】天弓石斛、瀑布石斛、迎春石斛、倒垂春石斛，也称为兜唇石斛（黄荣培，2012）。

【分布范围】国内分布于广西西北部（隆林、西林、东业）、贵州西南部（兴义）、云南东南部至西部（富宁、建水、金平、勐腊、勐海、泸水）等地（莫昭展 等，2018）；在国外分布于印度、斯里兰卡、印度尼西亚等地。

【形态特征】

茎：茎下垂，肉质，细圆柱形，长30～60（～90）cm，粗0.4～0.7（～1）cm，不分枝，具多数节；节间长2～3.5cm。

叶：叶纸质，二列，互生于整个茎上，披针形或卵状披针形，长6～8cm，宽2～3cm，先端渐尖，基部具鞘；叶鞘纸质，干后浅白色，鞘口呈杯状张开。

花：总状花序几乎无花序轴，每1～3朵为一束，从落了叶或具叶的老茎上发出；花序柄长0.2～0.5cm，基部被3～4枚鞘；鞘膜质，长0.2～0.3cm；花苞片浅白色，膜质，卵形，长约0.3cm，先端急尖；花梗和子房暗褐色带绿色，长2～2.5cm；花开展，下垂；萼片和花瓣白色带淡粉红色或浅粉红色或有时全体淡粉红色；中萼片近披针形，长2.3cm，宽0.5～0.6cm，先端近锐尖，具5条脉；侧萼片相似于中萼片而等大，先端急尖，具5条脉，基部歪斜；萼囊狭圆锥形，长约0.5cm，末端钝；花瓣椭圆形，长2.3cm，宽0.9～1cm，先端钝，全缘，具5条脉；唇瓣宽倒卵形或近圆形，长、宽约2.5cm，两侧向上围抱蕊柱而形成喇叭状，基部两侧具紫红色条纹并且收狭为短爪，中部以上部分为淡黄色，中部以下部分浅粉红色，边缘具不整齐的细齿，两面密布短柔毛；蕊柱白色，密布细乳突状毛，前端边缘宽凹缺；花期3—4月。

果实与种子：蒴果，狭倒卵形，长约4cm，粗1.2cm，具长1~1.5cm的柄；果期6—7月。

【功效应用】

性味功效：味甘、淡，性寒；归肺、胃、肝经。

临床应用：清热除烦，清肝息风，利尿解毒。治热病津伤之烦渴，肝阳上亢证，食物中毒。

【图示鉴别】

主要参考文献

黄荣培，2012. 板筒吊植天宫石斛[J]. 中国花卉盆景，4（10）：28-29.

莫昭展，苏建睦，李姗姗，等，2018. 天宫石斛组培苗开花的研究[J]. 玉林师范学院学报，39（5）：76-81.

69 铁皮石斛

【拉丁学名】*Dendrobium officinale* Kimura & Migo

【别　　称】黑节草、救命仙草、云南铁皮。

【分布范围】中国特有种，主要分布于浙江、广西、湖南、云南、贵州、安徽、福建等地。生长于海拔900~1 600m的半阴半湿的悬崖峭壁的石缝上（王璟 等，2021）。

【形态特征】

茎：直立，圆柱形，长9~35cm，粗2~4mm，不分枝，具多节，节间长1.3~1.7cm，常在中部以上互生3~5枚叶。

叶：叶二列，纸质，长圆状披针形，长3~7cm，宽9~15mm，先端钝并且多少钩转，基部下延为抱茎的鞘，边缘和中肋常带淡紫色；叶鞘常具紫斑，老时其上缘与茎松离而张开，并且与节留下1个环状铁青的间隙。

花：总状花序常从落叶的老茎上部发出，具2~3朵花；花序柄长5~10mm，基部具2~3枚短鞘；花序轴回折状弯曲，长2~4cm；花苞片干膜质，浅白色，卵形，长5~7mm，先端稍钝；花梗和子房长2~2.5cm；萼片和花瓣黄绿色，近相似，长圆状披针形，长约1.8cm，宽4~5mm，先端锐尖，具5条脉；侧萼片基部较宽阔，宽约1cm；萼囊圆锥形，长约5mm，末端圆形；唇瓣白色，基部具1个绿色或黄色的胼胝体，卵状披针形，比萼片稍短，中部反折，先端急尖，不裂或不明显3裂，中部以下两侧具紫红色条纹，边缘多少波状；唇盘密布细乳突状的毛，并且在中部以上具1个紫红色斑块；蕊柱黄绿色，长约3mm，先端两侧各具1个紫点；蕊柱足黄绿色带紫红色条纹，疏生毛；药帽白色，长卵状三角形，长约2.3mm，顶端近锐尖并且2裂；花期3—6月。

果实与种子：蒴果，属于干果类中的裂果类，一般为长条形、梨形或者椭圆形，由2个或较多的心皮构成，内有数十万粒粉末状的种子，多者可达100万粒以上。果实成熟变黄开裂，种子随风飘扬，落在树干上或岩石上，完成自然传宗接代。

【功效应用】

性味归经：味甘，性微寒；归胃、肾经。

临床应用：铁皮石斛具有显著的滋阴养颜、健胃生津和增强体质等综合功效。《本草纲目》中记载，其能强阴益精、延年益寿，并对皮肤健康有益。现代研究发现，铁皮石斛富含植物多糖、胶质、维生素和矿物质，具备抗氧化、增强免疫、缓解疲劳等作用。在中医临床上，常用于治疗阴虚内热、津液亏损、胃阴不足、肺热咳嗽等症，可调理脾胃、缓解口干咽燥、促进胃液分泌、改善消化等功能。

铁皮石斛的鼓槌菲和毛兰素能抑制肝癌和艾氏腹水癌细胞活性，具有抗衰老、抗肿瘤、降血糖、降三高、增加骨密度、保护肝脏等作用（刘雪娜 等，2021）；铁皮石斛多糖作为铁皮石斛的重要药效成分，具有促进骨髓造血功能恢复、调节免疫功能、清除多种自由基等多种功能（王程 等，2016）；还具有抗辐射、保护生殖系统、改善记忆力（梁楚燕 等，2016），皮肤保湿、改善心肌肥厚（娄勇军 等，2019）等方面的良好效果。

铁皮石斛中含有众多营养成分，诸如多糖、黄酮类、酚类、氨基酸、生物碱等，能由皮肤吸收，其可作为功效性原料用于个人护理品的制作，能够释放理想的抗衰老、抵御氧化、保湿抗菌、提高免疫力、强化皮肤屏障、增强肌肤弹性、调节肌肤新陈代谢、抗菌消炎、促进毛发生长等多种功效。铁皮石斛可以用来制备补水保湿、防止痤疮、防止粉刺、防晒、抗老和抗皱等功效性护肤品（段晓燕 等，2021），防止牙周炎等口腔用品以及舒缓抗刺激性洗护产品等（买尔哈巴·吾买尔 等，2021）。

【图示鉴别】

主要参考文献

段晓燕，蔡慈，梅任强，2021. 铁皮石斛炮制前后的护肤功效研究[J]. 广州化工，49（8）：78-79+96.

梁楚燕，梁颖敏，赵雪洁，等，2016. 铁皮石斛改善记忆能力及延缓衰老的初步研究[J]. 暨南大学学报（自然科学与医学版），37（2）：99-104.

刘雪娜，吴雪娇，刘顺航，等，2021. 铁皮石斛药理作用及其保健食品研发进展[J]. 保鲜与加工，21（10）：144-150.

娄勇军，曹媛媛，田晓婷，等，2019. 铁皮石斛水煎提取产物保护异丙肾上腺素诱导的心肌肥厚的研究[J]. 中医药导报，25（18）：23-26+31.

买尔哈巴·吾买尔，杨舒琪，姜春鹏，2021. 铁皮石斛在个人护理品中的应用[J]. 日用化学品科学，44（6）：28-31.

王程，杨金平，罗炜，等，2016. 藻蓝蛋白、铁皮石斛多糖及两者配伍对辐射损伤模型小鼠保护作用的研究[J]. 中南药学，14（10）：1033-1036.

王璟，董志春，楼丽颖，等，2021. 铁皮石斛粉对2型糖尿病患者胰岛功能改善的临床研究[J]. 新中医，53（12）：90-93.

70 细茎石斛

【拉丁学名】*Dendrobium moniliforme*（L.）Sw.

【别　　称】细黄草、万丈须、铜皮石斛、台湾石斛、清水山石斛。

【分布范围】国内分布于陕西南部（宁陕）、甘肃南部（康县）、安徽西南部（大别山）、浙江北部（武康）、江西中西部至北部（安福、遂川、大余、庐山）、福建北部（顺昌、崇安）、台湾（台北、花莲、台中、南投、嘉义、台东等地）、湖南（新宁、安化、石门、桃源、衡山、浏阳等地）、广东北部和西南部（乐昌、信宜、南雄、阳山、乳源）、广西西北部至东北部（龙胜、资源、全州、平乐、隆林、永福、金秀）、贵州东南部至东北部（凯里、江口、雷公山区域）、四川南部（峨眉山、雷波）、云南东南部至西北部（屏边、金平、文山、景东、耿马、漾濞、丽江、泸水等）；国外分布于印度东北部、朝鲜半岛南部、日本。生长于海拔590～3 000m的阔叶林中树干上或山谷岩壁上。

【形态特征】

茎：茎直立，细圆柱形，上下等粗，长达20cm或更长。

叶：叶革质，常互生茎中部以上，披针形或长圆形，长3.0～4.5cm，宽0.5～1.0cm，先端稍不等2裂，基部具抱茎鞘。

花：花序2至数个，生于茎中部以上有叶或已落叶的老茎上，具1～3花，花序梗长3～5mm；苞片干膜质，白色带褐色斑块，卵形，长不及5mm；花黄绿色、白色或白色带淡紫红色，有时有香气；萼片和花瓣相似，卵状长圆形或卵状披针形，长1.0～2.3cm，宽1.5～8.0mm，侧萼片基部较宽而歪斜，萼囊倒圆锥形，长约5mm；花瓣较萼片稍宽，唇瓣白色、淡黄绿色或绿白色，具带淡褐色、紫红色或淡黄色斑块，卵状披针形，较萼片短，基部楔形，3裂，侧裂片半卵形，直立，边缘常多少具细齿，中裂片卵状披针形，常具带色斑块，唇盘在两侧裂片之间密被柔毛，基部具椭圆形胼胝体；花期5—7月（沈少华 等，2019）。

果实与种子：浆果，扁球形或近球形，直径1～1.2cm，绿色或淡黄色，具5棱，花柱和萼片宿存。果期7—12月。

【功效应用】

性味功效：味甘，性平；归胃、肾经。

临床应用：具有补肾、益肺、健脾、利肠胃等作用；用于治疗阴伤津亏，治疗口干烦渴，食少干呕，病后虚热，目暗不明等症（张倩倩 等，2011）。具有清热养阴、清热利湿的作用，而且具有温阳散寒，调节免疫功能的作用，同时还具有抗衰老、治疗消化不良、痈疮肿痛、风湿疼痛的作用（司华阳 等，2017）。

【图示鉴别】

主要参考文献

沈少华，刘中来，谢国强，等，2019. 庐山铜皮石斛绿色高效栽培技术[J]. 农业科技通讯（4）：280-281.

司华阳，陈乃富，陈乃东，2017. 霍山产铜皮石斛多糖含量测定及其卤虫毒活性研究[J]. 生物学杂志，34（3）：64-68.

张倩倩，刘守金，方成武，等，2011. 铜皮石斛花挥发性成分的GC-MS分析[J]. 中国现代中药，13（6）：34-35+40.

71 细叶石斛

【拉丁学名】*Dendrobium hancockii* Rolfe

【别　　称】黄草、石竹、草石斛（黎明 等，2005）。

【分布范围】国内主要分布于陕西秦岭以南、甘肃南部、湖北东南部、湖南东南部、广西西北部、贵州南部至西南部和云南东南部，在贵州主要分布于罗甸、望谟、册亨、安龙和兴义（刘清 等，2017）。生于海拔700～1 500m的山地林中树干上或山谷岩石上。

【形态特征】

茎：茎直立，质地较硬，圆柱形或有时基部上方有数个节间膨大而形成纺锤形，通常分枝，具纵槽或条棱（刘清 等，2017）。

叶：叶通常3～6枚，互生于主茎和分枝的上部，狭长圆形。

花：总状花序长1～2.5cm，具1～2朵花，花质地厚，稍具香气，开展，金黄色，仅唇瓣侧裂片内侧具少数红色条纹；花瓣斜倒卵形或近椭圆形，与中萼片等长而较宽，先端锐尖，具7条脉，唇瓣长宽相等，为1~2cm，基部具1个胼胝体，中部3裂；花期5—6月（黎明 等，2005）。

果实与种子：蒴果。

【功效应用】

性味功效：味甘，性寒；归胃经。

临床应用：滋阴清热、生津益胃、润肺止咳、防癌抗癌。用于热病伤阴，口干燥渴，或病后津亏虚热，以及胃阴不足、舌绛、少津等症。

【图示鉴别】

主要参考文献

黎明，刘保国，卫红，等，2005. 细叶石斛营养器官的解剖学研究[J]. 河南农业科学（5）：58-62.

刘清，包英华，毛怡霏，等，2017. 细叶石斛离体快速繁殖研究[J]. 韶关学院学报，38（3）：77-81.

72 小黄花石斛

【拉丁学名】*Dendrobium jenkinsii* Wall. ex Lindl.

【别　　称】无。

【分布范围】国内分布于云南南部至东南部（石屏、景洪、勐腊、勐海、沧源、澜沧）；国外分布于不丹、印度东北部、缅甸、泰国、老挝（李宏杨 等，2017）。生于海拔700~1 300m的疏林中树干上。

【形态特征】

茎：假鳞茎状，密集或丛生，稍两侧压扁状，纺锤形或卵状长圆形，基部收狭，茎长1~2.5cm，具2~3节，干后淡黄褐色且具有光泽；节被白色膜质鞘。

叶：叶革质，长圆形，先端钝并且微凹，基部收狭，但不下延为鞘，边缘稍波状，叶长1~3cm。

花：总状花序短于或约等长于茎，具1~3朵花，花苞片小；花梗和子房黄绿色；花橘黄色，开展，薄纸质；中萼片卵状披针形，先端稍钝；侧萼片与中萼片近等大，萼囊近球形；花瓣宽椭圆形，先端圆钝；唇瓣舒展，半圆形，近轴面密被短柔毛；蕊柱粗短，蕊柱足较长；药帽半球形，前端边缘不整齐；花粉团4枚，黄色。

【功效应用】

性味功效：味甘、淡，性凉；归胃、肾经。

临床应用：润肺化痰，止咳平喘，清热。适用于虚热炎症引起的症状，如肺热咳嗽、哮喘、痢疾、口疮、胃脘痛、咽喉肿痛等。

【图示鉴别】

主要参考文献

李宏杨，刘扬，陈冠铭，等，2017. 小黄花石斛的无菌播种与快速繁殖[J]. 热带农业科学，37（5）：20-23.

73 血喉石斛

【拉丁学名】*Dendrobium ochraceum* De Wild.

【别　　称】赭石色石斛。

【分布范围】国内主要分布于云南、广西、广东、海南等地；国外主要分布于缅甸、泰国、越南。生长于海拔850~1 200m的林缘树上。

【形态特征】

茎：附生植物，直立；茎圆柱形，中部最粗，两端相对较细，不分枝，具多个节，节间被叶鞘包被且叶鞘具数条脉，也宿存纤维状的残鞘，残鞘背面密被黑色的茸毛，新茎较为明显。

叶：叶呈二列状互生，革质，近长椭圆形，长4.2～8.2cm，宽1.3～1.9cm，先端不等2裂，叶两面被黑色短茸毛，新叶较为明显，老叶正面多数光滑。

花：总状花序具1～3朵花，与叶对生；总梗草绿色，具节，被数枚花苞片所包裹，背面密布黑色短茸毛；花梗连同子房长约3.2cm，花开展浅柠檬色，唇瓣橙黄色；中萼片近长椭圆状披针形，具数条脉，长2.2～2.5cm，宽约7mm，先端渐尖；花瓣披针形，具5条脉，长2.2～2.4，宽7～8mm，先端渐尖；侧萼片近斜披针形，长2.8～3cm，宽7～8mm，先端尾尖；唇瓣3裂，侧裂片近半心形，两侧布满了近橙黄色的叉状脉，中裂片近卵圆形，边缘波状，有3条脉从基部延伸至近顶端，近顶端处有一条浅黄色隆起的脊，先端渐尖且稍下弯；蕊柱及药帽白色，距圆筒状，长1.2～1.6cm；花期6—7月。

果实和种子：蒴果。

【功效应用】

性味功效：味甘，性微寒；归胃、肺、肾经。

临床应用：主治热病伤津、烦渴、舌干苔黑之症。一种药用真菌，可补肺益胃、清热解毒、健脾益肾和养阴生津，能增强免疫力、抗疲劳、抗氧化等。孕妇和过敏体质者应禁用，感染性疾病患者慎用。

【图示鉴别】

74 樱石斛

【拉丁学名】*Dendrobium linawianum* Rchb. f.

【别　　称】矩唇石斛（卢东，2009）。

【分布范围】国内分布于台湾（乌来、南庄）、广西东部（金秀）；国外分布于老挝、越南、泰国。生于海拔400～1500m的山地林中树干上。

【形态特征】

茎：茎直立，粗壮，稍扁圆柱形，通常长25～30cm，粗1～1.5cm，不分枝，下部收狭，具数节；节间稍呈倒圆锥形，长3～4cm，干后黄褐色，具多数纵槽。

叶：叶革质，长圆形，长4～7（～10）cm，宽2～2.5cm，先端钝，并且具不等侧2裂，基部扩大为抱茎的鞘。

花：总状花序从落了叶的老茎上部发出，具2～4朵花；花序柄长7～8mm，基部被2～3枚短筒状鞘；花苞片卵形，长3～4mm，先端急尖；花梗和子房长达5cm，子房稍弧曲；花大，白色，有时上部紫红色，开展；中萼片长圆形，长2.2～3.5cm，宽7.5～9.5mm，先端稍钝，具5条脉；侧萼片多少斜长圆形，与中萼片等大，先端稍钝，基部歪斜，具5条脉；萼囊狭圆锥形，长约8mm；花瓣椭圆形，长2.2～3.5cm，比萼片宽得多，先端钝，基部具短爪；唇瓣白色，上部紫红色，宽长圆形，与花瓣等大或稍较小，前部反折，先端钝，基部收狭为短爪，中部以下两侧围抱蕊柱，中下部两侧边缘具细齿；唇盘基部两侧各具1条紫红色带，上面密布短茸毛；蕊柱长约4mm，具长约8mm的蕊柱足；药帽白色，无毛；花期4—5月。

果实与种子：蒴果。

【功效应用】

性味功效：性甘，微苦；归胃、肺经。

临床应用：含有丰富的黄酮类、苷类、酮类、多糖体等物质，具有增强人体免疫力、降低血糖、降血压、减轻疲劳、预防癌症、抗老化、改善皮肤等功效。常用于治疗糖尿病、肺结核、癫痫、失眠、脑梗、痢疾等多种疾病。

【图示鉴别】

主要参考文献

卢东, 2009. 真菌诱导子对樱石斛生长及抗逆性影响初探[C]//重庆市生物化学与分子生物学学术会议论文摘要汇编. 重庆：重庆市生物化学与分子生物学学术会议.

75 藏南石斛

【拉丁学名】*Dendrobium monticola* P. F. Hunt & Summerh.

【别　　称】虎牙石斛。

【分布范围】国内分布于广西西南部（那坡）、西藏西南部（聂拉木、吉隆）；国外分布于缅甸、印度西北部、尼泊尔、泰国、老挝、柬埔寨等地。生于海拔1 750～2 200m的山谷岩石上。

【形态特征】

茎：茎肉质，直立或斜立，长达10cm，从基部向上逐渐变细，当年生的被叶鞘所包被，具数节，节间长约1cm。

叶：叶二列，互生于整个茎上，薄革质，狭长圆形，长25～45mm，宽5～6mm，先端锐尖并且不等侧微2裂，基部扩大为偏鼓状的鞘；叶鞘松散抱茎，在茎下部的最大，向上逐渐变小，鞘口斜截。

花：总状花序常1～4个，顶生或从当年生具叶的茎上部发出，近直立或弯垂，长2.5～5cm，具数朵小花；花苞片狭卵形，长2～3mm，先端急尖；花梗和子房纤细，长约5mm；花开展，白色；中萼片狭长圆形，长（5～）7～9mm，宽1.5～1.8mm，先端渐尖，具3条脉；侧萼片镰状披针形，长7～9mm，宽约3.5mm，中部以上骤然急尖，基部歪斜，较宽，具3条脉；萼囊短圆锥形；花瓣狭长圆形，长6～8mm，宽约1.8mm，先端渐尖，具1～3条脉；唇瓣近椭圆形，长5.5～6.5mm，宽3.5～4.5mm，中部稍缢缩，中部以上3裂，基部具短爪；侧裂片直立，先端渐狭为尖牙齿状，边缘梳状，具紫红色的脉纹；中裂片卵状三角形，反折，先端锐尖，边缘鸡冠状皱褶；唇盘除唇瓣先端白色外，其余具紫红色条纹，中央具2～3条褶片连成一体的脊突；脊突厚肉质，从唇瓣基部延伸到中裂片基部，其先端稍扩大；蕊柱长3mm，中部较粗，达1mm，上端无明显的蕊柱齿；蕊柱足长约5mm，具紫红色斑点，边缘密被细乳突；药帽半球形，前端边缘具微齿；花期7—8月。

果实与种子：蒴果。

【功效应用】

性味功效：味甘、淡、微咸，性寒；归胃、肺、肾经。

临床应用：主要用于气虚、阴虚、肾虚等病症。具有强壮养生、滋阴益肺、清热解毒、抗氧化等作用，可用于治疗肺热咳嗽、久病虚弱、盗汗、免疫功能低下等病症；具有养阴、润燥的功能，能够帮助人体调整阴阳平衡，缓解口渴、失眠等症状，对肺热、肾阴不足等疾病有明显的疗效；还具有增强免疫力的作用，能够提高人体的抗病能力，预防感冒、炎症等。对于体虚乏力、面色苍白、气短心悸的人群，可以起到滋补养颜、增强体力的作用；而对于肾虚引发的腰膝酸软、阳痿早泄等症状，它可以起到滋补肾阳、调理生殖系统的作用。还被广泛应用于美容领域，可以改善皮肤质量，使肌肤更加细腻光滑。

【图示鉴别】

76 肿节石斛

【拉丁学名】*Dendrobium pendulum* Roxb.

【别　　称】无。

【分布范围】国内主要分布于云南南部（思茅、勐腊）；国外分布于印度东北部、缅甸、泰国、越南、老挝。生于海拔1 050～1 600m的山地疏林中树干上，野生资源多在疏松且厚的树皮或树干上生长，有的也生长于石缝中。

【形态特征】

茎：茎斜立或下垂，肉质状肥厚，圆柱形，通常长22~40cm，粗1~1.6cm，不分枝，具多节，节肿大呈算盘珠子样，节间长2~2.5cm，干后淡黄色带灰色。

叶：叶纸质，长圆形，叶片较少（少于6叶）且叶片大（李桂琳 等，2014），长9~12cm，宽1.7~2.7cm，先端急尖，基部具抱茎的鞘；叶鞘薄革质，干后鞘口多少张开。

花：总状花序通常出自落叶的老茎上部，具1~3朵花；花序柄较粗短，长2~5mm，基部被1~2枚长约6mm的筒状鞘；花苞片浅白色，纸质，宽卵形，长约8mm，先端钝；花梗黄绿色，连同淡紫红色的子房长3~4cm；花大，白色，上部紫红色，开展，具香气，干后蜡质状；中萼片长圆形，长约3cm，宽1cm，先端锐尖，具5条脉；侧萼片与中萼片等大，同形，先端锐尖，基部稍歪斜，具5条脉；萼囊紫红色，近圆锥形，长约5mm；花瓣阔长圆形，长3cm，宽1.5cm，先端钝，基部近楔形收狭，边缘具细齿，具6条脉和多数支脉；唇瓣白色，中部以下金黄色，上部紫红色，近圆形，长约2.5cm，中部以下两侧围抱蕊柱，基部具很短的爪，边缘具睫毛，两面被短茸毛；蕊柱长约4mm，下部扩大，背面稍被细乳突；药帽近圆锥形，被细乳突状毛，前端稍收狭而近截形并具啮蚀状；花期3—4月。

果实与种子：种子具明显的三棱，种子呈白色，量少，极少数分散，发育不良呈海绵状粘连（龚建英 等，2015）。

【功效应用】

性味归经：味甘，性微寒；归胃、肾经（王元成 等，2021）。

临床应用：益胃生津，养阴清热。治热伤津液，低热烦渴，舌红少苔，胃阴不足，口渴咽干，呕逆少食，胃脘隐痛，肾阴不足，视物昏花。

【图示鉴别】

主要参考文献

龚建英, 王华新, 陈宝玲, 等, 2015. 3种观赏石斛蒴果特征及无菌播种萌发的影响因素[J]. 江苏农业科学, 43(1): 184-186.

李桂琳, 白燕冰, 周侯光, 等, 2014. 云南德宏石斛观赏性评价[J]. 热带农业科技, 37(4): 36-40.

王元成, 韩彬, 李振坚, 等, 2021. 基于UPLC-Q-TOF-MS的肿节石斛化学成分研究[J]. 中国药学杂志, 56(9): 708-714.

77 竹枝石斛

【拉丁学名】*Dendrobium salaccense*（Blume）Lindl.

【别　　称】姬竹叶石斛、竹叶石斛。

【分布范围】国内主要分布于海南、云南南部、西藏；国外分布于缅甸、泰国、老挝、越南、马来西亚、印度尼西亚。生于海拔710~1 000m的林中树干上或疏林下的石头上。

【形态特征】

茎：茎似竹枝，直立，圆柱形，长达1m多，粗3~4mm，近木质，不分枝，具多节；节间长2~2.5cm，被叶鞘所包裹。

叶：叶二列，狭披针形，长10~14.5cm，宽7~11mm，向先端渐尖，先端一侧多少钩转，基部收窄为叶鞘；叶鞘与叶片相连接处具1个关节。

花：花序与叶对生并且穿鞘而出，具1~4朵花；花序柄很短，基部被2~3枚苞片；花苞片淡褐色，近蚌壳状，长约3mm；花梗和子房黄绿色，纤细，长约17mm；花小，黄褐色，开展；中萼片近椭圆形，长8~9mm，宽3.5~4mm，先端锐尖，具9条脉；侧萼片斜卵状披针形，与中萼片近等大，先端锐尖，基部贴生在蕊柱足上，萼囊长6mm；花瓣近长圆形，与中萼片等长，但稍较窄，先端锐尖，具3条脉，其靠边缘的脉分枝；唇瓣紫色，倒卵状椭圆形，长12mm，宽约5mm，先端圆形并且具1个短尖，上面中央具1条黄色的龙骨脊，近先端处具1个长条形的胼胝体；蕊柱黄色，有两条紫色条纹；花药具4枚花粉团，黄色，单枚花粉团长条形；药帽黄色，圆锥形，密被乳突。

果实和种子：蒴果。

【功效应用】

性味功效：味甘，性凉；归胃经。

临床应用：可治疗浅表性胃炎，胃酸发呕，对十二指肠溃疡有一定疗效，可控制幽门螺旋杆菌；清热泻火，除烦止渴，利尿通淋，用于热病烦渴，小便短赤涩痛，口舌生疮。

【图示鉴别】

78 紫瓣石斛

【拉丁学名】*Dendrobium parishii* Rchb. f.

【别　　称】派瑞氏石斛、麝香石斛。

【分布范围】国内分布于云南东南部（文山）、贵州（兴义）；国外分布于印度东北部、缅甸、泰国、老挝、越南。

【形态特征】

茎：茎斜立或下垂，粗壮，圆柱形，通常长10～30cm或更长，粗1～1.3cm，上部多少弯曲，不分枝，具数节，节间长达4cm。

叶：叶革质，狭长圆形，长7.5～12.5cm，宽1.6～1.9cm，先端钝并且不等侧2裂，基部被白色膜质鞘。

花：总状花序出自落叶的老茎上部，具1～3朵花；花序柄长3～5mm，基部被3～4枚套叠的短鞘；花苞片卵状披针形，长约7mm，先端锐尖；花梗和子房长4～5cm；花大，开展，质地薄，紫色；中萼片倒卵状披针形，长2.7cm，宽7mm，先端钝，具5条脉；侧萼片卵状披针形，与中萼片等长而稍较狭，先端渐尖，具5条脉；萼囊狭圆锥形，长6mm，先端钝；花瓣宽椭圆形，比萼片稍短而宽得多，先端锐尖，基部收狭为短爪，边缘具睫毛或细齿，具5条脉；唇瓣菱状圆形，长约2cm，宽1.6cm，先端锐尖，中部以下两侧围抱蕊柱，基部具短爪，两面密布茸毛，边缘密生睫毛，唇盘两侧各具1个深紫色斑块，在爪上具1个凹槽和其前方具隆起的脊状物；蕊柱白色，长约7mm；药帽紫色，圆锥形，表面被疣状突起，前端边缘具不整齐的细齿。

果实与种子：蒴果。

【功效应用】

性味功效：味苦，性微寒；归胃、肾经。

临床应用：抗病毒、降血糖、抗肿瘤，提高免疫力（肖丽君 等，2017）。

【图示鉴别】

主要参考文献

肖丽君，陈小强，赵铭，等，2017. 麝香石斛组织培养过程中生长效应及多糖含量变化[J]. 湖北农业科学，56（6）：1090-1092+1098.

79 紫皮石斛

【拉丁学名】*Dendrobium devonianum* Paxt.

【别　　称】齿瓣石斛、紫皮兰（吴蓓丽 等，2020）、万丈须、大黄草；香棍草、吊兰花（柳玉洪 等，2019）。

【分布范围】国内分布于广西西北部（隆林）、贵州西南部（兴义、罗甸）、云南东南部至西北部（勐腊、勐海、河口、金平、澜沧、镇康、漾濞、盈江、龙陵）、西藏东南部（墨脱）；国外分布于印度、越南、不丹、老挝、柬埔寨、泰国、缅甸（顺庆生，2011）。

【形态特征】

茎：茎下垂，稍肉质，细圆柱形，长50～70（～100）cm，粗3～5mm，不分枝，具多数节，节间长2.5～4cm，干后常淡褐色带污黑。

叶：叶纸质，二列，互生于整个茎上，狭卵状披针形，长8～13cm，宽1.2～2.5cm，先端长渐尖，基部具抱茎的鞘；叶鞘常具紫红色斑点，干后纸质。

花：总状花序常数个，出自落了叶的老茎上，每个具1～2朵花；花序柄绿色，长约4mm，基部具2～3枚干膜质的鞘；花苞片膜质，卵形，长约4mm，先端近锐尖；花梗和子房绿色带褐色，长2～2.5cm；花质地薄，开展，具香气；中萼片白色，上部具紫红色晕，卵状披针形，长约2.5cm，宽9mm，先端急尖，具5条紫色的脉；侧萼片与中萼片同色，相似而等大，但基部稍歪斜；萼囊近球形，长约4mm；花瓣与萼片同色，卵形，长2.6cm，宽1.3cm，先端近急尖，基部收狭为短爪，边缘具短流苏，具3条脉，其两侧的主脉多分枝；唇瓣白色，前部紫红色，中部以下两侧具紫红色条纹，近圆形，长3cm，基部收狭为短爪，边缘具复式流苏，上面密布短毛；唇盘两侧各具1个黄色斑块；蕊柱白色，长约3mm，前面两侧具紫红色条纹；药帽白色，近圆锥形，顶端稍凹的，密布细乳突，前端边缘具不整齐的齿。花期4—5月、8—9月，秋季花较春、夏少。

果实与种子：蒴果，长3～5cm，具棱；种子呈粉末状，成熟时为淡黄色。

【功效应用】

性味功效：味甘、淡、微咸，性微寒；归胃、肾经（金鹏程 等，2012）。

临床应用：用于胃阴虚证，热病伤津证，滋养胃阴，生津止渴（张爱莲 等，2013），兼能清胃热、润肺止咳和增强免疫力。主治热病伤津，烦渴，舌干苔黑之证，常与天花粉、鲜生地、麦冬等品同用，治疗胃热阴虚之胃脘疼痛、牙龈肿痛、口舌生疮；主要用于阴伤津亏、口干烦渴、食少干呕、病后虚热、目暗不明等（董寿堂 等，2019）。其内含有联苄类化合物具有多种生物活性，主要有抗肿瘤、抗白内障、抗菌、抗氧化以及抗血管新生等活性（吴蕾蕾 等，2020）。

【图示鉴别】

主要参考文献

董寿堂，杨娇，张旭强，等，2019. 紫皮石斛抗小鼠体力疲劳作用[J]. 中国应用生理学杂志，35（1）：44-46.

金鹏程，丁永丽，赵艳丽，等，2012. 齿瓣石斛中微量元素含量及浸出特性[J]. 江苏农业科学，40（4）：292-293.

柳玉洪，杨浩良，胡娜，2019. 龙陵紫皮石斛多糖醇溶性研究[J]. 现代食品（11）：66-69+80.

顺庆生，2011. 中药石斛的新资源——齿瓣石斛（紫皮）[J]. 中国现代中药，13（11）：23-24.

吴蓓丽，赵铮蓉，刘骅，等，2020. 紫皮石斛研究进展[J]. 中成药，42（11）：2990-2998.

吴蕾蕾，丁玉莲，薛亚甫，等，2020. 紫皮石斛联苄类化学成分研究及TLC鉴别[J]. 西北药学杂志，35（6）：791-795.

张爱莲，于敏，徐宏化，等，2013. 齿瓣石斛的化学成分及其抗氧化活性[J]. 中国中药杂志，38（6）：844-847.

80 紫婉石斛

【拉丁学名】*Dendrobium transparens* Wall. ex Lindl.

【别　　称】紫菀石斛、紫苑石斛、紫芸石斛、华南石斛；青菀（《吴普本草》），紫蒨（《名医别录》），返魂草根、夜牵牛（《斗门方》），紫菀茸（《本草述》）。

【分布范围】国内分布于黑龙江、吉林、辽宁、河北、安徽等地；国外分布于印度、缅甸、老挝。生于海拔1 100m的亚热带常绿林中。

【形态特征】

茎：茎粗壮，通常藤状或纺锤形，长25～60cm，粗达2cm，下部常收狭为细圆柱形，不分枝，有时棱不明显，干后淡褐色并且带光泽。

叶：基生叶篦状长椭圆形至椭圆状披针形，长20～40cm，宽6～12cm，先端钝，基部渐狭，延成长翼状的叶柄，边缘具锐齿，两面疏生小刚毛；茎生叶互生，几无柄，叶片狭长椭圆形或披针形，长18~35cm，宽5~10cm，先端锐尖，常带小尖头，中部以下渐狭缩成一狭长基部。

花：头状花序多数，伞房状排列，直径2.5~3.5cm，有长梗，梗上密被刚毛；总苞半球形，苞片3列，长圆状披针形，绿色微带紫；舌状花带蓝紫色，单性，花冠长15~18mm，先端3浅裂，基部呈管状，雌蕊1枚，柱头2叉，具退化的雄蕊；管状花黄色，长约6mm，先端5齿裂，雄蕊5枚，花药细长且聚合，包围花柱，子房下位，柱头2叉；花期8月。

果实与种子：瘦果，扁平，一侧弯曲，长3mm，被短毛；冠毛白色或淡褐色，较瘦果长3~4倍；果期9—10月。

【功效应用】

性味功效：微有香气，味甜微苦，性平；归胃、肺经。

临床应用：下气，消痰，止咳，温肺。用于肺伤咳嗽，久咳不愈，吐血咳嗽。治风寒咳嗽气喘，虚劳咳吐脓血，喉痹，小便不利，产后下血。

【图示鉴别】